普通高校本科计算机专业特色教材精选·算法与程序设计

计算方法（C语言版）

靳天飞 杜忠友 张海林 夏传良 编著

清华大学出版社
北京

内 容 简 介

本书是作者十多年计算方法研究应用和教学经验的结晶。全书共分9章，主要内容包括算法与误差、非线性方程求根、线性方程组的直接求解和迭代求解、代数插值、数值积分、矩阵特征值与特征向量的计算、常微分方程初值问题的数值解法等。

本书的特色和优势是：注重算法与程序实现，强调理论知识与程序设计的紧密结合，既有理论性，也有实用性，对每个常用方法配有一个N-S图算法和一个独立完整的C程序，并且所有程序都已调试通过；重点突出，解释详尽；例题、习题丰富；配有大量图形，侧重从几何含义的角度直观地说明问题；最后一章是与所学内容紧密结合的上机实验与指导；附录有部分习题答案。本书还配有教学课件和C程序库，可从清华大学出版社网站（www.tup.com.cn）下载。

本书可作为理工科非数学专业的本科生、专科生的教材或教学参考书，也可作为对本课程感兴趣的科技人员的自学用书。

图书在版编目（CIP）数据

计算方法：C语言版 / 靳天飞等编著．—北京：清华大学出版社，2010.6（2023.7重印）
（普通高校本科计算机专业特色教材精选·算法与程序设计）
ISBN 978-7-302-22175-3

Ⅰ．①计… Ⅱ．①靳… Ⅲ．①计算方法－高等学校－教材 ②C语言－程序设计－高等学校－教材 Ⅳ．①O241 ②TP312

中国版本图书馆CIP数据核字(2010)第033162号

责任编辑：袁勤勇　王冰飞
责任校对：梁　毅
责任印制：丛怀宇

出版发行：清华大学出版社
　网　　址：http://www.tup.com.cn，http://www.wqbook.com
　地　　址：北京清华大学学研大厦A座　　**邮　　编**：100084
　社 总 机：010-83470000　　**邮　　购**：010-62786544
　投稿与读者服务：010-62776969，c-service@tup.tsinghua.edu.cn
　质量反馈：010-62772015，zhiliang@tup.tsinghua.edu.cn
　课件下载：http://www.tup.com.cn，010-83470236
印 装 者：三河市龙大印装有限公司
经　　销：全国新华书店
开　　本：185mm×260mm　　**印　　张**：16.25　　**字　　数**：392千字
版　　次：2010年6月第1版　　**印　　次**：2023年7月第14次印刷
定　　价：49.00元

产品编号：036163-06

前言

PREFACE

贯彻党的二十大精神，筑牢政治思想之魂。编者在对本书进行修订时牢牢把握这个根本原则。党的二十大报告提出，要坚持教育优先发展、科技自立自强、人才引领驱动，加快建设教育强国、科技强国、人才强国，坚持为党育人、为国育才，全面提高人才自主培养质量，着力造就拔尖创新人才，聚天下英才而用之。而"计算方法"相关课程是落实立德树人根本任务，培养德智体美劳全面发展的社会主义建设者和接班人不可或缺的环节，对提高人才培养质量具有较大的作用。

计算方法在科学研究、工程实践中被广泛应用，特别是在当前的计算机时代，不但算法被计算机大量地实现，而且适应计算机的新算法的研究也十分活跃，可以说计算方法如虎添翼，生机焕发，进入了研究、应用和发展的新时期。计算方法一般作为计算机专业、数学专业本科生的必修课程，也可以作为理工科其他专业本科生、研究生的选修课程。

笔者从事计算方法课程的教学工作十多年，却一直没有找到一本很合适的教材。有的教材没有把数学知识与编程知识紧密结合，程序较少甚至没有程序，实用性不强；有的教材类似程序集，与数学理论知识结合不密切、不系统；有的教材内容太广、太深，解释却不够详尽，与高校40～50学时的教学安排不吻合，也不适合自学。有鉴于此，我们总结了十多年来计算方法研究应用和教学经验的结晶，参考大量的国内外资料，精心撰写了本书。

本书的特色和优势如下。

（1）区别于程序较少甚至没有程序、实用性不强的教材和程序集式的教材，本书注重算法与程序实现，强调理论知识与程序设计的紧密结合，既有理论性，也有实用性。本书对每个常用方法配有一个N-S图算法和一个独立完整的C程序，所有程序都已在TC 2.0下调试通过，并且不修改源代码也能在Visual C++ 6.0下正常运行。既讲明理论，又将算法用计算机程序实现，是读者十分需要的。这是本书的显著特色和优势。

（2）重点突出，解释详尽，有助于教学和自学。在内容的组织方面，对每个问题，一般遵循下面的次序讲解：问题的提出→问题解决方法的主要思想→基本公式→具体实现→举例→分析与比较。考虑到非数学专业读者的特点，注重对基本原理、基本方法的讲解，较少涉及繁琐难懂的数学推证。这是区别于内容太广、太深，解释却不够详尽的教材的显著特点。

（3）配有大量图形，侧重从几何含义的角度直观地说明问题，有助于读者理解问题，减少学习困难。

（4）设置了大量例题，加强了对基本原理、基本方法的应用，有助于读者理解和掌握理论，有助于提高应用技能。

（5）章末有小结，有助于读者理清每章的要点和思路。

（6）最后一章是与所学内容紧密结合的上机实验与指导，有助于学以致用，强化操作，提高上机的针对性。

（7）书末附有部分习题答案，有助于读者核对所做题目的对错。

（8）本书配有教学课件和C程序库，可从清华大学出版社网站（www.tup.com.cn）下载。

总之，努力做到提升学生的知识—能力—素质，把握教学的难度—深度—强度，体现基础—技术—应用，提供教材—实验—课件支持，更好地为培养社会主义现代化建设人才服务。

在学习本课程之前，应先修高等数学、线性代数和高级语言程序设计等课程。

全书适合讲授40学时左右，建议讲授第1章：2～3学时；第2章：8～9学时；第3章：7～8学时；第4章：2～3学时；第5章：5～6学时；第6章：3～4学时；第7章：2～3学时；第8章：4～5学时，余下的课时可以安排习题课和复习。除此之外，还应安排8～16学时的课内或课外上机实习。第9章为上机实验指导，读者可以有针对性地上机实验，提高编程能力，巩固所学知识。

本书可作为理工科非数学专业的本科生、专科生的教材或教学参考书，也可作为对本课程感兴趣的科技人员的自学用书。

本书第1～6、9章由山东建筑大学的靳天飞编著，第7章由杜忠友编著，第8章由张海林、夏传良编著，全书由靳天飞、杜忠友统稿。

本书虽经反复修改，但难免有疏漏、错误之处，恳请各位专家和读者提出宝贵意见（jintianfei2006@163.com），以便再版时加以修正，使本书更好地为读者服务。

作　者

2010年1月

目 录

CONTENTS

第1章 绪论 …… 1
1.1 引言 …… 1
1.2 误差 …… 2
1.2.1 误差的必然性与重要性 …… 2
1.2.2 误差的来源 …… 2
1.2.3 误差的定义 …… 3
1.2.4 误差的运算性质 …… 3
1.2.5 有效数字 …… 4
1.2.6 实数的规格化形式 …… 5
1.3 算法 …… 6
1.3.1 算法简介 …… 6
1.3.2 设计算法应注意的若干原则 …… 7
本章小结 …… 10
习题1 …… 10

第2章 非线性方程求根 …… 13
2.1 引言 …… 13
2.2 根的隔离 …… 13
2.3 根的搜索 …… 15
2.3.1 逐步搜索法 …… 15
2.3.2 变步长逐步搜索法 …… 17
2.4 对分法 …… 18
2.4.1 对分法的主要思想 …… 18
2.4.2 对分法的特点 …… 20
2.5 简单迭代法 …… 21
2.5.1 简单迭代法的主要思想 …… 21
2.5.2 简单迭代法的收敛条件 …… 22

2.5.3 简单迭代法的收敛阶 …… 26
2.5.4 简单迭代法的算法和程序 …… 27
2.6 埃特金加速法 …… 28
2.6.1 埃特金加速法的主要思想 …… 28
2.6.2 埃特金加速法的算法和程序 …… 29
2.7 牛顿迭代法 …… 31
2.7.1 牛顿迭代法的主要思想 …… 31
2.7.2 牛顿迭代法的算法和程序 …… 32
2.7.3 牛顿迭代法的收敛阶与收敛条件 …… 33
2.8 弦截法 …… 39
2.8.1 双点弦截法的主要思想 …… 39
2.8.2 双点弦截法的算法和程序 …… 41
2.8.3 单点弦截法的主要思想 …… 42
2.8.4 单点弦截法的算法和程序 …… 44
2.8.5 变形的双点弦截法的主要思想 …… 46
2.8.6 变形的双点弦截法的算法和程序 …… 48
本章小结 …… 49
习题2 …… 49

第3章 线性方程组直接求解 …… 51
3.1 引言 …… 51
3.2 顺序高斯消元法 …… 52
3.2.1 消元过程 …… 52
3.2.2 回代过程 …… 55
3.2.3 算法和程序 …… 55
3.3 列主元高斯消元法 …… 59
3.3.1 列主元高斯消元法的主要思想 …… 59
3.3.2 列主元高斯消元法的算法和程序 …… 61
3.4 全主元高斯消元法 …… 63
3.4.1 全主元高斯消元法的主要思想 …… 63
3.4.2 全主元高斯消元法的算法和程序 …… 65
3.5 高斯约当消元法 …… 67
3.5.1 高斯约当消元法的主要思想 …… 67
3.5.2 高斯约当消元法的算法和程序 …… 68
3.5.3 一次求解多个线性方程组 …… 70
3.5.4 一次求解多个线性方程组的算法和程序 …… 71
3.6 消元形式的追赶法 …… 72
3.6.1 消元形式的追赶法的主要思想 …… 72

3.6.2 消元形式的追赶法的算法和程序 …… 74
3.7 LU分解法 …… 76
3.7.1 相关的初等方阵性质 …… 76
3.7.2 LU分解与顺序高斯消元的联系 …… 77
3.7.3 对方阵进行LU分解的过程 …… 81
3.7.4 LU分解法求解线性方程组的过程 …… 82
3.7.5 LU分解法的算法和程序 …… 84
3.8 矩阵形式的追赶法 …… 86
3.8.1 3对角阵Crout分解的过程 …… 87
3.8.2 矩阵形式的追赶法的求解步骤 …… 88
3.8.3 矩阵形式的追赶法的算法和程序 …… 89
3.9 平方根法 …… 91
3.9.1 基础知识 …… 91
3.9.2 对称正定阵的LLT分解 …… 93
3.9.3 平方根法求解对称正定线性方程组的过程 …… 95
3.9.4 平方根法的算法和程序 …… 96
本章小结 …… 99
习题3 …… 100

第4章 线性方程组迭代求解 …… 101
4.1 引言 …… 101
4.2 雅可比迭代法 …… 102
4.2.1 雅可比迭代法的主要思想 …… 102
4.2.2 雅可比迭代法的矩阵形式 …… 103
4.2.3 雅可比迭代法的算法和程序 …… 104
4.3 高斯-赛德尔迭代法 …… 106
4.3.1 高斯-赛德尔迭代法的主要思想 …… 106
4.3.2 高斯-赛德尔迭代法的矩阵形式 …… 107
4.3.3 高斯-赛德尔迭代法的算法和程序 …… 108
本章小结 …… 110
习题4 …… 110

第5章 插值法 …… 111
5.1 引言 …… 111
5.2 拉格朗日插值 …… 113
5.2.1 1次拉格朗日插值 …… 113
5.2.2 2次拉格朗日插值 …… 114
5.2.3 n次拉格朗日插值 …… 115

5.2.4 拉格朗日插值函数的构造 …… 116
5.2.5 拉格朗日插值函数的余项 …… 116
5.2.6 n次拉格朗日插值的算法和程序 …… 120
5.3 差商与牛顿插值 …… 121
5.3.1 差商的递归定义 …… 121
5.3.2 差商的性质 …… 122
5.3.3 差商表 …… 125
5.3.4 牛顿插值函数和余项 …… 126
5.3.5 n次牛顿插值的算法和程序 …… 128
5.4 差分与牛顿差分插值 …… 131
5.4.1 差分和等距节点插值的定义 …… 131
5.4.2 差分表 …… 132
5.4.3 差分的性质 …… 133
5.4.4 牛顿差分插值函数及其余项 …… 136
5.4.5 牛顿差分插值的算法和程序 …… 139
5.5 埃尔米特插值 …… 145
5.5.1 埃尔米特插值简介 …… 145
5.5.2 2点3次埃尔米特插值 …… 147
5.5.3 带1阶导数的埃尔米特插值 …… 148
5.5.4 埃尔米特插值的算法和程序 …… 151
5.6 分段插值 …… 152
本章小结 …… 154
习题5 …… 154

第6章 数值积分 …… 157
6.1 基础知识 …… 157
6.1.1 问题的提出 …… 157
6.1.2 数值积分公式 …… 158
6.1.3 代数精度 …… 159
6.1.4 插值型求积公式 …… 161
6.2 牛顿-柯特斯公式 …… 163
6.2.1 牛顿-柯特斯公式的推导 …… 163
6.2.2 柯特斯系数 …… 164
6.2.3 牛顿-柯特斯公式的代数精度 …… 168
6.2.4 牛顿-柯特斯公式的余项 …… 170
6.2.5 牛顿-柯特斯公式的稳定性 …… 173
6.2.6 牛顿-柯特斯公式求积的算法和程序 …… 174
6.3 复化求积公式 …… 176

6.3.1 问题的提出 …… 176
6.3.2 等距节点复化梯形公式 …… 176
6.3.3 等距节点复化辛普生公式 …… 178
6.3.4 等距节点复化柯特斯公式 …… 180
6.3.5 变步长求积公式 …… 182
6.4 龙贝格求积 …… 184
6.4.1 外推算法 …… 184
6.4.2 梯形加速公式 …… 185
6.4.3 辛普生加速公式 …… 188
6.4.4 龙贝格求积的一般公式 …… 189
6.4.5 龙贝格求积的算法和程序 …… 190
本章小结 …… 191
习题 6 …… 192

第 7 章 矩阵特征值与特征向量的计算 …… 195
7.1 引言 …… 195
7.2 乘幂法 …… 196
7.2.1 乘幂法的基本思想 …… 196
7.2.2 改进后的乘幂法 …… 199
7.2.3 改进后的乘幂法的算法和程序 …… 203
7.3 反幂法 …… 206
7.3.1 反幂法的基本思想 …… 206
7.3.2 反幂法的算法和程序 …… 208
本章小结 …… 212
习题 7 …… 212

第 8 章 常微分方程初值问题的数值解法 …… 213
8.1 基础知识 …… 213
8.1.1 问题的提出 …… 213
8.1.2 数值解法 …… 214
8.2 欧拉方法 …… 215
8.2.1 显式欧拉法 …… 215
8.2.2 欧拉方法的变形 …… 218
8.2.3 改进的欧拉法 …… 225
8.3 龙格-库塔方法 …… 227
8.3.1 泰勒展开方法 …… 227
8.3.2 龙格-库塔法的基本思想 …… 227
8.3.3 标准龙格-库塔法的算法和程序 …… 231

本章小结 …… 233
习题 8 …… 233

第 9 章 上机实验与指导 …… 237
实验 1 非线性方程求根 …… 237
实验 2 解线性方程组的直接法 …… 238
实验 3 解线性方程组的迭代法 …… 239
实验 4 插值法与数值积分 …… 239
实验 5 常微分方程初值问题和矩阵特征值的计算 …… 240

附录 部分习题参考答案 …… 241

参考文献 …… 247

第1章 绪 论

CHAPTER

1.1 引 言

数学问题可以分为两类,一类是抽象的理论问题,一般在理想的条件下进行严谨的推理,推理过程往往没有误差;另一类是实际应用中的问题,计算过程带有误差,一般需要进行误差估计,把误差控制在允许的范围之内。后者更关注计算成本的高低,计算过程是否快速简捷。这两类问题有很大的区别,例如爱迪生曾经让他的助手测量某灯泡的容积,助手拿来皮尺测量,把测量结果代入数学公式计算,而爱迪生有更合适的方法,即把灯泡灌满水,倒入量筒,直接读出灯泡的容积。在解决科学计算和工程实践问题的过程中,逐渐形成了计算方法这门学科。

计算方法,又称为数值分析、数值计算,研究的是怎样利用计算机求各种数学问题的数值解(近似解)。在计算机问世之前,它只是数学的一个分支,核心思想是通过有限步的加、减、乘、除四则运算得到某个连续变量的近似值。直到计算机问世之后,数值计算才有了理想的支撑工具。寻找适当的数值计算方法以适应计算机的计算服务,成为计算方法这门学科的重要研究部分。随着计算机技术的发展,数值计算已成为继科学实验、理论分析之后的第三种科学研究方法。

某些理论上严谨的方法并不实用。有的方法的计算量与问题规模呈指数级增长,而指数函数是增长速度最快的函数类型(形象地称为指数爆炸),问题规模稍大计算量就大得惊人,即使用计算机运算也无法承受如此巨大的计算量。例如,用克莱姆(Cramer)法则求解 n 阶线性方程组,需要计算 $n+1$ 个行列式,其中乘除总次数 $MD=n!(n+1)+n$,当 $n=5$ 时,$MD\approx725$;当 $n=25$ 时,$MD\approx4.03\times10^{26}$,对于每秒做1千万亿次乘除法的计算机,大约需要1277万年才能完成。相比之下,顺序高斯消元法乘除总次数 $MD=(2n^3+3n^2-5n)/6$,运算量与方程组的阶数成立方级别增长,当 $n=25$ 时,$MD=5500$,运算量的增长速度比克莱姆法则慢得多。因此,需要研究适合计算机运行的、具有可行性的计算方法。

计算机求解与人工求解的不同之处在于：计算机求解要求把求解方法转换为算法，得到程序，在计算机上运行，最终得到结果。用计算机解决实际问题的一般步骤如图1.1所示。

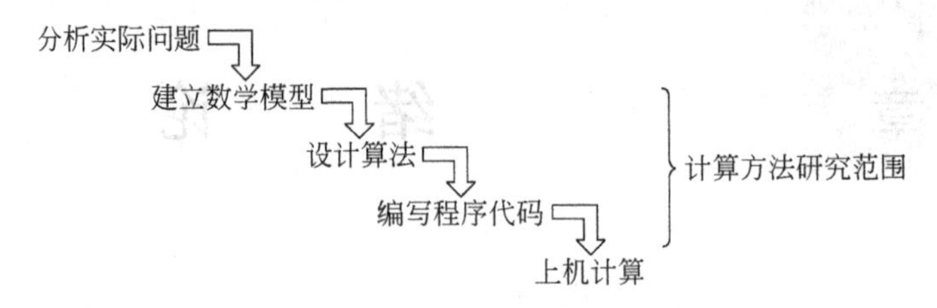

图1.1 用计算机解决实际问题的一般步骤

其中，由数学模型找到求解方法的过程，是计算方法要研究的核心问题。

1.2 误差

1.2.1 误差的必然性与重要性

误差具有必然性，即实际问题求得的解都不可避免地带有误差。

(1) 某些问题不存在严谨的求解方法。如4次以上的代数方程没有通用的求解公式。

(2) 某些严谨的求解方法实际上不可行。如用克莱姆法则求解线性方程组，当阶次较高时，运算量有可能大得无法忍受。

(3) 由观测得到的原始数据，必然有误差。

如果误差太大，求得的解就没有意义了。例如，19世纪20年代，一些科学家建立了地球天气变化的模拟系统，系统模拟输入为：纽约的一只蝴蝶扇了一下翅膀。经过运算后，得到的模拟输出为：北京刮起了台风，这就是蝴蝶效应。由此可见误差控制的必要性。

同一个问题可以有不同的解决方法，可能有的放大误差，有的缩小误差；有的相互抵消误差，有的则累积误差，因此应尽量选择误差较小的算法。若使用的是放大误差的算法，则应对误差进行估计。

1.2.2 误差的来源

(1) 模型误差：建立数学模型时，往往需要忽略次要因素，由此带来的误差称为模型误差。例如，计算炮弹能打多远时，需要考虑空气阻力，而看手榴弹能扔多远时，往往不需要考虑空气阻力。

(2) 观测误差：观测结果不可能绝对准确。由观测过程引入的误差是观测误差。

(3) 截断误差(方法误差)：实际应用时需要对求解方法进行简化，这样产生的误差称为截断误差。有的求解方法需要做无限次运算才能得到精确解，这往往简化为做有限次运算之后得到近似解。例如，把 $f(x)$ 按泰勒公式展开，用 $P_n(x)$ 近似代替 $f(x)$，则产

生截断误差 $R_n(x)$。

$$P_n(x) = f(x_0) + \frac{f'(x_0)}{1!}(x-x_0) + \frac{f''(x_0)}{2!}(x-x_0)^2 + \cdots + \frac{f^{(n)}(x_0)}{n!}(x-x_0)^n$$

$$R_n(x) = \frac{f^{(n+1)}(\xi)}{(n+1)!}(x-x_0)^{n+1}$$

(4) 舍入误差(计算误差)：计算过程中精度不够时产生的误差，如π、1/3等，在IBM-PC机中无法精确存储。

1.2.3 误差的定义

定义1.1 设 x 为准确值，x^* 为 x 的近似值，则 $e=x-x^*$ 为近似值 x^* 的绝对误差，简称为误差。

绝对误差只是反映了误差的一个方面。除了绝对误差之外，还需要引入相对误差。

定义1.2 绝对误差与精确值之比 $e_r=\frac{e}{x}=\frac{x-x^*}{x}$ 为近似值 x^* 的相对误差。

例如，测量10m距离时误差5mm和测量100m距离时误差5mm相比，绝对误差相同，但相对误差不同，后者精度更高。

定义1.3 强近似：近似值偏大，即 $x^*>x, e<0$。

定义1.4 弱近似：近似值偏小，即 $x^*<x, e>0$。

定义1.5 绝对误差 e 的绝对值的上限为绝对误差限 η，简称为误差限(精度)，即 $\lceil |e| \rceil=\eta$。

误差限是对误差范围的估计。一般情况下，只知道近似值 x^*，不知道准确值 x，因此不知道误差 e，只知道误差限 η。

定义1.6 相对误差 e_r 的绝对值的上限为相对误差限 δ，即 $\lceil |e_r| \rceil=\delta$。

显然，$\delta=\frac{\eta}{|x|}$。同样，一般情况下，不知道准确值 x，只知道近似值 x^*，且 $x^*\approx x$，因此这个换算公式近似为 $\delta=\frac{\eta}{|x^*|}$。

1.2.4 误差的运算性质

由原始数据的误差能够计算出四则运算后结果的误差，由原始数据的误差限能够估计出四则运算后结果的误差限。下面以两个原始数据 x_1 和 x_2 为例，说明误差的运算性质。

(1) 和：和的误差＝误差之和；和的误差限＝误差限之和。

推导1：$e(x_1+x_2)=(x_1+x_2)-(x_1^*+x_2^*)=(x_1-x_1^*)+(x_2-x_2^*)=e(x_1)+e(x_2)$

推导2：$e(x_1+x_2)\approx d(x_1+x_2)=d(x_1)+d(x_2)\approx e(x_1)+e(x_2)$

(2) 差：差的误差＝误差之差；差的误差限＝误差限之和。

两误差异号时，对误差求差即对误差的绝对值求和。

(3) 积：积的相对误差＝相对误差之和；积的相对误差限＝相对误差限之和。

推导：$e_r(x_1x_2)=\dfrac{e(x_1x_2)}{x_1x_2}\approx\dfrac{d(x_1x_2)}{x_1x_2}=\dfrac{x_2dx_1+x_1dx_2}{x_1x_2}=\dfrac{dx_1}{x_1}+\dfrac{dx_2}{x_2}$

$$\approx\frac{e(x_1)}{x_1}+\frac{e(x_2)}{x_2}=e_r(x_1)+e_r(x_2)$$

(4) 商：商的相对误差＝相对误差之差；商的相对误差限＝相对误差限之和。

推导：$e_r\left(\dfrac{x_1}{x_2}\right)=\dfrac{e\left(\dfrac{x_1}{x_2}\right)}{\dfrac{x_1}{x_2}}\approx\dfrac{x_2}{x_1}d\left(\dfrac{x_1}{x_2}\right)=\dfrac{x_2}{x_1}\cdot\dfrac{x_2dx_1-x_1dx_2}{x_2^2}=\dfrac{dx_1}{x_1}-\dfrac{dx_2}{x_2}$

$$\approx\frac{e(x_1)}{x_1}-\frac{e(x_2)}{x_2}=e_r(x_1)-e_r(x_2)$$

例 1.1 已知 $x_1=2.97\pm0.02$，$x_2=0.142\pm0.003$。求 $x_1\times x_2$ 的绝对误差限。

解法 1
$$\begin{aligned}\eta(x_1\times x_2)&\approx d(x_1\times x_2)=x_1dx_2+x_2dx_1\approx x_1\eta(x_2)+x_2\eta(x_1)\\&=2.97\times0.003+0.142\times0.02\\&\approx0.012\end{aligned}$$

解法 2
$$\begin{aligned}\eta(x_1\times x_2)&=(x_1\times x_2)\times\delta(x_1\times x_2)=(x_1\times x_2)\times(\delta(x_1)+\delta(x_2))\\&=(x_1\times x_2)\times(\eta(x_1)/x_1+\eta(x_2)/|x_2|)\\&=2.97\times0.142\times(0.02/2.97+0.003/0.142)\\&\approx0.012\end{aligned}$$

1.2.5 有效数字

定义 1.7 若近似值 x^* 的误差限不超过 x^* 的某一位数字的半个单位，则从该位数字起，到左边第一个非零数字为止的所有数字，都是 x^* 的有效数字。

如果知道精确值，那么有效数字还可以定义为，精确值做一次四舍五入之后得到的那一位数字，到左边第一个非零数字为止的所有数字，都是有效数字。

有效数字在一定程度上能反映出误差限的大小。然而，近似值 x^* 的误差限往往不是 x^* 末位有效数字的半个单位，因此有效数字不能精确表示误差限的大小和误差分布概率曲线。为了使误差不超过误差限，用有效数字表示误差限时，可能有精度损失。例如，123.4±0.3 只有两位有效数字；祖冲之在计算出圆周率在 3.141 592 6～3.141 592 7 之间时，并不敢断定末位的数字 7 是有效数字。

实际应用中，并不要求所有数字都是有效数字。例如，用毫米刻度的直尺测量时，测量结果末位数字的单位一般为 0.1mm，但受测量过程、测量工具等因素的影响，末位数字不是有效数字。

例 1.2 已知 $x=44.44$，$y=8.88$ 的各位数字都是有效数字，求：

① $x+y$ 有几位有效数字？

② $x\times y$ 有几位有效数字？

解 由有效数字定义，得绝对误差限 $\eta_x=0.005$，$\eta_y=0.005$。

① $\eta_{x+y}=\eta_x+\eta_y=0.005+0.005=0.01$

因为

$$0.5 \times 10^{-1} > \eta_{x+y} > 0.5 \times 10^{-2}$$

所以 $x+y$ 精确到0.1。

又因为

$$x+y = 44.44 + 8.88 = 53.32$$

所以 $x+y$ 有3位有效数字。

② $\eta_{x \times y} = y\eta_x + x\eta_y = 44.44 \times 0.005 + 8.88 \times 0.005 = 0.2666$

因为

$$0.5 > \eta_{x \times y} > 0.5 \times 10^{-1}$$

所以 $x \times y$ 精确到个位。

又因为

$$x \times y = 44.44 \times 8.88 = 394.6272$$

所以 $x \times y$ 有3位有效数字。

1.2.6 实数的规格化形式

定义1.8 非零实数 x^* 的十进制规格化形式：$\pm 0.a_1a_2\cdots a_n \times 10^m$。

其中 a_1、a_2、…、a_n 代表某一个数字0～9，且 a_1 不为0，n 为正整数，m 为整数。

性质1 a_1、a_2、…、a_n 都是有效数字，当且仅当 x^* 的误差限 $\eta(x^*) \leqslant \frac{1}{2} \times 10^{m-n}$。

定义1.9 若 x^* 的误差限 $\eta(x^*) \leqslant \frac{1}{2} \times 10^{m-n}$，则称 x^* 精确到 10^{m-n}，或称 x^* 精确到小数点后 $n-m$ 位。

例如，0.762×10 有3位有效数字，则称其误差限 $\leqslant 0.5 \times 10^{-2}$，或称其精确到0.01，或称其精确到小数点后2位。

首先，规格化后，x^* 末尾的有效数字0不能被删除，即 x^* 末尾的0都是有效数字，而规格化前整数末尾的0不一定是有效数字，如规格化前3 045 000末尾的3个0不知道是否为有效数字。其次，规格化后，x^* 小数部分的前部没有不是有效数字的0，如规格化前0.000 304 5的小数部分前部有3个0，它们不是有效数字。因此，规格化后在小数点之后的所有数字都是有效数字，使指数和尾数分别表示，这是引入“规格化”的原因之一。

性质2 设近似值 x^* 有 n 位有效数字，x^* 的规格化形式为 $\pm 0.a_1a_2\cdots a_n \times 10^m$，则 x^* 的相对误差限 $\delta \leqslant \frac{1}{2a_1} \times 10^{-(n-1)}$。

证明 由性质1得，x^* 的绝对误差限 $\eta \leqslant \frac{1}{2} \times 10^{m-n}$。

又因为

$$|x^*| = 0.a_1a_2\cdots a_n \times 10^m \geqslant 0.a_1 \times 10^m$$

所以 x^* 的相对误差限 $\delta = \dfrac{\eta}{|x^*|} \leqslant \dfrac{\frac{1}{2} \times 10^{m-n}}{0.a_1 \times 10^m} = \dfrac{1}{2a_1} \times 10^{-(n-1)}$。

性质 3 设近似值 x^* 的规格化形式为 $\pm 0.a_1a_2\cdots a_n\times 10^m$,若 x^* 的相对误差限 $\delta\leqslant\dfrac{1}{2(a_1+1)}\times 10^{-(n-1)}$,则 x^* 至少有 n 位有效数字。

证明 显然

$$|x^*|=0.a_1a_2\cdots a_n\times 10^m=a_1\cdot a_2\cdots a_n\times 10^{m-1}<(a_1+1)\times 10^{m-1}$$

所以 x^* 的绝对误差限

$$\eta=|x^*|\delta<(a_1+1)\times 10^{m-1}\times\frac{1}{2(a_1+1)}\times 10^{-(n-1)}=\frac{1}{2}\times 10^{m-n}$$

所以由性质 1 得,x^* 至少有 n 位有效数字。

性质 4 设近似值 x^* 有 n 位有效数字,则 x^* 的相对误差限 $\delta\leqslant\dfrac{1}{2}\times 10^{-(n-1)}$。

证明 由已知条件,不妨设 x^* 的规格化形式为 $\pm 0.a_1a_2\cdots a_n\times 10^m$,$a_1$ 不为 0。

由性质 1 得,x^* 的绝对误差限 $\eta\leqslant\dfrac{1}{2}\times 10^{m-n}$。

又因为

$$|x^*|=0.a_1a_2\cdots a_n\times 10^m\geqslant 0.1\times 10^m$$

所以 x^* 的相对误差限 $\delta=\dfrac{\eta}{|x^*|}\leqslant\dfrac{\frac{1}{2}\times 10^{m-n}}{0.1\times 10^m}=\dfrac{1}{2}\times 10^{-(n-1)}$。

说明:

① m 不影响相对误差限。

② 因为性质 2 省略了 a_2、a_3、…、a_n,性质 3 中 a_2、a_3、…、a_n 向高位进位,性质 4 中 a_1、a_2、…、a_n 按值最小的情况取值,所以会产生精度损失,误差限越算越大。如果 a_1、a_2、a_3、…、a_n 已知,按性质 1 计算误差限,比按性质 2、性质 3 和性质 4 计算误差限更准确。往往在做公式推导时,才会用到性质 2、性质 3 和性质 4。

③ 用有效数字反映误差限更方便一些,但不如直接指出误差限准确。

例 1.3 已知 $x^*=7.62$ 有 3 位有效数字,求 x^* 的相对误差限 δ。

解法 1 按规格化形式 $\pm 0.a_1a_2\cdots a_n\times 10^m$ 书写,$x^*=0.762\times 10^1$,所以

$$a_1=7,\quad n=3,\quad m=1$$

因此 x^* 的相对误差限 $\delta\leqslant\dfrac{1}{2a_1}\times 10^{-(n-1)}=\dfrac{1}{2\times 7}\times 10^{-(3-1)}\approx 0.000\,714$。

解法 2 由有效数字定义,x^* 的绝对误差限 $\eta\leqslant 0.005$,所以 x^* 的相对误差限 $\delta=\eta/x=0.005/7.62\approx 0.000\,656$。

由上述两种解法可以看出,按性质 2 计算误差限会损失精度。

1.3 算　法

1.3.1 算法简介

求解数学问题的算法是计算方法的研究对象。算法是指利用计算机求解某一问题的方法、步骤。判断算法优劣的标准主要有:

(1) 算法结构简单,易于实现。

(2) 运算量小,占用内存少。

(3) 计算结果误差小。

(4) 稳定性好。

稳定性是与舍入误差相关的参数。运算过程中舍入误差不增长的算法是稳定的。不稳定的算法会积累、放大原始数据的误差。

1.3.2 设计算法应注意的若干原则

(1) 尽量减少运算次数。这样既可以减少误差,又能提高运算效率。

例 1.4 计算 n 次多项式 $P_n(x)=a_0+a_1x+a_2x^2+\cdots+a_nx^n$。

直接求解,要做 n 次加法和 $\sum_{i=0}^{n} i=\frac{n(n+1)}{2}$ 次乘法。

若采用秦九韶算法:$P_n(x)=((\cdots((a_nx+a_{n-1})x+a_{n-2})x+\cdots+a_2)x+a_1)x+a_0$,则只需要做 n 次加法和 n 次乘法,总乘除次数从 $O(n^2)$ 降为 $O(n)$。

原则:尽量地在后面的计算过程中利用前面的计算结果,避免重复计算。

(2) 避免同号相近数相减。相近数相减会大大减小有效数字的位数,使计算结果的精度降低。

例 1.5 计算 $\frac{1}{999}-\frac{1}{1000}$。

若中间结果保留 4 位有效数字,则直接求解:

$\frac{1}{999}-\frac{1}{1000}\approx 0.1001\times10^{-2}-0.1000\times10^{-2}=0.1\times10^{-5}$,最终结果只有 1 位有效数字。

若进行变换后再求解:$\frac{1}{999}-\frac{1}{1000}=\frac{1000-999}{999\times1000}=\frac{1}{0.9990\times10^6}\approx 0.1001\times10^{-5}$,最终结果有 4 位有效数字。

转换公式:$\frac{1}{a}-\frac{1}{b}=\frac{b-a}{a\times b}$ (当 $a\approx b$ 时)。

例 1.6 计算 $\sqrt{1000}-\sqrt{999}$。

若中间结果保留 4 位有效数字,则直接求解:

$\sqrt{1000}-\sqrt{999}\approx 0.3162\times10^2-0.3161\times10^2=0.1\times10^{-1}$,最终结果只有 1 位有效数字。

若进行变换后再求解:$\sqrt{1000}-\sqrt{999}=\frac{1000-999}{\sqrt{1000}+\sqrt{999}}\approx\frac{1}{0.6323\times10^2}\approx 0.1582\times10^{-1}$,最终结果有 4 位有效数字。

转换公式:$\sqrt{a}-\sqrt{b}=\frac{a-b}{\sqrt{a}+\sqrt{b}}$ (当 $a\approx b$ 时)。

若必须进行相近数相减,可以增加中间结果的有效数字位数,但这要增加系统开销。

(3) 防止大数吃掉小数。

例 1.7 计算 $100+\underbrace{0.0001+0.0001+\cdots+0.0001}_{10\,000个}$。设中间结果保留 4 位有效数字。

计算 100+0.0001 时，第 7 位有效数字存不下，结果仍为 100。做 10 000 次加法后结果也仍为 100。

若让 10 000 个小数两两相加，得到的 5000 个小数再两两相加……，最后与 100 相加，则结果为 101，精度较高。

例 1.8 计算 100+0.01−99。设中间结果保留 4 位有效数字。

若计算顺序为(100+0.01)−99，计算 100+0.01 时，第 5 位有效数字存不下，结果仍为 100，再减 99，结果为 1。

若计算顺序为(100−99)+0.01，则结果为 1.01，精度较高。

原则：应先使数量级相近的数相加减，最后与数量级相差较大的数相加减。

(4) 防止溢出。

例 1.9 计算 $\sqrt{a^2+b^2}$。设值大于 10^{20} 时溢出，$a=b=10^{15}$。

直接计算 a^2 时会溢出。

若进行变换 $\sqrt{a^2+b^2}=a\sqrt{\left(\frac{b}{a}\right)^2+1}$，再代入计算，就不会溢出。

(5) 避免除数绝对值远小于被除数绝对值。除以小数会放大被除数的误差。

例 1.10 求解方程组 $\begin{cases}0.0001x_1+x_2=1 & ①\\ x_1+x_2=2 & ②\end{cases}$，设存储精度为 6 位有效数字。

解法 1 方程①×10^4−方程②，得

$$9999x_2=9998$$

$$x_2\approx 0.999\,900$$

（注：$x_2\approx 0.999\,899\,99$，$x_2$ 误差的绝对值≈1×10^{-8}）

代入方程①，得

$$0.0001x_1+0.999\,900=1$$

$$x_1=(1-0.999\,900)/0.0001=1$$

（注：除以 0.0001，误差被放大了 10 000 倍）

解法 2 方程①×10^4−方程②，得

$$9999x_2=9998$$

$$x_2\approx 0.999\,900$$

代入方程②，得

$$x_1+0.999\,900=2$$

$$x_1=1.000\,10$$

（注：不除以 0.0001，误差没有被放大）

(6) 尽量采用稳定的算法，否则必须进行误差估计。

例 1.11 计算 $I_n=\int_0^1\frac{x^n}{x+10}\mathrm{d}x$，$(n=0,1,2,\cdots,8)$。

解法 1 $I_n+10I_{n-1}=\int_0^1\frac{x^n+10x^{n-1}}{x+10}\mathrm{d}x=\int_0^1 x^{n-1}\mathrm{d}x=\left[\frac{1}{n}x^n\right]_0^1=\frac{1}{n}$

所以得到递推公式 $I_n=\frac{1}{n}-10I_{n-1}$。

递推初值 $I_0=\int_0^1\frac{1}{x+10}\mathrm{d}x=[\ln(x+10)]_0^1=\ln 11-\ln 10\approx 0.0953$。

递推过程为：

$$I_1\approx 1-10\times I_0=0.047$$
$$I_2\approx 0.5-10\times I_1=0.03$$
$$I_3\approx 0.333-10\times I_2=0.033$$
$$I_4\approx 0.25-10\times I_3=-0.08$$
$$I_5\approx 0.2-10\times I_4=1$$
$$I_6\approx 0.167-10\times I_5=-9.833$$
$$I_7\approx 0.143-10\times I_6=98.473$$
$$I_8\approx 0.125-0\times I_7=-984.605$$

$x\in[0,1]$时，$\frac{x^n}{x+5}\geqslant 0$。由较精确的值递推多步后，误差很大。

解法 2 $I_n+10I_{n-1}=\int_0^1\frac{x^n+10x^{n-1}}{x+10}\mathrm{d}x=\int_0^1 x^{n-1}\mathrm{d}x=\left[\frac{1}{n}x^n\right]_0^1=\frac{1}{n}$

所以得到递推公式 $I_{n-1}=\frac{1}{10n}-\frac{I_n}{10}$。

因为

$$x\in[0,1]$$

所以

$$\frac{x^n}{11}\leqslant\frac{x^n}{x+10}\leqslant\frac{x^n}{10}$$

故

$$\int_0^1\frac{x^n}{11}\mathrm{d}x\leqslant\int_0^1\frac{x^n}{x+10}\mathrm{d}x\leqslant\int_0^1\frac{x^n}{10}\mathrm{d}x$$

故

$$\left[\frac{x^{n+1}}{11\times(n+1)}\right]_0^1\leqslant I_n\leqslant\left[\frac{x^{n+1}}{10\times(n+1)}\right]_0^1$$

故

$$\frac{1}{11\times(n+1)}\leqslant I_n\leqslant\frac{1}{10\times(n+1)}$$

所以取递推初值 I_n 为此区间的中点，即 $I_8\approx\frac{1}{2}\times\left(\frac{1}{11\times 9}+\frac{1}{10\times 9}\right)\approx 0.0106$。

由递推公式 $I_{n-1}=\frac{1}{10n}-\frac{I_n}{10}$进行递推，递推过程为：

$$I_7\approx\frac{1}{10\times 8}-\frac{0.0106}{10}\approx 0.011\,44$$

$$I_6 \approx \frac{1}{10\times 7} - \frac{0.011\,44}{10} \approx 0.013\,14$$

$$I_5 \approx \frac{1}{10\times 6} - \frac{0.013\,14}{10} \approx 0.015\,35$$

$$I_4 \approx \frac{1}{10\times 5} - \frac{0.015\,35}{10} \approx 0.018\,47$$

$$I_3 \approx \frac{1}{10\times 4} - \frac{0.018\,47}{10} \approx 0.023\,15$$

$$I_2 \approx \frac{1}{10\times 3} - \frac{0.023\,15}{10} \approx 0.031\,02$$

$$I_1 \approx \frac{1}{10\times 2} - \frac{0.031\,02}{10} \approx 0.046\,90$$

$$I_0 \approx \frac{1}{10\times 1} - \frac{0.046\,90}{10} \approx 0.095\,31$$

递推初值有一定误差，递推多步后的结果却相当精确。

比较上述两种递推公式，解法1每递推一次，误差放大10倍；解法2每递推一次，误差缩小10倍。解法1不稳定，解法2是稳定的。不稳定的算法会积累、放大误差，出现“差之毫厘，谬之千里”的现象。实际应用中，尽量不用不稳定的算法，非用不可时应尽量减少运算次数，并进行误差估计。

本章小结

1. 学科《计算方法》介绍，用计算机解决实际数学问题的特点和一般步骤。
2. 误差的必然性与重要性，误差的来源。
3. 绝对误差 e、相对误差 e_r、绝对误差限 η、相对误差限 δ 的定义。
4. 四则运算中误差的传播。
5. 有效数字的定义，有效数字与误差的换算。
6. 非零实数的十进制规格化形式，及其与误差的换算。
7. 判断算法优劣的标准，设计算法应注意的若干原则。

习题 1

1. 误差的来源有________、________、________和________。

2. 若不给出近似值 x^*，是否能够由相对误差限 δ 求出绝对误差限 η，或者由绝对误差限 η 求出相对误差限 δ？

3. 是否在任何情况下，$|e|\leqslant\eta$ 都绝对成立？

4. 误差和错误的区别是什么？

5. 下列十进制数据在用二进制系统存储时，有没有舍入误差？

① 1234　② -3333　③ 0.1　④ 0.2　⑤ 0.3　⑥ 0.5　⑦ 3.0625　⑧ 1.125　⑨ π

6. 圆周率 $\pi\approx 3.141\,592\,6\cdots$ 的3个近似值3.141、3.142、3.1416的有效数字位数分

别是________、________和________。

7. 已知近似值 $x_1=16.3, x_2=3.26, x_3=9.57$，它们的绝对误差限分别为 $\eta_{x1}=0.3$，$\eta_{x2}=0.08$，$\eta_{x3}=0.01$，求下列各式的绝对误差限和相对误差限。

(1) x_1-x_3　(2) x_1+x_2　(3) $x_2{}^4$　(4) $x_1\cdot x_2\cdot x_3$　(5) $\dfrac{x_1}{x_2}$

8. 设 $x>0$，x 的绝对误差限为 m，求 $\ln x$ 的绝对误差限。

9. 为求电阻 R，测得：电压 $U=37\text{V}$，绝对误差限 $\eta_U=0.7\text{V}$，电流 $I=0.16\text{A}$，绝对误差限 $\eta_I=0.004\text{A}$，求 R 的绝对误差限 η_R。(注：电阻=电压/电流)

10. 某长方体容器的长约为50m，宽约为35m，高约为2m。现在要测量它的容积，要求误差≤5m^3，问使用精确到mm的测量仪器是否能够满足精度要求？

11. 已知近似值 $x^*=1.234$ 为精确值 x 在四舍五入之后得到，问 x^* 的相对误差限 δ 是多少？

12. 已知近似值 a、b、c、d、e 都有两位有效数字，$a=33$，$b=0.33$，c 为任意有两位有效数字的实数，d 的首位有效数字为3，e 的末尾有效数字为3。对这5个近似值，按相对误差限取值上限进行排序(由小到大)。

13. 对下列运算式如何变形才能减少运算量？

$$1+\frac{1}{2!}+\frac{1}{3!}+\frac{1}{4!}+\frac{1}{5!}$$

14. 对下列运算式如何变形才能提高结果的精度？

$$\sqrt{255}-16$$

第2章 非线性方程求根

CHAPTER

2.1 引　　言

在解决各类实际问题时，经常要解各类方程。方程可以表示为$f(x)=0$。

定义 2.1　若$f(x)$为n次多项式，即$f(x)=a_nx^n+a_{n-1}x^{n-1}+\cdots+a_0$，$(a_n\neq0)$，则$f(x)=0$为$n$次代数方程。

定义 2.2　若$f(x)$为超越函数，则$f(x)=0$为超越方程。

例如含有三角函数、反三角函数、指数函数、对数函数等超越函数的方程为超越方程。

定义 2.3　1次代数方程为线性方程。

定义 2.4　高于1次的代数方程和超越方程为非线性方程。

定义 2.5　若$f(x^*)=0$，则x^*为$f(x)=0$的根，或称x^*为$f(x)$的零点。

定义 2.6　若$f(x)$为多项式，且下式成立：$f(x)=(x-x^*)^mg(x)$，其中m为0或正整数，$g(x)$的分子和分母都不含因子$(x-x^*)$，则x^*为$f(x)=0$的m重根，或称x^*为$f(x)$的m重零点。

下面是m重根的另一个定义。

定义 2.7　若$f(x^*)=f'(x^*)=f''(x^*)=\cdots=f^{(m-1)}(x^*)=0$，$f^{(m)}(x^*)\neq0$，则$x^*$为$f(x)=0$的$m$重根，或称$x^*$为$f(x)$的$m$重零点。

定义2.6和定义2.7是一致的，证明从略。

定义 2.8　1重根又称为单根。

对于4次及以上代数方程和一般的超越方程，不存在通用的根的解析表达式。有时可以用手工来严谨地求解方程，但难以保证效率。常常用计算机求出误差足够小的数值解，以满足实际问题的需要。

2.2 根的隔离

在用计算机求解非线性方程之前，经常用手工进行根的隔离，来简化程序设计。根的隔离的主要任务有：

(1) 判定在考查的范围内方程是否有根。

(2) 判定根的个数。

(3) 给出用具体数值表示的有根区间。

对非线性方程 $f(x)=0$,手工进行根的隔离,可能用到的方法有:

(1) 试验法:确定测试数据 x,计算此时函数 $f(x)$的值。测试点 x 可能是完全随机选取的,也可能是基于对函数 $f(x)$及已获得测试数据的分析,有目的地猜测选取的。用试验法可以观察函数 $f(x)$的走势,确定有根区间的边界。

(2) 图解法:绘制函数 $f(x)$的曲线图,可以得到方程 $f(x)$的零点的大致分布,确定有根区间。这是个直观的方法。

(3) 分析法:由函数表达式有目的地分析函数曲线的特征,得到函数曲线的特征。用分析法得到的有根区间能严格地保证区间内有且只有 1 个根(m 重根算 1 个根)。与分析法相关的定理有:

① 若 $f(x)$在$[a,b]$上连续,且 $f(a)f(b)<0$,则 $f(x)=0$ 在(a,b)上一定有实根。

② 若 $f(x)=0$ 在(a,b)上有根,$f'(x)$在(a,b)中不变号且不为 0,则 $f(x)=0$ 在(a,b)上的根唯一。

③ n 次代数方程在复数域上有 n 个根(r 重根算 r 个根)。

④ 超越方程有时有无穷多个根。

除非指明,否则本章求的根是指实根。

用分析法对 $f(x)=0$ 的根进行隔离的一般步骤如下:

(1) 找出函数 $f(x)$的定义域,判断 $f(x)$在定义域内是否连续、可导。

(2) 找出 $f(x)$的极值点(如求解 $f'(x)=0$),把定义域分成若干个单调区间。

(3) 判断各单调区间内是否有 $f(x)=0$ 的根。

(4) 缩小有根区间(不允许出现∞)。

例 2.1 用分析法将 $2x^5+5x^2-1=0$ 的根进行隔离。

解 令 $f(x)=2x^5+5x^2-1$。

(1) 显然,$f(x)$在定义域$(-\infty,+\infty)$内连续、可导。

(2) $f'(x)=10x^4+10x=10x(x^3+1)=10x(x+1)(x^2-x+1)$。

下面证明 $x^2-x+1>0$。

当 $x\in(-1,1)$时,$-x+1>0$,$x^2\geqslant 0$,所以此时 $x^2-x+1>0$。

当 $x\in(-\infty,-1]$或 $x\in[1,+\infty)$时,$x^2\geqslant|x|>0$,则 $x^2-x\geqslant 0$,此时 $x^2-x+1>0$。

则 $x^2-x+1>0$ 恒成立。证毕。

因此函数 $f(x)$共有 2 个极值点,位于 $x=0$ 和 $x=-1$ 处。

(3) ① 在区间$(-\infty,-1)$内,$f'(x)>0$,$f(x)$严格单调递增。

$x\to-\infty$时,$f(x)\to-\infty$。$x=-1$ 时,$f(x)=2$。

所以此区间有单根。

② 在区间$(-1,0)$内,$f'(x)<0$,$f(x)$严格单调递减。

$x=0$ 时,$f(x)=-1$。

所以此区间有单根。

③ 在区间$(0,+\infty)$内，$f'(x)>0$，$f(x)$严格单调递增。

$x\to+\infty$时，$f(x)\to+\infty$。

所以此区间有单根。

(4) $f(x)=0$ 共有 3 个实根，对应的有根区间分别为$(-\infty,-1)$、$(-1,0)$和$(0,+\infty)$。因为 $f(-2)=-45$，$f(1)=6$，所以 3 个有根区间缩小为$(-2,-1)$、$(-1,0)$和$(0,1)$。求得的有根区间允许边界有些差别，这是由精度不同导致的，不是错误。

2.3 根的搜索

2.3.1 逐步搜索法

逐步搜索法可以用来搜索某一范围内的根。它的主要依据是：

(1) $f(x)=0$ 的根不好求，但若给出 x 的值，则对应的函数值 $f(x)$好求。

(2) 若某一区间左右两边界处的函数值异号，则此区间内有根。

执行过程是：以搜索范围一侧的边界为起点，以 h 为步长，一步步向另一侧迈进。以每一步的起点和终点为边界，一步迈过的区域为一个小子区间。每迈过一个小子区间，就检查这个小子区间左右两边界处的函数值是异号、同号还是为 0。如果异号，则这个小子区间内有根。如果同号，则继续检查下一个小子区间。如果某边界处函数值为 0，则此边界为根。

逐步搜索法要求函数连续。

用逐步搜索法搜索某一区间$[a,b]$内的单根，精度要求为 ε。

算法 2.1　逐步搜索法的算法。

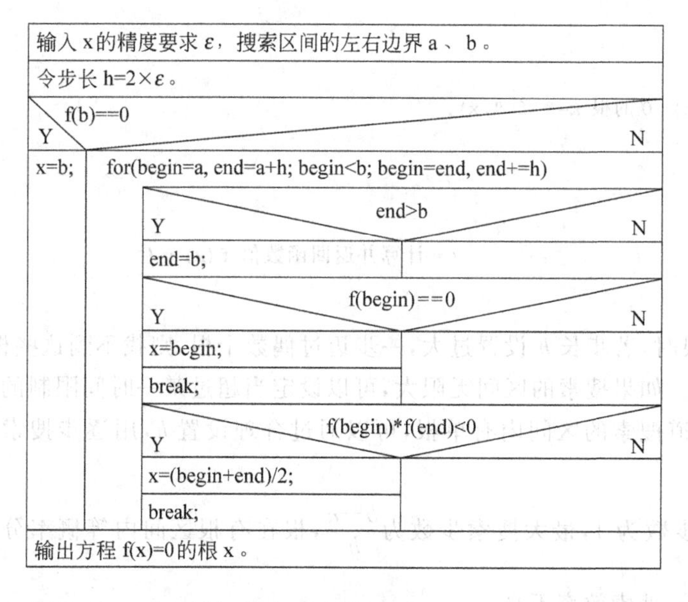

程序 2.1　逐步搜索法对应的程序。

```
#include <stdio.h>
double f(double x);
void main(void)
{
    double a,b,epsilon,x,h,begin,end;
    printf("\n请输入x的精度要求: ");
    scanf("%lf",&epsilon);
    printf("\n请输入搜索区间的边界a,b: ");
    scanf("%lf,%lf",&a,&b);
    h=2*epsilon;
    if(f(b)==0)
        x=b;
    else
        for(begin=a,end=a+h;begin<b;begin=end,end+=h)
        {
            if(end>b)
                end=b;
            if(f(begin)==0)
            {
                x=begin;
                break;
            }
            if(f(begin)*f(end)<0)
            {
                x=(begin+end)/2;
                break;
            }
        }
    printf("\n方程f(x)=0的根x=%lf。",x);
}
double f(double x)
{
    return(…);                              /*计算并返回函数值f(x)*/
}
```

当用逐步搜索法搜索根时，若步长 h 设置过大，一步迈过偶数个根，则找不到这些根。若步长 h 过小，则耗时太长。如果搜索的区间无限大，可以设定当超过某一时间限制的时候，停止搜索。如果已经知道搜索的区间内有单根，可以通过合理设置 h，用逐步搜索法来求根。

逐步搜索法最小搜索步数为1，最大搜索步数为$\frac{b-a}{h}$，根在有根区间内等概率分布时，平均搜索步数为$\frac{b-a+1}{2h}$，搜索效率不高。

2.3.2　变步长逐步搜索法

用逐步搜索法求根，当 h 远小于 $(b-a)$ 时，往往需要很多步搜索。变步长逐步搜索法是对这一缺陷的改进。它的主要步骤为：

① 取较大步长，以较少步数搜索整个有根区间。若一步迈过的子区间边界处为根，则算法结束；若根在某一步迈过的子区间内，则把这个更小的子区间作为新的有根区间。

② 若步骤①得到的有根区间足够小，则取此区间的中点为近似根，算法结束；否则，缩小步长，把上一步得到的新的更小的有根区间作为搜索对象，转步骤①重复执行。

同样，变步长逐步搜索法要求函数连续。

用变步长逐步搜索法求解某一区间 $[a,b]$ 内的单根，精度要求为 ε。

算法 2.2　变步长逐步搜索法的算法。

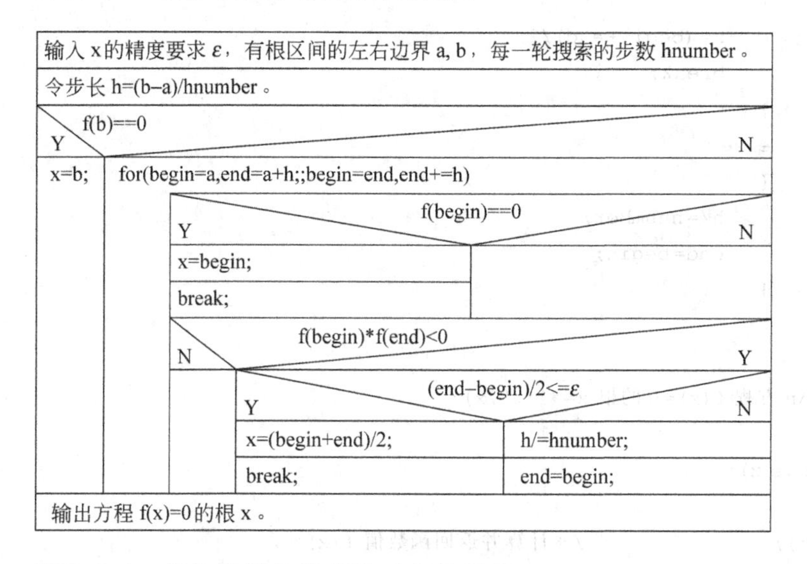

程序 2.2　变步长逐步搜索法对应的程序。

```
#include <stdio.h>
double f(double x);
void main(void)
{
    double a,b,epsilon,x,h,begin,end;
    long hnumber;
    printf("\n请输入 x 的精度要求：");
    scanf("%lf",&epsilon);
    printf("\n请输入有根区间的边界 a,b: ");
    scanf("%lf,%lf",&a,&b);
    printf("\n请输入每一轮搜索的步数：");
    scanf("%ld",&hnumber);
    h=(b-a)/hnumber;
    if(f(b)==0)
```

```
        x=b;
    else
        for(begin=a,end=a+h;;begin=end,end+=h)
        {
            if(f(begin)==0)
            {
                x=begin;
                break;
            }
            if(f(begin)*f(end)<0)
            {
                if((end-begin)/2<=epsilon)
                {
                    x=(begin+end)/2;
                    break;
                }
                else
                {
                    h/=hnumber;
                    end=begin;
                }
            }
        }
    printf("\n方程 f(x)=0 的根 x=%lf。",x);
}
double f(double x)
{
    return(…);                    /*计算并返回函数值 f(x)*/
}
```

变步长逐步搜索法能有效避免搜索步数很多的缺陷。

2.4 对 分 法

2.4.1 对分法的主要思想

对分法(也叫二分法、区间分半法)是一种特殊的变步长逐步搜索法。对分法每一轮搜索的步数为2,即每一轮都是2步搜索完整个待搜索的有根区间,使有根区间的大小减为上一轮有根区间大小的一半。它的主要步骤为:

① 计算当前有根区间中点处的函数值。若函数值为0,则此点为函数零点,算法结束;否则,判断中点处函数值与区间哪一侧端点处函数值异号,异号的一侧为新的有根区间。中点成为新的端点,使有根区间缩小一半。

② 若步骤①得到的有根区间足够小,则取此区间的中点为近似根,算法结束;否则,

对新的有根区间,转步骤①重复执行。

对分法要求函数连续。

用对分法求解某一区间$[a,b]$内的单根,精度要求为 ε。

算法 2.3　对分法的算法。

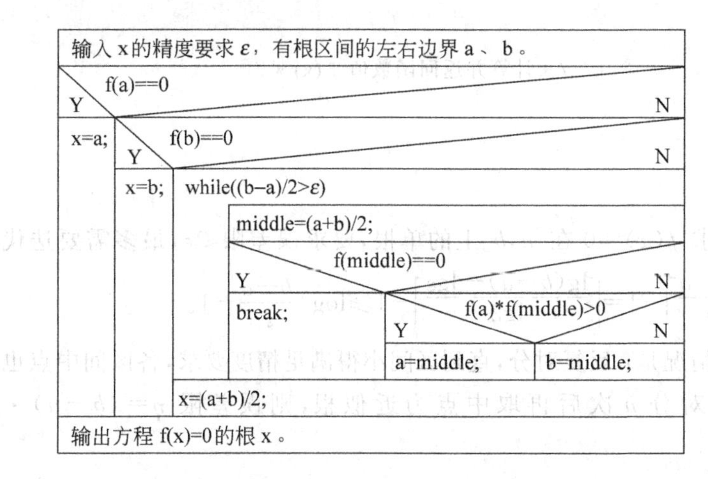

程序 2.3　对分法对应的程序。

```
#include <stdio.h>
double f(double x);
void main(void)
{
    double a,b,epsilon,x,middle;
    printf("\n 请输入 x 的精度要求: ");
    scanf("%lf",&epsilon);
    printf("\n 请输入有根区间的边界 a,b: ");
    scanf("%lf,%lf",&a,&b);
    if(f(a)==0)
        x=a;
    else if(f(b)==0)
        x=b;
    else
    {
        while((b-a)/2>epsilon)
        {
            middle=(a+b)/2;
            if(f(middle)==0)
                break;
            else if(f(a)*f(middle)>0)
                a=middle;
            else
                b=middle;
        }
```

```
        x=(a+b)/2;
    }
    printf("\n方程 f(x)=0 的根 x=%lf。",x);
}
double f(double x)
{
    return(…);                      /*计算并返回函数值 f(x)*/
}
```

2.4.2 对分法的特点

定理 2.1 若用对分法求 $f(x)=0$ 在$[a,b]$上的单根，要求误差限$\leqslant\varepsilon$，最多需要迭代 n 次，则 n 满足：$n=\left\lceil \log_2 \frac{b-a}{\varepsilon}\right\rceil-1=\left\lceil\frac{\lg(b-a)-\lg\varepsilon}{\lg 2}\right\rceil-1\geqslant\log_2\frac{b-a}{\varepsilon}-1$。

证明 迭代次数最多的情况是：反复对分，直到区间小得满足精度要求，各区间中点也都不是根。在这种情况下，对分 n 次后再取中点为近似根，则误差限 $\eta=(b-a)\cdot\left(\frac{1}{2}\right)^{n+1}$，故

$$\eta\leqslant\varepsilon\Leftrightarrow(b-a)\cdot\left(\frac{1}{2}\right)^{n+1}\leqslant\varepsilon\Leftrightarrow 2^{n+1}\geqslant\frac{b-a}{\varepsilon}\Leftrightarrow n+1\geqslant\log_2\frac{b-a}{\varepsilon}\Leftrightarrow$$

$$n\geqslant\log_2\frac{b-a}{\varepsilon}-1$$

所以 $n=\left\lceil \log_2 \frac{b-a}{\varepsilon}\right\rceil-1=\left\lceil\frac{\lg(b-a)-\lg\varepsilon}{\lg 2}\right\rceil-1\geqslant\log_2\frac{b-a}{\varepsilon}-1$ 成立。证毕。

因此，n 的大小由$(b-a)$和 ε 决定，与 $f(x)$无关。

例 2.2 若用对分法求 $f(x)=0$ 在$[0,1]$上的单根，要求精确到小数点后 3 位，问最多需要迭代多少次？

解法 1 设最多需要迭代 n 次，则迭代 n 次后再取中点为近似根，误差限 $\eta=(1-0)\cdot\left(\frac{1}{2}\right)^{n+1}=\frac{1}{2^{n+1}}$。

因为要求精确到小数点后 3 位，所以误差限 $\eta\leqslant\frac{1}{2}\times10^{-3}$，则$\frac{1}{2^{n+1}}\leqslant\frac{1}{2}\times10^{-3}$，即要求 $2^n\geqslant10^3$。

因为 $2^9=512<10^3$，$2^{10}=1024\geqslant10^3$，所以 $n=10$，即最多需要迭代 10 次。

解法 2 设最多需要迭代 n 次。

因为要求精确到小数点后 3 位，所以误差限$\leqslant\frac{1}{2}\times10^{-3}$，则由定理 2.1 得

$$n=\left\lceil\frac{\lg(1-0)-\lg\left(\frac{1}{2}\times10^{-3}\right)}{\lg 2}\right\rceil-1=\left\lceil\frac{0-(-\lg 2-3)}{\lg 2}\right\rceil-1$$

$$=\left\lceil\frac{0.301+3}{0.301}\right\rceil-1=\lceil 10.97\rceil-1=10$$

即最多需要迭代 10 次。

用对分法求 $f(x)=0$ 在某区间的单根，最多迭代次数与函数 $f(x)$ 曲线形状无关。一方面，对分法不能利用函数 $f(x)$ 的具体形式来加快收敛速度；另一方面，对分法不会因为函数 $f(x)$ 的具体形式而减慢收敛速度或变得不收敛。对分法对 $f(x)$ 的要求很宽松，只要求 $f(x)$ 连续。一般情况下，对分法的最多迭代次数比其他的变步长逐步搜索法要少，因此对分法是用得最多的变步长逐步搜索法。

2.5　简单迭代法

2.5.1　简单迭代法的主要思想

简单迭代法又称为 Picard 迭代法、逐次逼近法、不动点迭代法，是求方程在某区间内单根的近似值的重要方法。

用简单迭代法求 $f(x)=0$ 的单根 x^* 的主要步骤如下：

① 把方程 $f(x)=0$ 变形为 $x=\varphi(x)$，称 $\varphi(x)$ 为迭代函数。

② 以 $x_{n+1}=\varphi(x_n)$ $(n=0,1,2,\cdots)$ 为迭代公式，以 x^* 附近的某一个值 x_0 为迭代初值，反复迭代，得到迭代序列 $x_0,x_1,x_2,\cdots$。

③ 若此序列收敛，则必收敛于精确根 x^*，即 $\lim\limits_{n\to+\infty} x_n=x^*$。

例 2.3　用简单迭代法求 $x^5-3x^4-1=0$ 在 3 附近的根，要求迭代 1 次。

(精确解：$x\approx3.0121$)

解　令 $f(x)=x^5-3x^4-1$。

原方程 $f(x)=0$ 变形为 $x=\dfrac{1}{x^4}+3$，所以迭代函数 $\varphi(x)=\dfrac{1}{x^4}+3$。

则迭代公式为 $x_{n+1}=\dfrac{1}{x_n^4}+3$。

取迭代初值 $x_0=3$，则

$$x_1=\frac{1}{3^4}+3=3\frac{1}{81}\approx3.0123$$

所以迭代 1 次的近似根约为 3.0123。

方程 $f(x)=0$ 到 $x=\varphi(x)$ 的变形不唯一。迭代公式不同，或迭代初值不同，使迭代过程有的收敛，有的不收敛。

简单迭代法的迭代过程有它的几何含义。以 $\varphi'(x)\in(0,1)$ 时为例，此时 $y=\varphi(x)$ 函数曲线的斜率在直线 $y=x$ 和 X 轴之间，如图 2.1 所示。图中虚线是水平线（平行于 X 轴）或竖直线（平行于 Y 轴）。直线 $y=x$ 和曲线 $y=\varphi(x)$ 的交点 R^* 对应于 $x=\varphi(x)$ 的根，点 R^* 的横坐标 x^* 是方程 $f(x)=0$ 的根。

第 1 轮迭代，即按迭代公式 $x_1=\varphi(x_0)$ 由 x_0 求出 x_1 的过程，对应于图 2.1 中的虚线所示，点 P_1→点 Q_1→点 R_1→点 P_2 的过程。

步骤①　由 x_0 求 $\varphi(x_0)$ 相当于从点 $P_1(x_0,0)$ 向上走到点 $Q_1(x_0,\varphi(x_0))$。

步骤②　从点 $Q_1(x_0,\varphi(x_0))$ 向左走到点 $R_1(\varphi(x_0),\varphi(x_0))$，把求得的 Q_1 纵坐标

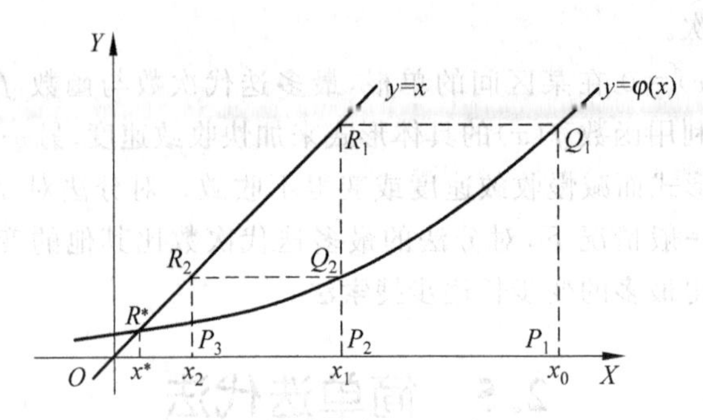

图 2.1　简单迭代法的几何含义

$\varphi(x_0)$转换为点 R_1 的横坐标 $\varphi(x_0)$。

步骤③　把 $\varphi(x_0)$赋值给 x_1，对应于从点 $R_1(\varphi(x_0),\varphi(x_0))$向下走到点 $P_2(x_1,0)$，完成一轮迭代。

类似地，第 2 轮迭代 $x_2=\varphi(x_1)$，对应于点 P_2→点 Q_2→点 R_2→点 P_3 的过程。依次类推，$x_0,x_1,x_2,\cdots$会逐渐逼近 x^*。

2.5.2　简单迭代法的收敛条件

由图 2.2 可知，当 $\varphi'(x)\in(0,1)$时，$y=\varphi(x)$曲线越平行于 $y=x$，收敛越慢；$y=\varphi(x)$曲线越平行于 X 轴，收敛越快。

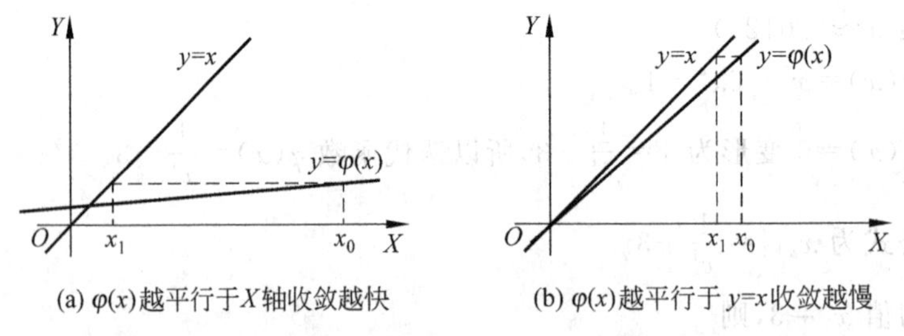

图 2.2　$\varphi'(x)\in(0,1)$时收敛快、慢两种情况的示意图

定理 2.2　若迭代函数 $\varphi(x)$满足：

① $\varphi(x)$在$[a,b]$上连续，且对任意 $x\in[a,b]$，有 $\varphi(x)\in[a,b]$。

② 对任意 $i,j\in[a,b]$，有 $|\varphi(i)-\varphi(j)|\leqslant L|i-j|$，且 $0\leqslant L<1$（L 为李普希兹(Lipschitz)常数）。

则：

① $x=\varphi(x)$在$[a,b]$上存在唯一根 x^*。

② 迭代序列 $x_0,x_1,x_2,x_3,\cdots$必收敛于 x^*，即$\lim\limits_{n\to\infty}x_n=x^*$。

③ $|x_n-x^*|\leqslant\dfrac{1}{1-L}|x_{n+1}-x_n|$成立。

④ $|x_n-x^*|\leqslant\dfrac{L^n}{1-L}|x_1-x_0|$成立。

这个定理为简单迭代法收敛的充分条件。

证明　步骤①　证明迭代序列 $x_0, x_1, x_2, x_3, \cdots$ 收敛。

由已知条件②得，对任意正整数 k，式(2.1)成立。

$$|x_{k+1}-x_k| = |\varphi(x_k)-\varphi(x_{k-1})| \leqslant L|x_k - x_{k-1}| \tag{2.1}$$

则

$$|x_{k+1}-x_k| \leqslant L|x_k-x_{k-1}| \leqslant L^2|x_{k-1}-x_{k-2}| \leqslant \cdots \leqslant L^k|x_1-x_0|$$

所以对任意正整数 p，有

$$\begin{aligned}|x_{p+n}-x_n| &\leqslant |x_{p+n}-x_{p+n-1}| + |x_{p+n-1}-x_{p+n-2}| + |x_{p+n-2}-x_{p+n-3}| + \cdots \\ &\quad + |x_{n+1}-x_n| \leqslant L^{n+p-1}|x_1-x_0| + L^{n+p-2}|x_1-x_0| \\ &\quad + L^{n+p-3}|x_1-x_0| + \cdots + L^n|x_1-x_0| \\ &= L^n(L^{p-1}+L^{p-2}+L^{p-3}+\cdots+1)|x_1-x_0| \\ &= \frac{L^n(1-L^p)}{1-L}|x_1-x_0|\end{aligned}$$

又因为 $0\leqslant L<1$，所以当 $n\to+\infty$ 时，$L^n\to 0$，则对任意正数 ε，存在正整数 N，当 $n>N$ 时，有 $|x_{p+n}-x_n|<\varepsilon$，因此由柯西收敛准则判断，迭代序列 $x_0, x_1, x_2, x_3, \cdots$ 收敛。

步骤②　证明迭代序列 $x_0, x_1, x_2, x_3, \cdots$ 的极限是 $x=\varphi(x)$ 的根。

设迭代序列的极限是 x^*，则

$$x^* = \lim_{n\to\infty} x_n = \lim_{n\to\infty}\varphi(x_{n-1}) = \varphi(\lim_{n\to\infty} x_{n-1}) = \varphi(x^*)$$

所以 x^* 是 $x=\varphi(x)$ 的根。

由步骤①、②得，定理 2.2 的结论②成立。

步骤③　用反证法证明在 $[a,b]$ 上的根唯一。

设 $x=\varphi(x)$ 在 $[a,b]$ 上有 2 个不同的根 i^* 和 j^*，$i^*\neq j^*$，则 $|i^*-j^*|=|\varphi(i^*)-\varphi(j^*)|\leqslant L|i^*-j^*|$，又因为 $i^*\neq j^*$，所以 $|i^*-j^*|>0$，所以 $L\geqslant 1$，这与已知 $L<1$ 矛盾，则 $x=\varphi(x)$ 在 $[a,b]$ 上的根唯一。

因此由步骤①、②、③得，定理 2.2 的结论①成立。

步骤④　证明定理 2.2 的结论④成立。

由步骤①得，$|x_n-x_{p+n}|\leqslant\dfrac{L^n(1-L^p)}{1-L}|x_1-x_0|$，则当 $p\to+\infty$ 时，$x_{p+n}\to x^*$，$L^p\to 0$，所以定理 2.2 的结论④ $|x_n-x^*|\leqslant\dfrac{L^n}{1-L}|x_1-x_0|$ 成立。

步骤⑤　证明定理 2.2 的结论③成立。

由步骤①的式(2.1)得

$$\begin{aligned}|x_n-x_{p+n}| &= |x_{n+p}-x_n| \leqslant |x_{n+p}-x_{n+p-1}| + |x_{n+p-1}-x_{n+p-2}| \\ &\quad + |x_{n+p-2}-x_{n+p-3}| + \cdots + |x_{n+1}-x_n| \\ &\leqslant L^{p-1}|x_{n+1}-x_n| + L^{p-2}|x_{n+1}-x_n| \\ &\quad + L^{p-3}|x_{n+1}-x_n| + \cdots \\ &\quad + L|x_{n+1}-x_n| + |x_{n+1}-x_n| \\ &= (L^{p-1}+L^{p-2}+L^{p-3}+\cdots+1)|x_{n+1}-x_n| \\ &= \frac{1-L^p}{1-L}|x_{n+1}-x_n|\end{aligned}$$

所以当 $p\to+\infty$ 时,$x_{p+n}\to x^*$,$L^p\to 0$,因此定理 2.2 的结论③ $|x_n-x^*|\leqslant\frac{1}{1-L}|x_{n+1}-x_n|$ 成立。

证毕。

定理 2.2 可以用来判断是否收敛,并估计满足指定误差所需要的迭代次数。

推论 将定理 2.2 中的已知条件②改为对任意 $x\in[a,b]$,有 $|\varphi'(x)|\leqslant L<1$。定理 2.2 仍然成立。

证明 由推论的已知条件可以推导出定理 2.2 的已知条件。

对任意 $i,j\in[a,b]$,设 $i\leqslant j$,由微分中值定理,存在 ξ,$i\leqslant\xi\leqslant j$,使 $\varphi(i)-\varphi(j)=\varphi'(\xi)(i-j)$。

若推论的已知条件成立,因为 $\xi\in[a,b]$,所以 $|\varphi'(\xi)|\leqslant L<1$,则 $|\varphi(i)-\varphi(j)|=|\varphi'(\xi)(i-j)|\leqslant L|i-j|$,即定理 2.2 的已知条件成立。

因此此推论成立。

证毕。

推论仍为充分条件。推论要求对迭代函数 $\varphi(x)$ 求 1 阶导数。

定理 2.2 及其推论有它的几何含义。定理 2.2 要求 $\left|\frac{\varphi(i)-\varphi(j)}{i-j}\right|\leqslant L<1$,这就是说,过迭代函数 $\varphi(x)$ 上任意两点作一条直线,其倾角的正切 $\in(-1,1)$,即倾角 $\in(-45°,45°)$,与推论要求 $\varphi'(x)\in(-1,1)$ 一致,如图 2.3 所示。

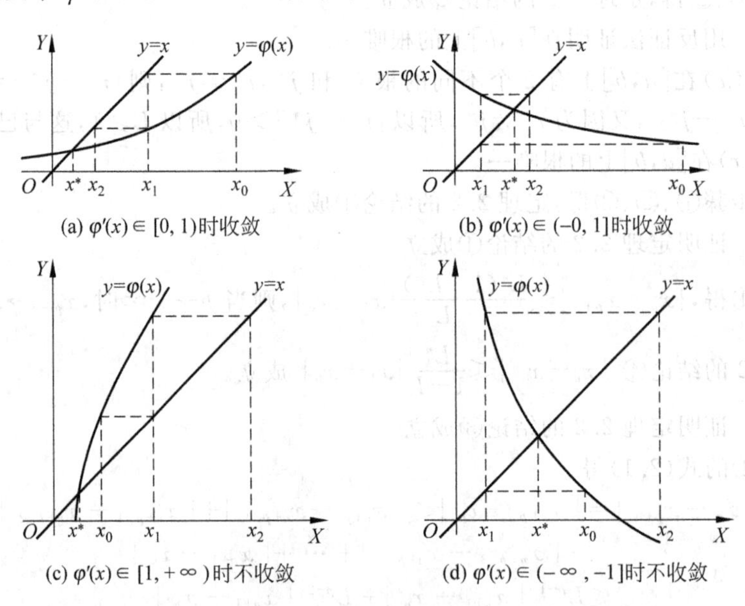

图 2.3 定理 2.2 及其推论的收敛条件的几何含义

由定理 2.2 结论③可以看出,相邻 2 次迭代结果越接近,则这个迭代结果精度越高。程序中可以用这个方法来间接地得知误差,即求相邻 2 次迭代结果之差的绝对值,假设这个数值足够小时,误差足够小。

由定理 2.2 结论④可以看出,当 L 略小于 1 时,收敛慢;当 L 略大于 0 时,收敛快;当

L 等于 0 时，一轮迭代就得到精确根。

由定理 2.2 结论④做以下变形：

$$|x_n - x^*| \leqslant \frac{L^n}{1-L}|x_1 - x_0| \Leftrightarrow L^n \geqslant \frac{|x_n - x^*|(1-L)}{|x_1 - x_0|} \Leftrightarrow n \geqslant \log_L \frac{|x_n - x^*|(1-L)}{|x_1 - x_0|}$$

所以若精度要求为 ε，则迭代的次数 n 只需要满足不等式 $n \geqslant \log_L \dfrac{\varepsilon(1-L)}{|x_1 - x_0|}$。

如图 2.4 所示，当考查的区间较大时，$\varphi'(x)$ 变化较大。即使在某些区域 $|\varphi'(x)|$ 远大于 1，迭代过程仍可能收敛。有时虽然满足收敛的充分条件 $L<1$，但 L 接近于 1，而在 $|\varphi'(x)|$ 接近于 1 的区域对迭代次数影响不大，这会导致按公式 $n \geqslant \log_L \dfrac{\varepsilon(1-L)}{|x_1 - x_0|}$ 计算出的迭代次数比实际需要的迭代次数大得多。

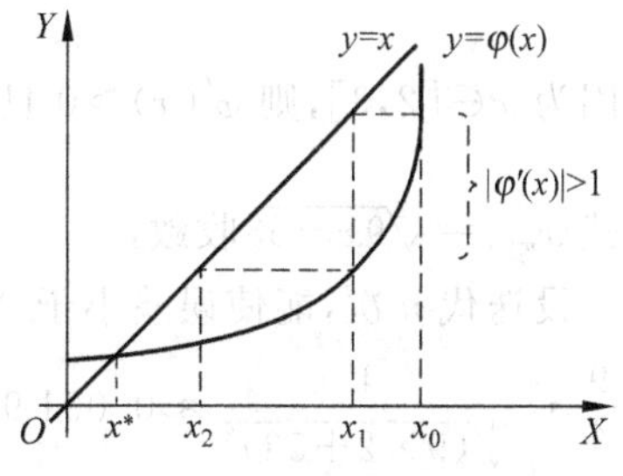

图 2.4 L 远大于 1 却收敛

一般情况下，不要求迭代过程在大区间内收敛。只要在精确根的某一个邻域内收敛，再合理地选取迭代初值就可以了。

定义 2.9 在根 x^* 的某一个邻域 Δ 内，$x_{n+1} = \varphi(x_n)$ 对任意迭代初值 $x_0 \in \Delta$，迭代序列都收敛于 x^*，则称 $x_{n+1} = \varphi(x_n)$ 在 x^* 的邻域 Δ 内局部收敛。

定理 2.3 若 $\varphi(x)$ 在 $x = \varphi(x)$ 的根 x^* 某邻域内有连续的 1 阶导数，且 $|\varphi'(x)|<1$，则 $x_{n+1} = \varphi(x_n)$ 局部收敛。

证明 ① 由已知条件，存在某个足够小的邻域 $[x^* - \varepsilon, x^* + \varepsilon]$，对任意 $x \in [x^* - \varepsilon, x^* + \varepsilon]$，有 $|\varphi'(x)| \leqslant L < 1$。

② 对任意 $x \in [x^* - \varepsilon, x^* + \varepsilon]$，由微分中值定理可知，存在 ξ，有 $|\varphi(x) - x^*| = |\varphi(x) - \varphi(x^*)| = |\varphi'(\xi)||x - x^*|$，其中 ξ 在 x 与 $x*$ 之间，所以 $\xi \in [x^* - \varepsilon, x^* + \varepsilon]$，则 $|\varphi'(\xi)| < 1$，即 $|\varphi(x) - x^*| < |x - x^*| \leqslant \varepsilon$
所以

$$\varphi(x) \in [x^* - \varepsilon, x^* + \varepsilon]$$

所以由定理 2.2 得，对任意迭代初值 $x \in [x^* - \varepsilon, x^* + \varepsilon]$，迭代序列都收敛于 x^*。

所以 $x_{n+1} = \varphi(x_n)$ 在 x^* 的邻域 $[x^* - \varepsilon, x^* + \varepsilon]$ 内局部收敛。

证毕。

例 2.4 为了用简单迭代法求 $x^4 - 9x - 53 = 0$ 在 $[2,3]$ 内的单根，建立了下列迭代公式。取迭代初值 $x_0 = 3$，分析每种迭代公式是否收敛。若收敛，问需要迭代多少次，能使误差小于 0.0001？

(1) $x_{n+1} = (x_n^4 - 53)/9$

(2) $x_{n+1} = \sqrt[4]{9x_n + 53}$

解 (1) 迭代函数 $\varphi(x) = (x^4 - 53)/9$，所以

$$\varphi'(x) = \frac{4}{9}x^3$$

又因为

$$x \geqslant 2$$

则

$$\varphi'(x) \geqslant \varphi'(2) = \frac{4}{9} \times 2^3 > 1$$

所以此时,迭代公式 $x_{n+1}=(x_n{}^4-53)/9$ 不收敛。

(2) 迭代函数 $\varphi(x)=\sqrt[4]{9x+53}$,所以

$$\varphi'(x) = \frac{1}{4}(9x+53)^{-\frac{3}{4}} \cdot 9 = \frac{9}{4} \cdot \frac{1}{\sqrt[4]{(9x+53)^3}}$$

又因为 $x\in[2,3]$,则 $\varphi'(x)>0$ 且 $\varphi'(x)\leqslant\varphi'(2)=\dfrac{9}{4}\cdot\dfrac{1}{\sqrt[4]{(9\times2+53)^3}}<1$,则此时,迭代公式 $x_{n+1}=\sqrt[4]{9x+53}$收敛,

设迭代 n 次,能使误差小于 0.0001。则此时,精度要求 $\varepsilon=0.0001$,李普希兹常数 $L=\dfrac{9}{4}\cdot\dfrac{1}{\sqrt[4]{(9\times2+53)^3}}\approx0.091\,99$。

因为迭代初值 $x_0=3$,则 $x_1=\sqrt[4]{9x_0+53}=\sqrt[4]{9\times3+53}\approx2.990\,698$。

$$\text{所以迭代次数 } n \geqslant \log_L \frac{\varepsilon(1-L)}{|x_1-x_0|} \approx \frac{\lg(0.0001\times(1-0.091\,99)/|2.990\,698-3|)}{\lg 0.091\,99}$$

$$\approx \frac{\lg 0.009\,761}{-1.036\,26} \approx 1.940$$

则迭代 2 次,能使误差小于 0.0001。

2.5.3 简单迭代法的收敛阶

不同的序列需要有一个参数来区分收敛的快慢。一方面,直接比较不同序列的数值大小,数值小的序列不一定收敛快;另一方面,一个序列前几步的数值小,不一定最终收敛得快。收敛阶是一个抽象的、综合反映各种序列收敛快慢的参数,收敛阶越高,序列收敛得越快。

定义 2.10 设序列$\{x_n\}_{n=0}^{\infty}$收敛于 x^*。若存在常数 p 和正常数 c,使$\lim\limits_{n\to\infty}\dfrac{|x_{n+1}-x^*|}{|x_n-x^*|^p}=c$,则序列$\{x_n\}_{n=0}^{\infty}$是 p 阶收敛的。1 阶收敛又称为线性收敛;2 阶收敛又称为平方收敛;3 阶收敛又称为立方收敛;阶数 $p>1$ 时,称为超线性收敛。

定理 2.4 若在 $x=\varphi(x)$的根 x^* 某邻域内,$x_{n+1}=\varphi(x_n)$局部收敛于 x^*,$\varphi(x)$连续且 1 阶可导,$0<|\varphi'(x)|<1$,则 $x_{n+1}=\varphi(x_n)$线性收敛。

证明 由微分中值定理,有 $x_{n+1}-x^*=\varphi(x_n)-\varphi(x^*)=\varphi'(\xi_n)(x_n-x^*)$,其中 ξ_n 在 x_n 与 x^*之间。

则$\dfrac{x_{n+1}-x^*}{x_n-x^*}=\varphi'(\xi_n)$,且$\lim\limits_{n\to\infty}\xi_n=x^*$。

所以

$$\lim_{n\to\infty}\left|\frac{x_{n+1}-x^*}{x_n-x^*}\right|=\lim_{n\to\infty}|\varphi'(\xi_n)|=|\varphi'(x^*)|\in(0,1)$$

因此 $x_{n+1}=\varphi(x_n)$ 线性收敛。

定理 2.5　若在 $x=\varphi(x)$ 的根 x^* 某邻域内，$x_{n+1}=\varphi(x_n)$ 局部收敛于 x^*，$\varphi(x)$ 有连续的 p 阶导数，且 $\varphi'(x^*)=\varphi''(x^*)=\varphi'''(x^*)=\cdots=\varphi^{(p-1)}(x^*)=0$，但 $\varphi^{(p)}(x^*)\neq0$，则 $x_{n+1}=\varphi(x_n)$ 在 x^* 附近 p 阶收敛。

证明　由泰勒中值定理，有 $x_{n+1}=\varphi(x_n)=\varphi(x^*)+\varphi'(x^*)(x_n-x^*)+\frac{\varphi''(x^*)}{2!}(x_n-x^*)^2+\cdots+\frac{\varphi^{(p-1)}(x^*)}{(p-1)!}(x_n-x^*)^{p-1}+\frac{\varphi^{(p)}(\xi_n)}{p!}(x_n-x^*)^p$，其中 ξ_n 在 x_n 和 x^* 之间。

因为

$$\varphi'(x^*)=\varphi''(x^*)=\varphi'''(x^*)=\cdots=\varphi^{(p-1)}(x^*)=0$$

则

$$x_{n+1}=\varphi(x^*)+\frac{\varphi^{(p)}(\xi_n)}{p!}(x_n-x^*)^p=x^*+\frac{\varphi^{(p)}(\xi_n)}{p!}(x_n-x^*)^p$$

则

$$\frac{x_{n+1}-x^*}{(x_n-x^*)^p}=\frac{\varphi^{(p)}(\xi_n)}{p!}$$

所以

$$\lim_{n\to\infty}\frac{|x_{n+1}-x^*|}{|x_n-x^*|^p}=\lim_{n\to\infty}\frac{|\varphi^{(p)}(\xi_n)|}{p!}=\frac{|\varphi^{(p)}(x^*)|}{p!}$$

因为 $\varphi^{(p)}(x^*)\neq0$，则 $\frac{|\varphi^{(p)}(x^*)|}{p!}>0$，所以 $x_{n+1}=\varphi(x_n)$ 在 x^* 附近 p 阶收敛。

2.5.4　简单迭代法的算法和程序

用简单迭代法求解 $f(x)=0$ 的某一个单根 x^*，精度要求为 ε。

手工把方程 $f(x)=0$ 变形为 $x=\varphi(x)$，得到迭代公式 $x_{n+1}=\varphi(x_n)$，并选择 x^* 附近的某一个值 x_0 为迭代初值。假设相邻 2 次迭代结果足够接近时，满足精度要求。为了避免不收敛或收敛过慢时出现死循环，这里设置最大迭代次数，若迭代次数超过最大迭代次数，则退出。

算法 2.4　简单迭代法的算法。

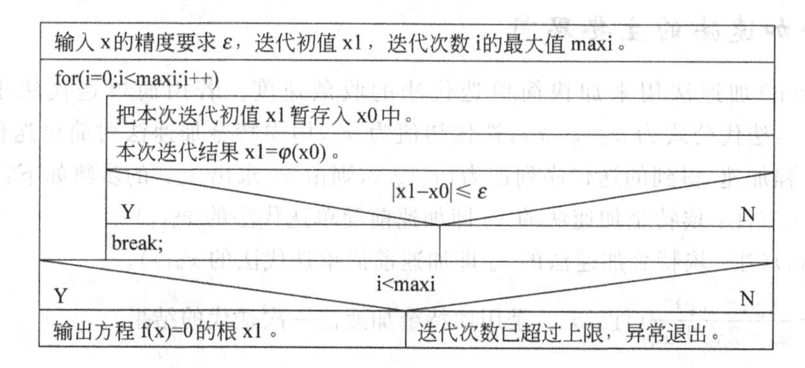

程序 2.4 简单迭代法对应的程序。

```
#include <stdio.h>
#include <math.h>
double picard(double x);
void main(void)
{
    double epsilon,x0,x1;
    long i,maxi;
    printf("\n请输入 x 的精度要求：");
    scanf("%lf",&epsilon);
    printf("\n请输入迭代初值：");
    scanf("%lf",&x1);
    printf("\n请输入最大迭代次数：");
    scanf("%ld",&maxi);
    for(i=0;i<maxi;i++)
    {
        x0=x1;
        x1=picard(x0);
        if(fabs(x1-x0)<=epsilon)
            break;
    }
    if(i<maxi)
        printf("\n方程 f(x)=0 的根 x=%lf。",x1);
    else
        printf("\n迭代次数已超过上限。");
}
double picard(double x)
{
    return(…);                    /*计算并返回函数值φ(x)*/
}
```

2.6 埃特金加速法

2.6.1 埃特金加速法的主要思想

埃特金(Aitken)加速法用来加快简单迭代法的收敛速度。若用简单迭代法求 $f(x)=0$ 的单根 x^*,迭代公式为 $x=\varphi(x)$,迭代初值为 x_0,用埃特金加速法对简单迭代法 $x=\varphi(x)$ 迭代过程加速,得到的迭代序列记为 $\{x_n\}_{n=0}^{\infty}$,则由 x_n 求出 x_{n+1} 的步骤如下:

① 令 $y_n=\varphi(x_n)$(注:埃特金加速法的 y_n 即加速前简单迭代法的 x_{n+1})。

② 令 $z_n=\varphi(y_n)$(注:埃特金加速法的 z_n 即加速前简单迭代法的 x_{n+2})。

③ $x_{n+1}=x_n-\dfrac{(y_n-x_n)^2}{z_n-2y_n+x_n}$(注:$x_{n+1}$ 是用埃特金加速法一次迭代的结果)。

若迭代序列$\{x_n\}_{n=0}^{\infty}$收敛，则必收敛于x^*。

埃特金加速法迭代公式中的$\frac{(y_n-x_n)^2}{z_n-2y_n+x_n}$是$x_n$到$x^*$的距离的估计。估计准确的前提是在涉及的区域内，函数$\varphi(x)$足够接近于直线。

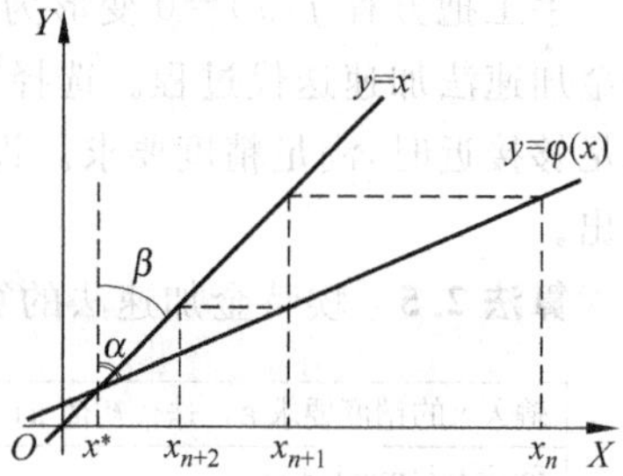

以图2.5所示情况为例，当考查的区间足够小时，$y=\varphi(x)$接近于直线。为推导方便，这里假设$y=\varphi(x)$在此区间内是一条直线，因此，下式成立。

图2.5 埃特金加速法的几何含义

$$\frac{\tan\alpha}{\tan\beta}=\frac{x_{n+1}-x^*}{x_{n+2}-x^*}=\frac{x_n-x^*}{x_{n+1}-x^*}$$

对这一等式加以变形：

$$\begin{aligned}(x_{n+1}-x^*)^2&=(x_n-x^*)(x_{n+2}-x^*)\Leftrightarrow(x_n-x^*)(x_{n+2}-x^*)-(x_{n+1}-x^*)^2\\&=0\Leftrightarrow x^*(2x_{n+1}-x_n-x_{n+2})+x_nx_{n+2}-x_{n+1}^2\\&=0\Leftrightarrow x^*=\frac{x_nx_{n+2}-x_{n+1}^2}{x_{n+2}-2x_{n+1}+x_n}\\&=\frac{x_n(x_{n+2}-2x_{n+1}+x_n)-(x_{n+1}^2-2x_{n+1}x_n+x_n^2)}{x_{n+2}-2x_{n+1}+x_n}\\&=x_n-\frac{(x_{n+1}-x_n)^2}{x_{n+2}-2x_{n+1}+x_n}\end{aligned}$$

这与埃特金加速法迭代公式$x_{n+1}=x_n-\frac{(y_n-x_n)^2}{z_n-2y_n+x_n}$一致。显然，当$y=\varphi(x)$接近于直线时，埃特金加速法能大大加快迭代速度。

例2.5 用埃特金加速法求$x^5-3x^4-1=0$在3附近的根，要求迭代1次，结果保留4位有效数字。

(精确解：$x\approx3.0121$)

解 令$f(x)=x^5-3x^4-1$。

原方程$f(x)=0$变形为$x=\frac{1}{x^4}+3$，则简单迭代法的迭代函数$\varphi(x)=\frac{1}{x^4}+3$。

所以用埃特金加速法进行迭代，取迭代初值$x_0=3$，则

$$y_0=\varphi(x_0)=\frac{1}{3^4}+3=3\frac{1}{81}\approx3.012\,346$$

$$z_0=\varphi(y_0)=\frac{1}{3.012\,346^4}+3\approx3.012\,145$$

则

$$x_1=x_0-\frac{(y_0-x_0)^2}{z_0-2y_0+x_0}\approx3.012\,148$$

因此用埃特金加速法迭代1次的近似根约为3.012。

2.6.2 埃特金加速法的算法和程序

用埃特金加速法求解$f(x)=0$的某一个单根x^*，精度要求为ε。

手工把方程 $f(x)=0$ 变形为 $x=\varphi(x)$，得到简单迭代法的迭代公式 $x=\varphi(x)$，再用埃特金加速法加速迭代过程。选择 x^* 附近的某一个值为迭代初值。假设相邻 2 次迭代结果足够接近时，满足精度要求。设置了最大迭代次数，若迭代次数超过最大迭代次数，则退出。

算法 2.5 埃特金加速法的算法。

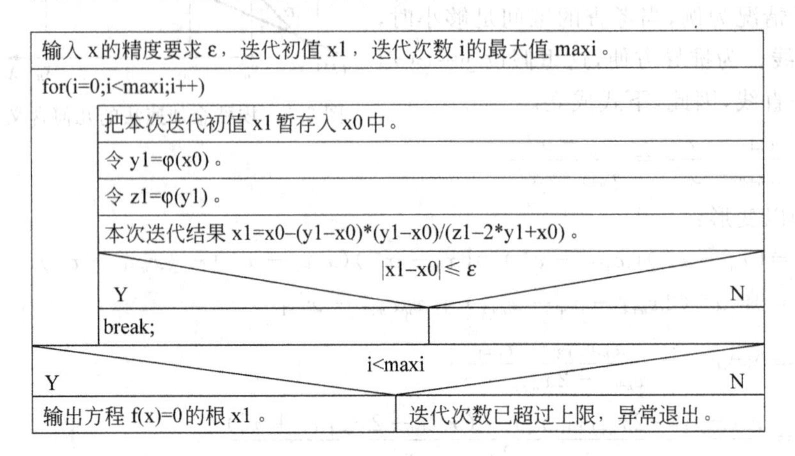

程序 2.5 埃特金加速法对应的程序。

```
#include <stdio.h>
#include <math.h>
double picard(double x);
void main(void)
{
    double epsilon,x0,x1,y1,z1;
    long i,maxi;
    printf("\n 请输入 x 的精度要求:");
    scanf("%lf",&epsilon);
    printf("\n 请输入迭代初值:");
    scanf("%lf",&x1);
    printf("\n 请输入最大迭代次数:");
    scanf("%ld",&maxi);
    for(i=0;i<maxi;i++)
    {
        x0=x1;
        y1=picard(x1);
        z1=picard(y1);
        x1=x0-(y1-x0)*(y1-x0)/(z1-2*y1+x0);
        if(fabs(x1-x0)<=epsilon)
            break;
    }
    if(i<maxi)
        printf("\n 方程 f(x)=0 的根 x=%lf。",x1);
```

```
    else
        printf("\n 迭代次数已超过上限。");
}
double picard(double x)
{
    return(…);                    /* 计算并返回迭代函数值 φ(x) */
}
```

2.7　牛顿迭代法

2.7.1　牛顿迭代法的主要思想

牛顿迭代法又称为切线法，是另一种有特色的求根方法。用牛顿迭代法求 $f(x)=0$ 的单根 x^* 的主要步骤如下：

(1) 牛顿迭代法的迭代公式为 $x_{n+1}=x_n-\dfrac{f(x_n)}{f'(x_n)}$，$(n=0,1,2,\cdots)$。

(2) 以 x^* 附近的某一个值 x_0 为迭代初值，代入迭代公式，反复迭代，得到序列 x_0，x_1，x_2，…。

(3) 若此序列收敛，则必收敛于精确根 x^*，即 $\lim\limits_{n\to+\infty}x_n=x^*$。

例 2.6　用牛顿迭代法求 $2x^3-9x-25=0$ 在区间[2,3]内的单根，要求以 3 为迭代初值，迭代 1 次，结果保留 4 位有效数字。

(精确解：$x\approx2.9547$)

解　令 $f(x)=2x^3-9x-25$，迭代初值 $x_0=3$。

则迭代公式为 $x_{n+1}=x_n-\dfrac{f(x_n)}{f'(x_n)}=x_n-\dfrac{2x_n^3-9x_n-25}{6x_n^2-9}$。

所以

$$x_1=x_0-\frac{2x_0^3-9x_0-25}{6x_0^2-9}=3-\frac{2}{45}\approx2.956$$

因此迭代 1 次的近似根约为 2.956。

牛顿迭代法的几何含义如图 2.6 所示。图中是一种典型情况。曲线 $y=f(x)$ 与 X 轴的交点 P^* 对应于方程 $f(x)=0$ 的根 x^*。某一轮迭代如下：

$$x_{n+1}=x_n-\frac{f(x_n)}{f'(x_n)}$$

由 x_n 求出 x_{n+1} 的过程对应于图 2.6 中的虚线，点 P_n→点 Q_n→点 P_{n+1} 的过程。

首先，从点 $P_n(x_n,0)$ 向上走到点 $Q_n(x_n,f(x_n))$。然后，过点 Q_n 作 $y=f(x)$ 的切线，交 X 轴于点 $P_{n+1}(x_{n+1},0)$，一轮迭代结束。

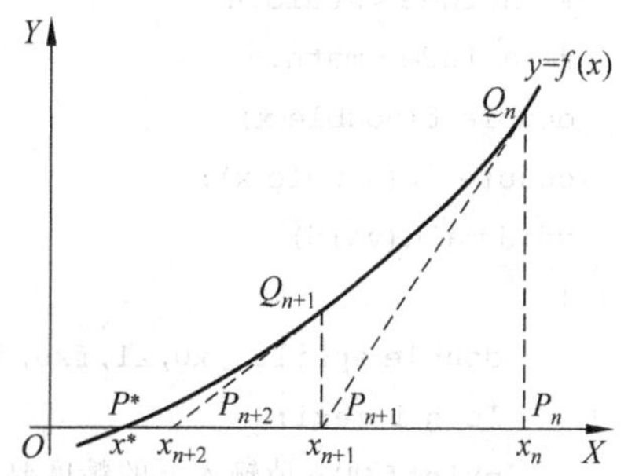

图 2.6　牛顿迭代法的几何含义

显然，切线 P_nP_{n+1} 的斜率 $=f'(x_n)=\dfrac{f(x_n)}{x_n-x_{n+1}}$。

则 $f'(x_n)(x_n-x_{n+1})=f(x_n)$，$x_n-x_{n+1}=\dfrac{f(x_n)}{f'(x_{n+1})}$，则 $x_{n+1}=x_n-\dfrac{f(x_n)}{f'(x_n)}$。

这与迭代公式一致。

类似地，下一轮迭代 $x_{n+2}=x_{n+1}-\dfrac{f(x_{n+1})}{f'(x_{n+1})}$，对应于点 $P_{n+1}\to$ 点 $Q_{n+1}\to$ 点 P_{n+2} 的过程。依次类推，序列 $x_0,x_1,x_2,\cdots$ 会逐渐逼近 x^*。

由图 2.6 可以看出，当考查的区间足够小时，$y=f(x)$ 接近于直线，切线与 $y=f(x)$ 几乎重合，收敛很快。

2.7.2 牛顿迭代法的算法和程序

用牛顿迭代法求解 $f(x)=0$ 的某一个单根 x^*，精度要求为 ε。

手工对函数 $f(x)$ 求导。迭代公式为 $x_{n+1}=x_n-\dfrac{f(x_n)}{f'(x_n)}$，并选择 x^* 附近的某一个值 x_0 为迭代初值。假设相邻 2 次迭代结果足够接近时，满足精度要求。为了避免不收敛或收敛过慢时出现死循环，这里设置最大迭代次数，若迭代次数超过最大迭代次数，则退出。

算法 2.6 牛顿迭代法的算法。

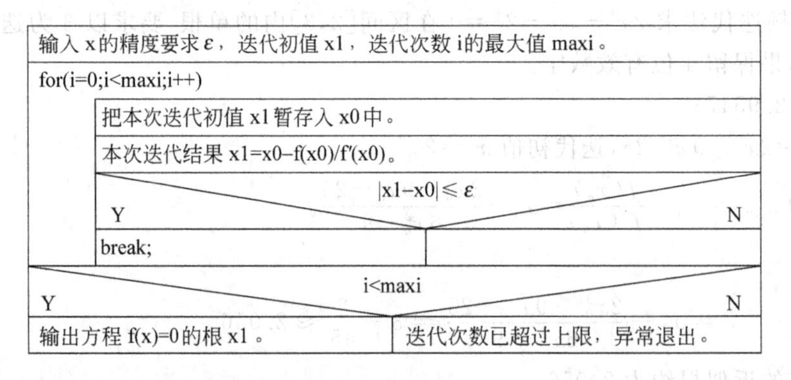

程序 2.6 牛顿迭代法对应的程序。

```
# include <stdio.h>
# include <math.h>
double f(double x);
double df(double x);
void main(void)
{
    double epsilon,x0,x1,fx0,dfx0;
    long i,maxi;
    printf("\n 请输入 x 的精度要求：");
    scanf("%lf",&epsilon);
    printf("\n 请输入迭代初值：");
```

```
    scanf("%lf",&x1);
    printf("\n请输入最大迭代次数:");
    scanf("%ld",&maxi);
    for(i=0;i<maxi;i++)
    {
        x0=x1;
        fx0=f(x0);
        dfx0=df(x0);
        x1=x0-fx0/dfx0;
        if(fabs(x1-x0)<=epsilon)
            break;
    }
    if(i<maxi)
        printf("\n方程 f(x)=0 的根 x=%lf。",x1);
    else
        printf("\n迭代次数已超过上限。");
}
double f(double x)
{
    return(…);                    /*计算并返回函数值 f(x)*/
}
double df(double x)
{
    return(…);                    /*计算并返回导数值 f'(x)*/
}
```

2.7.3　牛顿迭代法的收敛阶与收敛条件

牛顿迭代法是一种特殊的简单迭代法。把牛顿迭代法看作简单迭代法时,它的迭代函数 $\varphi(x)=x-\dfrac{f(x)}{f'(x)}$。牛顿迭代法同样具有简单迭代法的几何含义。牛顿迭代法几何含义和简单迭代法几何含义的对应关系如图 2.7 所示。

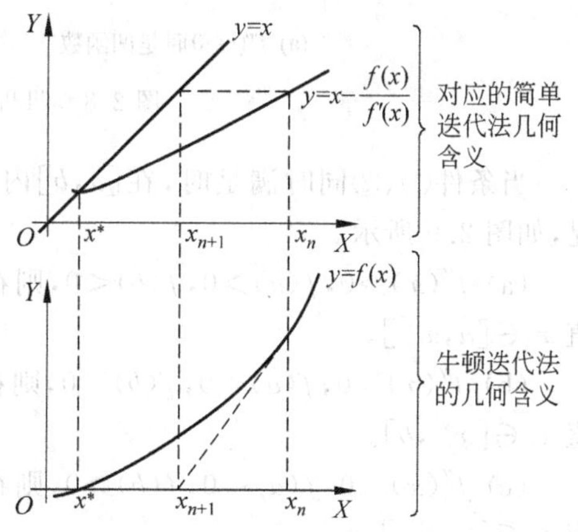

图 2.7　把牛顿迭代法看作简单迭代法时的几何含义

定理 2.6　若 x^* 是 $f(x)=0$ 的单根,$f(x)$ 在 x^* 附近有连续的 2 阶导数,适当地选取迭代初值 x_0,则牛顿迭代产生的迭代序列收敛于 x^*,且收敛阶不小于 2。

下面证明在上述条件下,牛顿迭代法至少是平方收敛。

证明　牛顿迭代法的迭代函数 $\varphi(x)=x-\dfrac{f(x)}{f'(x)}$,则

$$\varphi'(x) = \left(x - \frac{f(x)}{f'(x)}\right)' = 1 - \frac{(f'(x))^2 - f(x)f''(x)}{(f'(x))^2} = \frac{f(x)f''(x)}{(f'(x))^2}$$

因为 x^* 是 $f(x)=0$ 的单根,则由定义 2.7 得出,$f(x^*)=0, f'(x^*)\neq 0$。

所以

$$\varphi'(x^*) = \frac{f(x^*)f''(x^*)}{(f'(x^*))^2} = 0$$

因此由定理 2.5 得出,牛顿迭代法在 x^* 附近至少是平方收敛。

证毕。

用简单迭代法的收敛性判定定理,也可以判断牛顿迭代法是否收敛。如将定理 2.2 的推论、定理 2.3 中的 $\varphi'(x)$ 改为 $\frac{f(x)f''(x)}{(f'(x))^2}$,可以判断对应的牛顿迭代法的收敛性。

定理 2.7 若 $f(x)$ 在 $[a,b]$ 上连续,存在 2 阶导数,且满足下列条件:

① $f(a)f(b)<0$。

② $f''(x)$ 不变号且 $f''(x)\neq 0$。

③ 选取初值 x_0,满足 $f(x_0)f''(x)>0$。

则 $f(x)=0$ 在 $[a,b]$ 内的根唯一,且牛顿迭代序列收敛于此根。

定理 2.7 的条件是牛顿迭代法收敛的充分条件。

定理 2.7 可以用它的几何含义来解释。

条件①能保证在 $[a,b]$ 上 $f(x)=0$ 有奇数个根。

条件②能保证在 $[a,b]$ 上 $f(x)$ 的凹凸性不变。凹凸性不变有两种情况,如图 2.8 所示。显然,$f''(x)$ 不变号且 $f''(x)\neq 0$ 时,最多有 2 个实根。

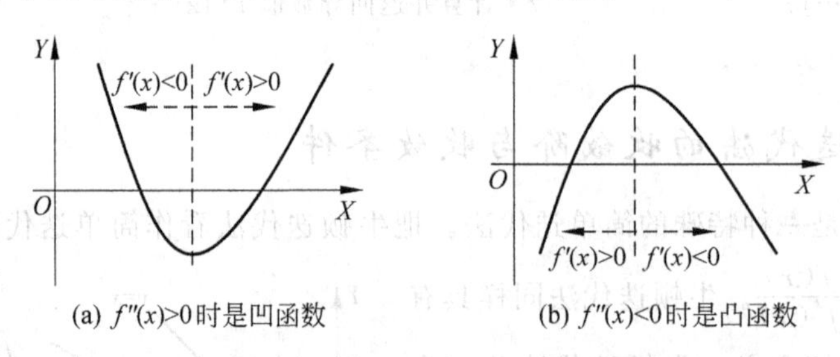

图 2.8 凹凸性不变的两种情况

当条件①、②同时满足时,在 $[a,b]$ 内 $f(x)=0$ 有唯一根,记为 x^*。这共有 4 种情况,如图 2.9 所示。

(a) $f''(x)>0, f(a)>0, f(b)<0$,则在 $[a,x^*]$ 内 $f'(x)<0, f(x)>0$,按条件③,初值 $x_0\in[a,x^*]$。

(b) $f''(x)>0, f(a)<0, f(b)>0$,则在 $[x^*,b]$ 内 $f'(x)>0, f(x)>0$,按条件③,初值 $x_0\in[x^*,b]$。

(c) $f''(x)<0, f(a)<0, f(b)>0$,则在 $[a,x^*]$ 内 $f'(x)>0, f(x)<0$,按条件③,初值 $x_0\in[a,x^*]$。

(d) $f''(x)<0, f(a)>0, f(b)<0$,则在 $[x^*,b]$ 内 $f'(x)<0, f(x)<0$,按条件③,初值 $x_0\in[x^*,b]$。

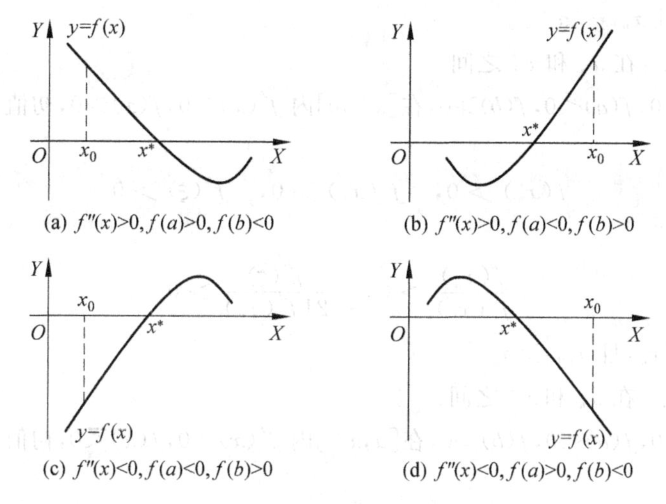

图 2.9　牛顿迭代法收敛的 4 种典型情况

下面证明在如图 2.9 所示的 4 种情况下，牛顿迭代法都收敛。

① 由泰勒公式，得

$f(x^*)=f(x_n)+f'(x_n)(x^*-x_n)+\dfrac{f''(\xi)}{2!}(x^*-x_n)^2$，其中 ξ 在 x_n 和 x^* 之间。

因为

$$f(x^*)=0$$

则

$$f(x_n)+f'(x_n)(x^*-x_n)+\frac{f''(\xi)}{2!}(x^*-x_n)^2=0$$

所以

$$\frac{f(x_n)}{f'(x_n)}+x^*-x_n+\frac{f''(\xi)}{2!f'(x_n)}(x^*-x_n)^2=0$$

因此

$$x^*+\frac{f''(\xi)}{2!f'(x_n)}(x^*-x_n)^2=x_n-\frac{f(x_n)}{f'(x_n)}=x_{n+1}$$

② 下面按图 2.9 所示的 4 种情况证明 x_{n+1} 在 x_n 和 x^* 之间。

若 $x_n=x^*$，则根为 x_n，迭代结束。因此，这里只讨论 $x_n\neq x^*$ 的情况。

所以

$$(x^*-x_n)^2>0$$

(a) $f''(x)>0, f(a)>0, f(b)<0$，在 $[a,x^*]$ 内 $f'(x)<0, f(x)>0$，初值 $x_0\in[a,x^*]$。

因为

$$f(x_n)>0,\quad f'(x_n)<0,\quad f''(\xi)>0$$

则

$$\frac{f(x_n)}{f'(x_n)}<0,\quad \frac{f''(\xi)}{2!f'(x_n)}<0$$

所以 $x_{n+1}>x_n$,且 $x_{n+1}<x^*$。

因此此时 x_{n+1} 在 x_n 和 x^* 之间。

(b) $f''(x)>0,f(a)<0,f(b)>0$,在$[x^*,b]$内 $f'(x)>0,f(x)>0$,初值 $x_0\in[x^*,b]$。

因为

$$f(x_n)>0,\quad f'(x_n)>0,\quad f''(\xi)>0$$

则

$$\frac{f(x_n)}{f'(x_n)}>0,\quad \frac{f''(\xi)}{2!f'(x_n)}>0$$

所以 $x_{n+1}<x_n$,且 $x_{n+1}>x^*$。

因此此时 x_{n+1} 在 x_n 和 x^* 之间。

(c) $f''(x)<0,f(a)<0,f(b)>0$,在$[a,x^*]$内 $f'(x)>0,f(x)<0$,初值 $x_0\in[a,x^*]$。

因为

$$f(x_n)<0,\quad f'(x_n)>0,\quad f''(\xi)<0$$

则

$$\frac{f(x_n)}{f'(x_n)}<0,\quad \frac{f''(\xi)}{2!f'(x_n)}<0$$

所以 $x_{n+1}>x_n$,且 $x_{n+1}<x^*$。

因此此时 x_{n+1} 在 x_n 和 x^* 之间。

(d) $f''(x)<0,f(a)>0,f(b)<0$,在$[x^*,b]$内 $f'(x)<0,f(x)<0$,初值 $x_0\in[x^*,b]$。

因为

$$f(x_n)<0,\quad f'(x_n)<0,\quad f''(\xi)<0$$

则

$$\frac{f(x_n)}{f'(x_n)}>0,\quad \frac{f''(\xi)}{2!f'(x_n)}>0$$

所以 $x_{n+1}<x_n$,且 $x_{n+1}>x^*$。

因此此时 x_{n+1} 在 x_n 和 x^* 之间。

③ 由上可得,若满足定理2.7的条件,则 x_{n+1} 在 x_n 和 x^* 之间。

又因为单调有界数列必有极限,所以迭代序列 $x_0,x_1,x_2,x_3,\cdots$ 必有极限,记 $\lim\limits_{n\to\infty}x_n=\tilde{x},\tilde{x}\in[a,b]$。

④ 下面证明 $\lim\limits_{n\to\infty}x_n=x^*$。

因为迭代公式为 $x_{n+1}=x_n-\dfrac{f(x_n)}{f'(x_n)}$,所以

$$\lim_{n\to\infty}x_{n+1}=\lim_{n\to\infty}\left(x_n-\frac{f(x_n)}{f'(x_n)}\right)=\lim_{n\to\infty}x_n-\lim_{n\to\infty}\frac{f(x_n)}{f'(x_n)}=\lim_{n\to\infty}x_n-\frac{f(\lim\limits_{n\to\infty}x_n)}{f'(\lim\limits_{n\to\infty}x_n)}$$

又因为

$$\lim_{n\to\infty}x_n=\lim_{n\to\infty}x_{n+1}=\tilde{x}$$

则

$$\tilde{x} = \tilde{x} - \frac{f(\tilde{x})}{f'(\tilde{x})}$$

则

$$\frac{f(\tilde{x})}{f'(\tilde{x})} = 0$$

所以

$$f(\tilde{x}) = 0$$

因此 $\tilde{x}$ 是方程 $f(x)=0$ 的根。

又因为在$[a,b]$内 $f(x)=0$ 有唯一根 x^*，所以 $\tilde{x}=x^*$。

因此若满足定理 2.7 的条件，则 $f(x)=0$ 在$[a,b]$内根唯一，且牛顿迭代序列收敛于此根。

证毕。

定理 2.7 限制了初值的选取。如图 2.9 所示，若在$[a,b]$内 $f(x)$向下凹，则选取函数值为正的点为迭代初值；若在$[a,b]$内 $f(x)$向上凸，则选取函数值为负的边界点为迭代初值。这样能有效避免如图 2.10 所示的情况。图 2.10 中初值 x_0 落在与条件③矛盾的一侧，即使满足定理 2.7 的条件①、②，也不能保证收敛。

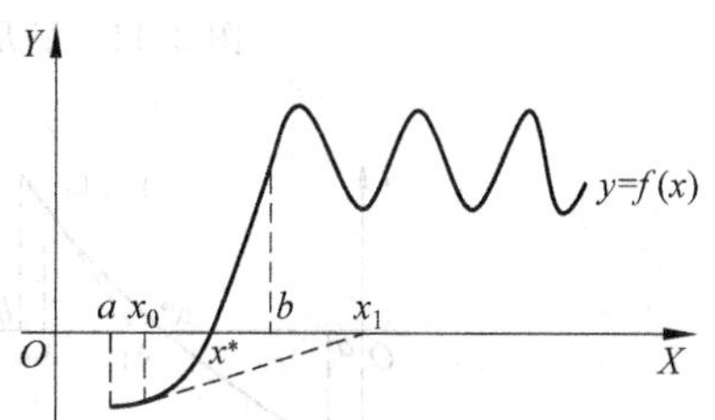

图 2.10　定理 2.7 牛顿迭代法不收敛的典型情况

定理 2.7 中对初值的选取限制可以放宽，见定理 2.8。

定理 2.8　若 $f(x)$在$[a,b]$上连续，存在 2 阶导数，且满足下列条件：

① $f(a)f(b)<0$。

② $f'(x)$不变号且 $f'(x)\neq 0$。

③ $f''(x)$不变号且 $f''(x)\neq 0$。

④ $\left|\frac{f(a)}{f'(a)}\right| \leqslant b-a$，且$\left|\frac{f(b)}{f'(b)}\right| \leqslant b-a$。

则对任意初值 $x_0 \in [a,b]$，牛顿迭代序列收敛于 $f(x)=0$ 在$[a,b]$内的唯一根。

定理 2.8 的条件是牛顿迭代法收敛的充分条件。

条件①能保证 $f(x)=0$ 在$[a,b]$上有根。

条件②能保证在$[a,b]$上 $f(x)$严格单调递增或严格单调递减。

条件①、②能保证在$[a,b]$内 $f(x)=0$ 有唯一根，记为 x^*。

条件③能保证在$[a,b]$上 $f(x)$的凹凸性不变。

当条件①、②、③同时满足时，共有 4 种情况，如图 2.11 所示。

如果 x_0 在满足 $f(x_0)f''(x)>0$ 的 x^* 的一侧，那么由定理 2.7 可知，能保证收敛；否则，如果 x_0 在满足 $f(x_0)f''(x)<0$ 的 x^* 的一侧，那么 x_1 必定在 x^* 的另一侧（如图 2.12 所示），此时，如果 $x_1 \in [a,b]$，那么可以把 x_1 看作迭代初值，由定理 2.7 可知也能保证收敛。

定理 2.8 条件④，用来保证当 x_0 在满足 $f(x_0)f''(x)<0$ 的 x^* 的一侧时，$x_1 \in [a,b]$。

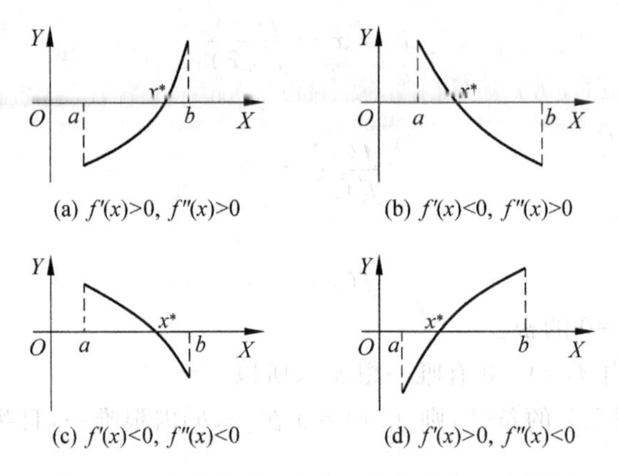

(a) $f'(x)>0,\ f''(x)>0$　(b) $f'(x)<0,\ f''(x)>0$

(c) $f'(x)<0,\ f''(x)<0$　(d) $f'(x)>0,\ f''(x)<0$

图 2.11　满足定理 2.8 前 3 个条件的 4 种情况

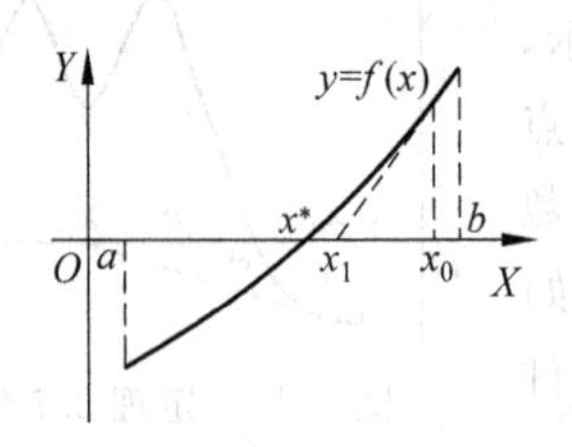

(a) x_0在x^*右侧时，x_1在x^*和x_0之间

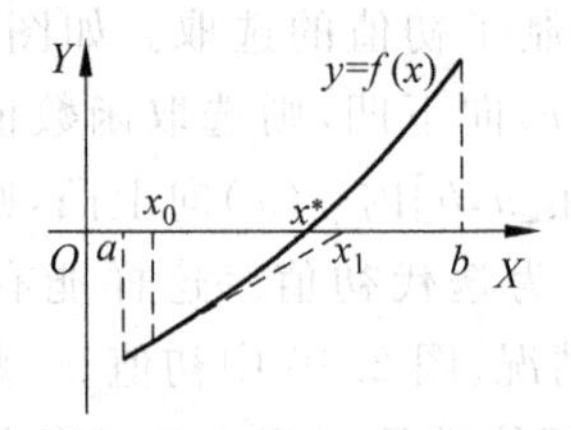

(b) x_0在x^*左侧时，x_1不在x^*和x_0之间

图 2.12　x_1 一定位于 x^* 的收敛的一侧

以图 2.11(a)所示为例，如图 2.13 所示，当 $x_0\in[a,x^*]$时，如果 $x_1\in[x^*,b]$，那么由定理 2.7 可知，迭代过程收敛。显然，当 $x_0=a$ 时，x_1 最大，因此收敛条件为：$x_0=a$ 时 $x_1\leqslant b$，这等价于 $|x_1-a|\leqslant b-a$。按照牛顿迭代法的几何含义，$|x_1-a|=\left|\dfrac{f(a)}{f'(a)}\right|$，所以当 $\left|\dfrac{f(a)}{f'(a)}\right|\leqslant b-a$ 时，迭代收敛，与定理 2.8 条件④一致。

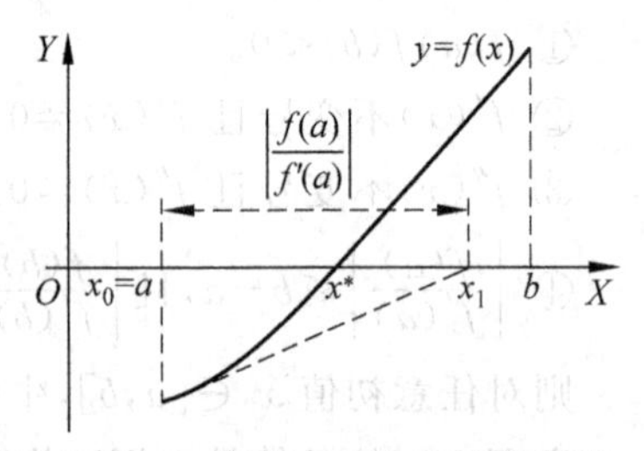

图 2.13　定理 2.8 条件④的作用

同理，图 2.11(c)也是当 $\left|\dfrac{f(a)}{f'(a)}\right|\leqslant b-a$ 时迭代收敛；图 2.11(b)、(d)是当 $\left|\dfrac{f(b)}{f'(b)}\right|\leqslant b-a$ 时，迭代收敛，与定理 2.8 条件④一致。因此，定理 2.8 成立。

例 2.7　如果用牛顿迭代法求 $f(x)=2\ln x+x+3=0$ 的唯一实根，问：

(1) 初值 $x_0=0.1$ 时是否收敛？

(2) 初值 $x_0=3$ 时是否收敛？

解　① 显然，$f(x)$的定义域为$(0,+\infty)$，$\lim\limits_{x\to0+}f(x)=-\infty$，$\lim\limits_{x\to+\infty}f(x)=+\infty$。

$$f'(x)=\frac{2}{x}+1,\quad f''(x)=-\frac{2}{x^2}$$

当 $x\in(0,+\infty)$时，$f'(x)>0$，$f''(x)<0$，所以当 $x\in(0,+\infty)$时，$f'(x)$不变号且不为 0，$f''(x)$不变号且不为 0。

② $x_0=0.1$ 时，$f(0.1)=2\ln 0.1+0.1+3\approx -1.5<0$，所以

$$f(0.1)f''(0.1)>0$$

由定理2.7可知，初值 $x_0=0.1$ 时，牛顿迭代序列必收敛于 $f(x)=0$ 的唯一实根。

③ $x_0=3$ 时，$f(3)=2\ln 3+3+3>0$，x_0 在根的右侧，不满足定理2.7条件③ $f(x_0)f''(x_0)>0$。

由定理2.8可知，x_1 会落在根的左侧，若 $\left|\dfrac{f(b)}{f'(b)}\right|\leqslant b-a$，即 $x_1>0$，则牛顿迭代仍然一定收敛。

$$x_1=x_0-\frac{f(x_0)}{f'(x_0)}=3-\frac{2\ln 3+3+3}{\dfrac{2}{3}+1}\approx -1.9<0$$

所以 x_1 落在定义域之外，牛顿迭代序列不收敛。

总之，牛顿迭代法具有以下特点：

(1) 对 $f(x)$ 要求较高。需要对 $f(x)$ 求导数，且 $f'(x_n)$ 不能为0。

(2) 收敛速度较快，但重根时收敛较慢。

(3) 具有局部收敛性，但在较大范围内迭代时，有可能不收敛。可以与一些收敛较慢，但收敛条件不太苛刻的方法联用。例如，先用二分法使有根区间足够小，把二分法得到的粗略根作为牛顿迭代法的迭代初值，再用牛顿迭代法迭代。

2.8 弦截法

弦截法又称为割线法、弦位法，它的收敛条件不算苛刻，而收敛速度较快。弦截法分为双点弦截法和单点弦截法。

2.8.1 双点弦截法的主要思想

双点弦截法的迭代过程可以用几何含义来解释。

如图2.14所示，设 $f(x)$ 在 $[a,b]$ 内连续，$f(x)=0$ 在 $[a,b]$ 内有单根 x^*。

用双点弦截法求 $f(x)=0$ 在 $[a,b]$ 内单根 x^* 的主要思想如下：

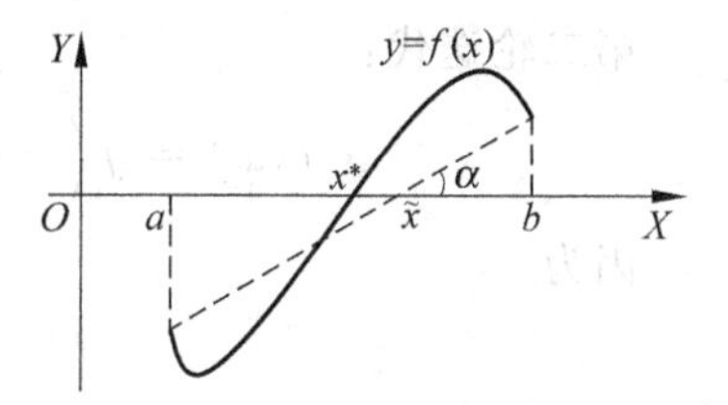

图2.14 双点弦截法的几何含义

① 过点 $(a,f(a))$，$(b,f(b))$ 作一条直线，与 X 轴相交，设交点横坐标为 $\tilde{x}$。

② 若 $f(\tilde{x})=0$，则 $\tilde{x}$ 为精确根，迭代结束；否则，判断根 x^* 在 $\tilde{x}$ 的哪一侧，排除 $[a,b]$ 中没有根 x^* 的一侧，以 $\tilde{x}$ 为新的有根区间边界，得到新的有根区间，仍记为 $[a,b]$，转②反复循环。

③ 各轮循环得到的 $\tilde{x}$ 形成的迭代序列，必收敛于根 x^*。

计算 $\tilde{x}$ 的公式为 $\tilde{x}=b-f(b)\dfrac{b-a}{f(b)-f(a)}$。

证明 如图2.14所示。

$$\tan\alpha=\frac{f(b)}{b-\tilde{x}}=\frac{f(b)-f(a)}{b-a}\Leftrightarrow f(b)(b-a)$$

$$=(f(b)-f(a))(b-x)\Leftrightarrow b-x$$

$$=f(b)\frac{b-a}{f(b)-f(a)}\Leftrightarrow\tilde{x}$$

$$=b-f(b)\frac{b-a}{f(b)-f(a)}$$

定义 2.11 单点迭代法：每次迭代需要一个或一套数据作为初值。

定义 2.12 多点迭代法：每次迭代需要多个或多套数据作为初值。

例如，简单迭代法把上次的迭代结果作为本次迭代的初值，属于单点迭代法。双点弦截法每次迭代以最后 2 次的迭代结果作为本次迭代的初值，属于多点迭代法。有的迭代方法每次的迭代结果为 1 套数据，如果每次迭代的初值只由最后一次的迭代结果决定，那么这种迭代方法仍属于单点迭代法。

下面比较一下双点弦截法与对分法。双点弦截法的收敛性同对分法，对 $f(x)$ 的要求很宽松，只要求 $f(x)$ 连续。与对分法不同，双点弦截法目的不是使有根区间足够小，也不能取有根区间的中点作为近似根，而是使有根区间的某一个边界最终收敛于精确根。一般情况下，双点弦截法收敛速度高于对分法。与对分法不同，双点弦截法的收敛速度与 $f(x)$ 的具体形式有关。

例 2.8 用双点弦截法求 $2x^5+5x^2-1=0$ 在区间 $(-1,0)$ 内的单根，迭代 4 次，结果保留 4 位有效数字。

（精确解：$x\approx-0.4559$）

解 令 $f(x)=2x^5+5x^2-1$，迭代初值 $a=-1,b=0$。

第一轮迭代：

则

$$f(a)=f(-1)=2,\quad f(b)=f(0)=-1$$

所以迭代公式为

$$\tilde{x}=b-f(b)\frac{b-a}{f(b)-f(a)}=0+\frac{1}{-1-2}=-\frac{1}{3}$$

第二轮迭代：

$$f(\tilde{x})=f\left(-\frac{1}{3}\right)=-\frac{2}{243}+\frac{5}{9}-1\approx-0.452\,675$$

因为

$$f(-1)\cdot f\left(-\frac{1}{3}\right)<0$$

所以

$$b=-\frac{1}{3}$$

第三轮迭代：

$$\tilde{x}=b-f(b)\frac{b-a}{f(b)-f(a)}=-\frac{1}{3}+0.452\,675\frac{-\frac{1}{3}+1}{-0.452\,675-2}$$

$$\approx -0.456\,376$$

$$f(\tilde{x}) = f(-0.456\,376) \approx 0.001\,799$$

因为

$$f(-0.456\,376) \cdot f\left(-\frac{1}{3}\right) < 0$$

所以

$$a = -0.456\,376$$

第四轮迭代：

$$\tilde{x} = b - f(b)\frac{b-a}{f(b)-f(a)} = -\frac{1}{3} + 0.452\,675\frac{-\frac{1}{3}+0.456\,376}{-0.452\,675-0.001\,799}$$

$$\approx -0.4559$$

从例 2.8 中可以看到，双点弦截法的近似解 $\tilde{x}$ 可能在有根区间两侧的边界 a、b 来回跳动。

2.8.2　双点弦截法的算法和程序

用双点弦截法求 $f(x)=0$ 在$[a,b]$内单根 x^*，精度要求为 ε。

保留最后 2 次的迭代结果，假设它们足够接近时，满足精度要求。为了避免收敛过慢时等待时间过长，这里设置最大迭代次数。若迭代次数超过最大迭代次数，则退出。

算法 2.7　双点弦截法的算法。

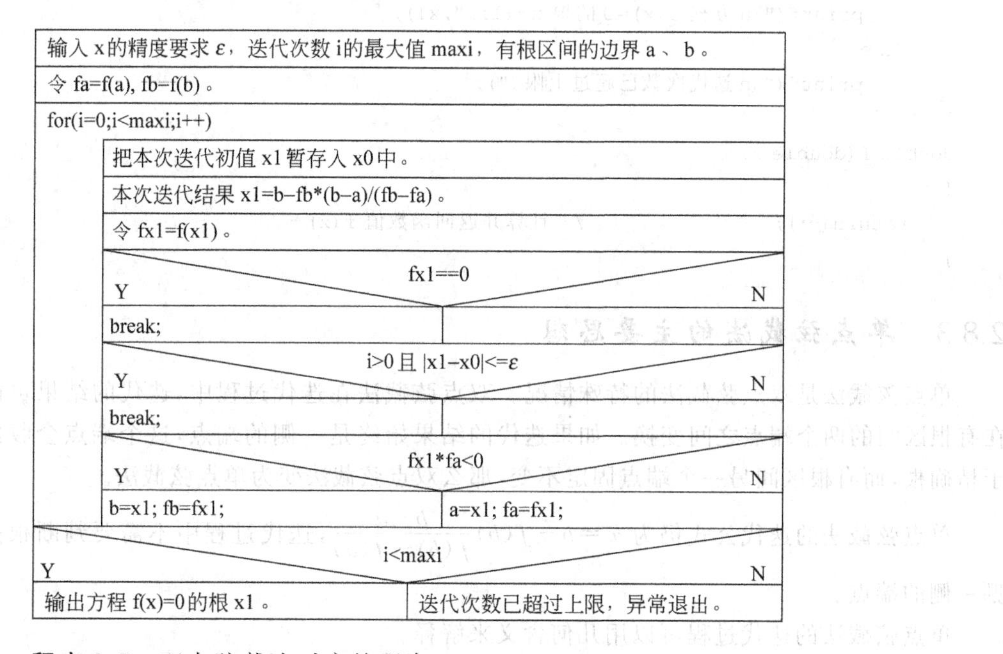

程序 2.7　双点弦截法对应的程序。

```
#include <stdio.h>
#include <math.h>
```

```
double f(double x);
void main(void)
{
    double a,b,epsilon,x0,x1,fa,fb,fx1;
    long i,maxi;
    printf("\n请输入x的精度要求:");
    scanf("%lf",&epsilon);
    printf("\n请输入最大迭代次数:");
    scanf("%ld",&maxi);
    printf("\n请输入有根区间的边界a,b:");
    scanf("%lf,%lf",&a,&b);
    fa=f(a); fb=f(b);
    for(i=0;i<maxi;i++)
    {
        x0=x1;
        x1=b-fb*(b-a)/(fb-fa);
        fx1=f(x1);
        if(fx1==0) break;
        if(i>0 && fabs(x1-x0)<=epsilon) break;
        if(fx1*fa<0) {b=x1; fb=fx1;}
        else {a=x1; fa=fx1;}
    }
    if(i<maxi)
        printf("\n方程f(x)=0的根x=%lf。",x1);
    else
        printf("\n迭代次数已超过上限。");
}
double f(double x)
{
    return(…);                          /*计算并返回函数值f(x)*/
}
```

2.8.3 单点弦截法的主要思想

单点弦截法是双点弦截法的特殊情况。双点弦截法在迭代过程中，迭代的结果可能在有根区间的两个端点之间变换。如果迭代的结果始终是一侧的端点，这个端点会收敛于精确根，而有根区间另一个端点固定不变，那么双点弦截法变为单点弦截法。

单点弦截法的迭代公式仍为 $\tilde{x}=b-f(b)\dfrac{b-a}{f(b)-f(a)}$，迭代过程中不需要判断根是哪一侧的端点。

单点弦截法的迭代过程可以用几何含义来解释。

如图 2.15 所示，设 $f(x)$在$[a,b]$内连续，$f(x)=0$ 在$[a,b]$内有单根 x^*，在$[a,b]$内 $f(x)$的凹凸性不变。若在$[a,b]$内 $f(x)$向下凹，则选取函数值为正的边界点为不动点；若在$[a,b]$内 $f(x)$向上凸，则选取函数值为负的边界点为不动点。这样用单点弦截法求解

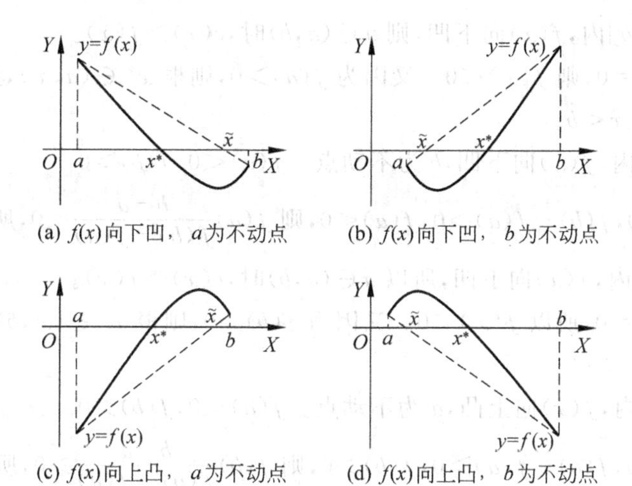

图 2.15　单点弦截法 4 种典型情况

$f(x)=0$，必定收敛。

定理 2.9　若 $f(x)$ 在 $[a,b]$ 上连续，存在 2 阶导数，且满足下列条件：

① $f(a)f(b)<0$。

② $f''(x)$ 不变号且 $f''(x)\neq 0$。

③ 若 $f''(x)f(a)>0$，则 a 为不动点，否则 b 为不动点。

则 $f(x)=0$ 在 $[a,b]$ 内根唯一，用单点弦截法得到的迭代序列收敛于此根。

证明　(1) 条件①能保证在 $[a,b]$ 上 $f(x)=0$ 有奇数个根。

条件②能保证在 $[a,b]$ 上 $f(x)$ 的凹凸性不变，且 $f(x)=0$ 在 $[a,b]$ 上最多有 2 个实根。

当条件①、②同时满足时，在 $[a,b]$ 内 $f(x)=0$ 有唯一根，记为 x^*。

这共有 4 种情况，如图 2.15 所示。

(2) 下面证明在这 4 种情况下，单点弦截法的迭代结果在根 x^* 和上次迭代结果之间。

设过点 $(a,f(a))$，$(b,f(b))$ 的直线为 $y=c(x)$，则 $c(\tilde{x})=0$。

迭代公式 $\tilde{x}=b-f(b)\dfrac{b-a}{f(b)-f(a)}$ 等价于 $\tilde{x}=a-f(a)\dfrac{b-a}{f(b)-f(a)}$，推导过程为

$$\begin{aligned}
b-f(b)\frac{b-a}{f(b)-f(a)}&=\frac{b(f(b)-f(a))-f(b)(b-a)}{f(b)-f(a)}\\
&=\frac{af(b)-bf(a)}{f(b)-f(a)}\\
&=\frac{a(f(b)-f(a))-f(a)(b-a)}{f(b)-f(a)}\\
&=a-f(a)\frac{b-a}{f(b)-f(a)}
\end{aligned}$$

(a) 在 $[a,b]$ 内，$f(x)$ 向下凹，a 为不动点。$f(a)>0$，$f(b)<0$。

因为 $b-a>0$，$f(b)-f(a)<0$，$f(b)<0$，所以 $f(b)\dfrac{b-a}{f(b)-f(a)}>0$，则 $\tilde{x}<b$。

又因为在$[a,b]$内，$f(x)$向下凹，则$x\in(a,b)$时，$c(x)>f(x)$。

又因为$c(\tilde{x})=0$，则$f(\tilde{x})<0$。又因为$f(a)>0$，则根$x^*\in(a,\tilde{x})$，所以$\tilde{x}>x^*$。

由上得，$x^*<\tilde{x}<b$。

(b) 在$[a,b]$内，$f(x)$向下凹，b为不动点。$f(a)<0,f(b)>0$。

因为$b-a>0,f(b)-f(a)>0,f(a)<0$，则$f(a)\dfrac{b-a}{f(b)-f(a)}<0$，所以$\tilde{x}>a$。

因为在$[a,b]$内，$f(x)$向下凹，所以$x\in(a,b)$时，$c(x)>f(x)$。

又因为$c(\tilde{x})=0$，所以$f(\tilde{x})<0$。又因为$f(b)>0$，则根$x^*\in(\tilde{x},b)$，所以$\tilde{x}<x^*$。

由上得，$a<\tilde{x}<x^*$。

(c) 在$[a,b]$内，$f(x)$向上凸，a为不动点。$f(a)<0,f(b)>0$。

因为$b-a>0,f(b)-f(a)>0,f(b)>0$，则$f(b)\dfrac{b-a}{f(b)-f(a)}>0$，所以$\tilde{x}<b$。

因为在$[a,b]$内，$f(x)$向上凸，所以$x\in(a,b)$时，$c(x)<f(x)$。

又因为$c(\tilde{x})=0$，所以$f(\tilde{x})>0$。又因为$f(a)<0$，则根$x^*\in(a,\tilde{x})$，所以$\tilde{x}>x^*$。

由上得，$x^*<\tilde{x}<b$。

(d) 在$[a,b]$内，$f(x)$向上凸，b为不动点。$f(a)>0,f(b)<0$。

因为$b-a>0,f(b)-f(a)<0,f(a)>0$，则$f(a)\dfrac{b-a}{f(b)-f(a)}<0$，所以$\tilde{x}>a$。

因为在$[a,b]$内，$f(x)$向上凸，所以$x\in(a,b)$时，$c(x)<f(x)$。

又因为$c(\tilde{x})=0$，所以$f(\tilde{x})>0$。又因为$f(b)<0$，则根$x^*\in(\tilde{x},b)$，所以$\tilde{x}<x^*$。

由上得，$a<\tilde{x}<x^*$。

(3) 因此，在这4种情况下，单点迭代法的迭代结果在根x^*和上次迭代结果之间。

又因为单调有界数列必有极限，所以单点弦截法迭代序列必有极限。当a为不动点时，记$\lim\limits_{n\to\infty}\tilde{x}=\lim\limits_{n\to\infty}b=\hat{x}$。

另外，$\tilde{x}=b-f(b)\dfrac{b-a}{f(b)-f(a)}$，则$\lim\limits_{n\to\infty}\tilde{x}=\lim\limits_{n\to\infty}\left(b-f(b)\dfrac{b-a}{f(b)-f(a)}\right)=\lim\limits_{n\to\infty}b$，所以$\lim\limits_{n\to\infty}\left(f(b)\dfrac{b-a}{f(b)-f(a)}\right)=0$。又因为$b-a\neq0$，则$\lim\limits_{n\to\infty}f(b)=f(\lim\limits_{n\to\infty}b)=f(\hat{x})=0$，所以$\hat{x}$是方程$f(x)=0$的根。

又因为在$[a,b]$内$f(x)=0$有唯一根x^*，则$\hat{x}=x^*$。

因此，此时单点弦截法得到的迭代序列收敛于$[a,b]$内的唯一根x^*。

同理，当b为不动点时，$\lim\limits_{n\to\infty}\tilde{x}=\lim\limits_{n\to\infty}a=x^*$。因此，定理2.9成立。

证毕。

定理2.9是单点弦截法收敛的充分条件。

2.8.4 单点弦截法的算法和程序

用单点弦截法求$f(x)=0$在$[a,b]$内单根x^*，精度要求为ε。

手工指定有根区间边界，并指定哪一侧边界点是不动的，哪一侧边界点收敛于精确根。假设相邻 2 次迭代结果足够接近时，满足精度要求。为了避免不收敛或收敛过慢时出现死循环，这里设置最大迭代次数，若迭代次数超过最大迭代次数，则退出。

算法 2.8　单点弦截法的算法。

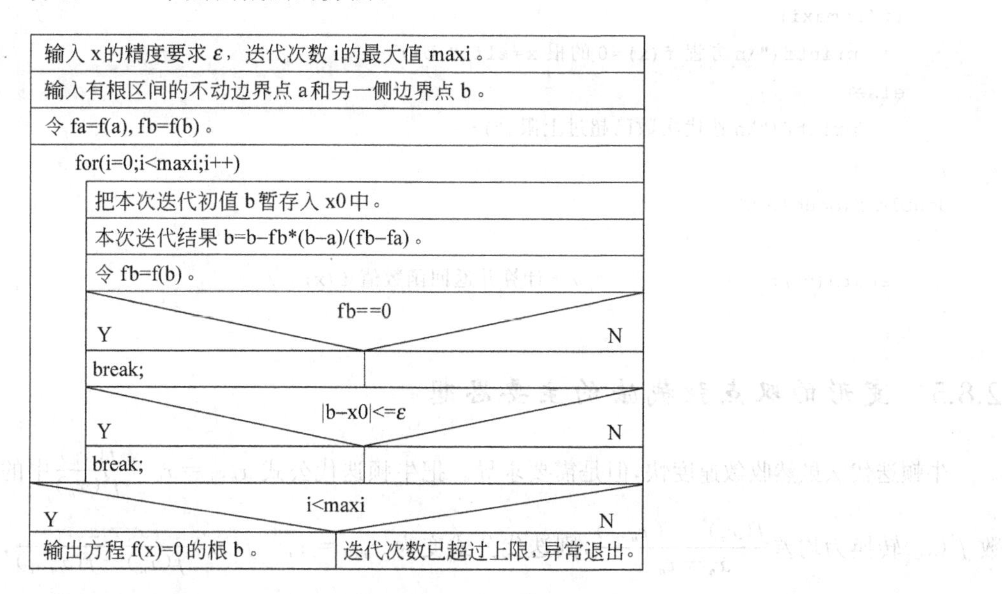

程序 2.8　单点弦截法对应的程序。

```
#include <stdio.h>
#include <math.h>
double f(double x);
void main(void)
{
    double a,b,epsilon,x0,fa,fb;
    long i,maxi;
    printf("\n请输入 x 的精度要求:");
    scanf("%lf",&epsilon);
    printf("\n请输入有根区间的不动边界点:");
    scanf("%lf",&a);
    fa=f(a);
    printf("\n请输入有根区间的另一侧边界点:");
    scanf("%lf",&b);
    fb=f(b);
    printf("\n请输入最大迭代次数:");
    scanf("%ld",&maxi);
    for(i=0;i<maxi;i++)
    {
        x0=b;
        b=b-fb*(b-a)/(fb-fa);
        fb=f(b);
```

```
            if(fb==0) break;
            if(fabs(b-x0)<=epsilon) break;
        }
        if(i<maxi)
            printf("\n方程 f(x)=0 的根 x=%lf。",b);
        else
            printf("\n迭代次数已超过上限。");
    }
    double f(double x)
    {
        return(…);                      /*计算并返回函数值 f(x)*/
    }
```

2.8.5　变形的双点弦截法的主要思想

牛顿迭代法虽然收敛速度快，但是需要求导。把牛顿迭代公式 $x_{n+1}=x_n-\dfrac{f(x_n)}{f'(x_n)}$ 中的导数 $f'(x_n)$ 转换为均差 $\dfrac{f(x_n)-f(x_{n-1})}{x_n-x_{n-1}}$，则迭代公式变为 $x_{n+1}=x_n-f(x_n)\dfrac{x_n-x_{n-1}}{f(x_n)-f(x_{n-1})}$，与双点弦截法的迭代公式 $\tilde{x}=b-f(b)\dfrac{b-a}{f(b)-f(a)}$ 一致，这就是变形的双点弦截法的迭代公式。

用变形的双点弦截法求 $f(x)=0$ 的单根 x^* 的主要步骤如下：

① 变形的双点弦截法的迭代公式为 $x_{n+1}=x_n-f(x_n)\dfrac{x_n-x_{n-1}}{f(x_n)-f(x_{n-1})}$，$(n=1,2,3,\cdots)$。

② 以 x^* 附近的某两个值 x_0、x_1 为迭代初值，代入迭代公式，得到 x_2，然后由 x_1、x_2 得到 x_3，依次类推，得到迭代序列 $x_0,x_1,x_2,\cdots$。

③ 若此序列收敛，则必收敛于精确根 x^*，即 $\lim\limits_{n\to+\infty}x_n=x^*$。

变形的双点弦截法的几何含义与牛顿迭代法相似，如图 2.16 所示。把牛顿迭代过程中的切线用过相邻 2 点的直线（割线）来代替，牛顿迭代法就成为变形的双点弦截法。变形的双点弦截法由 x_{k-1}、x_k 求出 x_{k+1} 的过程，对应的过程是经过点 $(x_{k-1},f(x_{k-1}))$ 和点 $(x_k,f(x_k))$ 作一条直线，此直线与 X 轴交点的横坐标为 x_{k+1}。由几何含义推导出公式的过程如下。

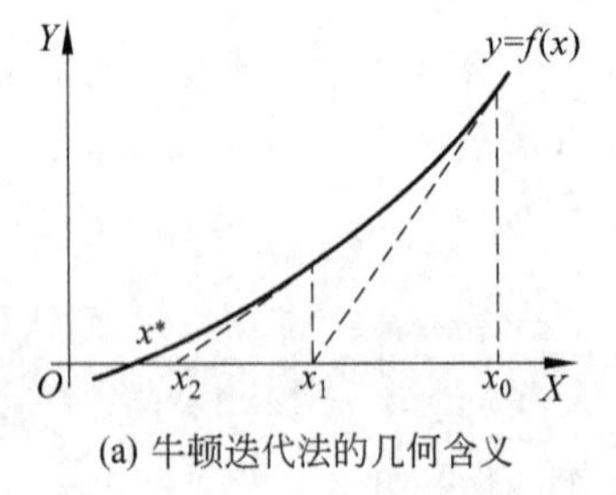

(a) 牛顿迭代法的几何含义

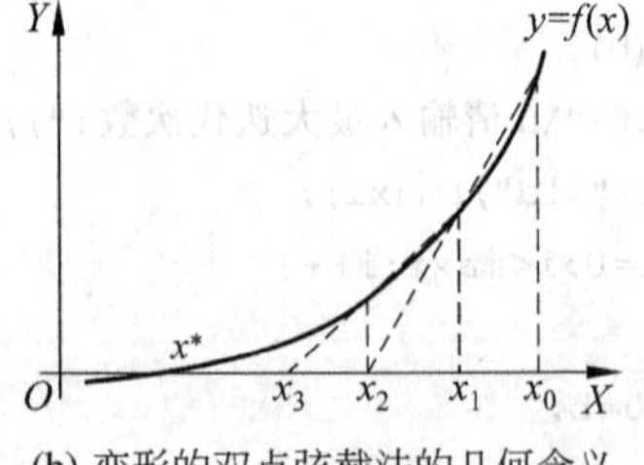

(b) 变形的双点弦截法的几何含义

图 2.16　变形的双点弦截法与牛顿迭代法的比较

证明　如图 2.17 所示。

$$\tan\alpha=\frac{f(x_n)}{x_n-x_{n+1}}=\frac{f(x_{n-1})-f(x_n)}{x_{n-1}-x_n}\Leftrightarrow f(x_n)(x_{n-1}-x_n)$$
$$=(f(x_{n-1})-f(x_n))(x_n-x_{n+1})\Leftrightarrow x_n-x_{n+1}$$
$$=f(x_n)\frac{x_{n-1}-x_n}{f(x_{n-1})-f(x_n)}\Leftrightarrow x_{n+1}$$
$$=x_n-f(x_n)\frac{x_n-x_{n-1}}{f(x_n)-f(x_{n-1})}$$

证毕。

变形的双点弦截法每次的迭代需要最后 2 次的迭代结果作为本次迭代的初值，属于多点迭代法。与双点弦截法不同，它的 2 个迭代初值之间没有根。变形的双点弦截法收敛条件也较苛刻，与牛顿迭代法的收敛条件相似。双点弦截法的收敛条件很宽松，只要求 $f(x)$ 连续，而变形的双点弦截法在 $f(x)$ 连续时可能不收敛，如图 2.18 所示。

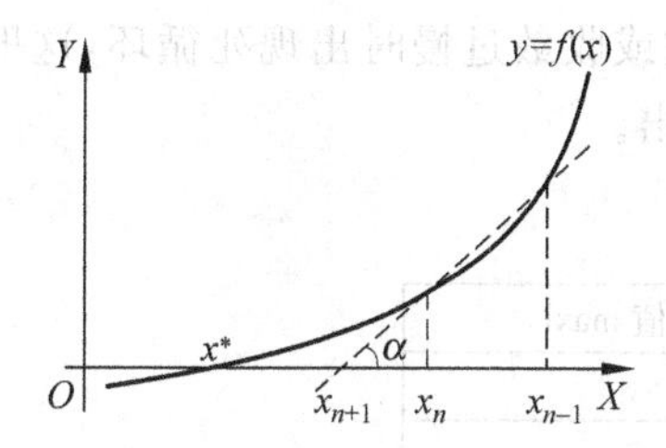

图 2.17　变形的双点弦截法迭代公式的推导

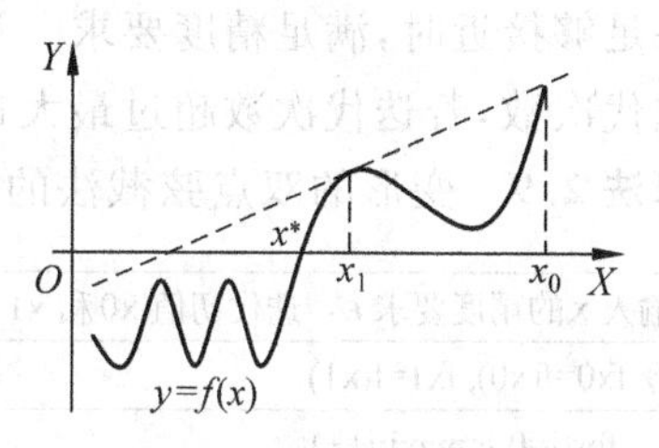

图 2.18　变形的双点弦截法不收敛的典型情况

定理 2.10　若函数 $f(x)$ 满足如下条件：

① 在 $f(x)=0$ 的根 x^* 的某邻域 Δ 内，具有 2 阶连续导数。

② 对任意 $x\in\Delta$，有 $f'(x)\neq 0$。

③ 2 个迭代初值 $x_0, x_1\in\Delta$。

则当邻域 Δ 足够小时，变形的双点弦截法得到迭代序列 $x_0, x_1, x_2, \cdots$ 收敛于 x^*，收敛阶 $p=\frac{1+\sqrt{5}}{2}\approx 1.618$。

证明略。

例 2.9　用变形的双点弦截法求 $x^5-x-2=0$ 在区间(1,3)内的单根，迭代初值为 $x_0=3, x_1=2$，迭代 2 次，结果保留 4 位有效数字。

(精确解：$x\approx 1.2672$)

解　令 $f(x)=x^5-x-2$，迭代初值 $x_0=3, x_1=2$。

第一轮迭代：

则

$$f(x_0)=f(3)=238,\quad f(x_1)=f(2)=28$$

所以

$$x_2=x_1-f(x_1)\frac{x_1-x_0}{f(x_1)-f(x_0)}=2-28\times\frac{2-3}{28-238}\approx 1.866\,667$$

第二轮迭代：

则

$$f(x_2)=f(1.866\,667)\approx 18.797\,192$$

所以

$$\begin{aligned} x_3 &= x_2 - f(x_2)\frac{x_2-x_1}{f(x_2)-f(x_1)} \\ &= 1.866\,667 - 18.797\,192\times\frac{1.866\,667-2}{18.797\,192-28} \\ &\approx 1.594 \end{aligned}$$

2.8.6 变形的双点弦截法的算法和程序

用变形的双点弦截法求 $f(x)=0$ 在$[a,b]$内单根 x^*，精度要求为 ε。

手工指定2个迭代初值。在迭代过程中，保留最后2次的迭代结果，假设相邻2次迭代结果足够接近时，满足精度要求。为了避免不收敛或收敛过慢时出现死循环，这里设置最大迭代次数，若迭代次数超过最大迭代次数，则退出。

算法 2.9 变形的双点弦截法的算法。

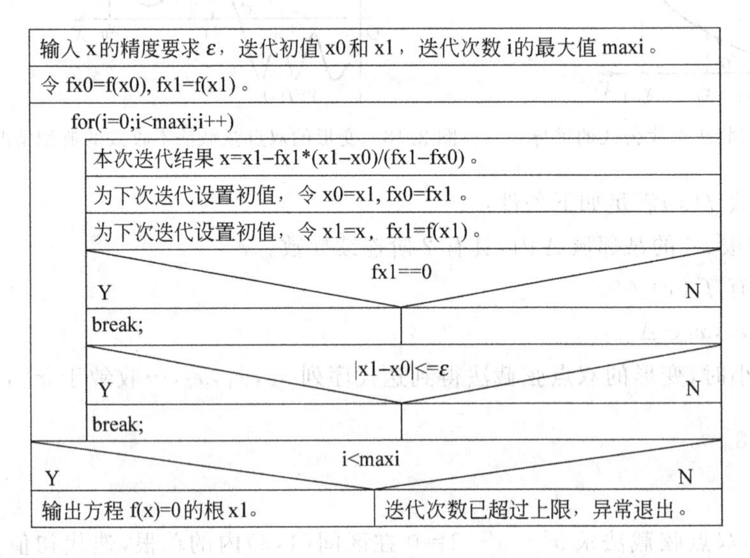

程序 2.9 变形的双点弦截法对应的程序。

```
#include <stdio.h>
#include <math.h>
double f(double x);
void main(void)
{
    double epsilon,x,x0,x1,fx0,fx1;
    long i,maxi;
    printf("\n请输入x的精度要求:");
    scanf("%lf",&epsilon);
```

```
    printf("\n 请输入迭代初值 x0,x1:");
    scanf("%lf,%lf",&x0,&x1);
    printf("\n 请输入最大迭代次数:");
    scanf("%ld",&maxi);
    fx0=f(x0);fx1=f(x1);
    for(i=0;i<maxi;i++)
    {
        x=x1-fx1*(x1-x0)/(fx1-fx0);
        x0=x1;fx0=fx1;
        x1=x;fx1=f(x1);
        if(fx1==0) break;
        if(fabs(x1-x0)<=epsilon) break;
    }
    if(i<maxi)
        printf("\n 方程 f(x)=0 的根 x=%lf。",x1);
    else
        printf("\n 迭代次数已超过上限。");
}
double f(double x)
{
    return(…);                    /*计算并返回函数值 f(x)*/
}
```

本章小结

1. 手工进行根的隔离，为迭代求解做准备。

2. 收敛性有保证的求解方法如下：

① 逐步搜索法。可以用于根的搜索。一般不用来求根。

② 二分法。收敛速度较慢，求零点的最多迭代次数与函数的曲线形状无关。

③ 双点弦截法(单点弦截法)。需要两个初值。收敛稍快，收敛速度与函数的曲线形状有关。

3. 可能不收敛的求解方法如下：

① 简单迭代法。它是下面迭代法的基础，可用埃特金加速法加速。

② 牛顿迭代法。收敛较快，但需要求导。

③ 变形的双点弦截法。比牛顿迭代法收敛阶稍低，且不需要求导。

习　题　2

1. 用分析法将 $x^4+2x^3+x^2-5=0$ 的根隔离，然后用对分法求出此方程的所有实根，精确到小数点后 2 位。

(精确解：$x_1\approx-2.0767, x_2\approx1.0767$)

2. 若用对分法求 $f(x)=0$ 在[3,5]上的单根,要求精确到小数点后2位,问最多需要迭代多少次?

3. 分析例2.3的迭代过程是否收敛。

4. 用简单迭代法求 $x^5+5x^4-2=0$ 在 -5 附近的根,要求迭代1次。

(精确解:$x\approx-4.9968$)

5. 判断下列简单迭代法的迭代公式是否收敛?如果不收敛,试将其改写成收敛的迭代公式。

(1) $x=\frac{1}{3}(\sin x+\cos x)$

(2) $x=4-2^x$

6. 为了用简单迭代法求 $x^5+5x-41=0$ 在[1,3]内的单根,建立了下列迭代公式。要求分析每种迭代公式是否收敛。若收敛,则取迭代初值 $x_0=3$,问需要迭代多少次,能使误差小于0.000 01。

(1) $x_{n+1}=(-x_n{}^5+41)/5$

(2) $x_{n+1}=\sqrt[5]{-5x_n+41}$

7. 用埃特金加速法求 $x^5+5x^4-2=0$ 在 -5 附近的根,要求迭代1次,结果保留5位有效数字。

(精确解:$x\approx-4.9968$)

8. 用牛顿迭代法求 $x^3-2x-55=0$ 在区间[3,4]内的单根,以4为迭代初值,要求:

(1) 判断迭代序列是否收敛。

(2) 迭代1次,结果保留4位有效数字。

(精确解:$x\approx3.9781$)

9. 编写用牛顿迭代法求正实数的正平方根的通用程序,并求$\sqrt{2}$,保留4位有效数字。

10. 用双点弦截法求 $x^4+2x^3+x^2-5=0$ 在区间(0,2)内的单根,迭代2次,结果保留4位有效数字。

(精确解:$x\approx1.0767$)

11. 用变形的双点弦截法求 $2x^5-3x^2-7=0$ 在区间(1,4)内的单根,迭代初值为 $x_0=4,x_1=2$,迭代2次,结果保留3位有效数字。

(精确解:$x\approx1.463\ 45$)

第3章 线性方程组直接求解

CHAPTER

3.1 引言

工程技术、科学研究中的很多实际问题，如电学中的网络问题、最小二乘法的曲线拟合问题、三次样条插值问题、自由振动问题等，都需要求解线性方程组。n 阶线性方程组的一般形式为

$$\begin{cases} a_{11}x_1 + a_{12}x_2 + \cdots + a_{1n}x_n = b_1 \\ a_{21}x_1 + a_{22}x_2 + \cdots + a_{2n}x_n = b_2 \\ \quad\vdots \qquad\quad \vdots \qquad\qquad \vdots \qquad\quad \vdots \\ a_{n1}x_1 + a_{n2}x_2 + \cdots + a_{nn}x_n = b_n \end{cases}$$

式中，a_{ij} 和 b_i 为常数；x_i 为变元，这里 $i,j=1,2,\cdots,n$。

n 阶线性方程组一般形式的矩阵形式为

$$\boldsymbol{Ax} = \boldsymbol{b}$$

式中

$$\boldsymbol{A} = \begin{bmatrix} a_{11} & a_{12} & \cdots & a_{1n} \\ a_{21} & a_{22} & \cdots & a_{2n} \\ \vdots & \vdots & \vdots & \vdots \\ a_{n1} & a_{n2} & \cdots & a_{nn} \end{bmatrix}, \quad \boldsymbol{x} = \begin{bmatrix} x_1 \\ x_2 \\ \vdots \\ x_n \end{bmatrix}, \quad \boldsymbol{b} = \begin{bmatrix} b_1 \\ b_2 \\ \vdots \\ b_n \end{bmatrix}$$

其中 $\boldsymbol{A}$ 为系数矩阵，$\boldsymbol{b}$ 为右端向量，$\boldsymbol{x}$ 为解向量。常把右端向量 $\boldsymbol{b}$ 并入系数矩阵 $\boldsymbol{A}$ 作为 $\boldsymbol{A}$ 的第 $n+1$ 列，记为

$$\bar{\boldsymbol{A}} = [\boldsymbol{A} \quad \boldsymbol{b}] = \begin{bmatrix} a_{11} & a_{12} & \cdots & a_{1n} & b_1 \\ a_{21} & a_{22} & \cdots & a_{2n} & b_2 \\ \vdots & \vdots & \vdots & \vdots & \vdots \\ a_{n1} & a_{n2} & \cdots & a_{nn} & b_n \end{bmatrix}$$

称 $\bar{\boldsymbol{A}}$ 为增广矩阵。

线性方程组分类的一种方法是按阶数高低分类，阶数在 150 以上的线性方程组为高阶线性方程组；阶数在 100 以下的线性方程组为低阶线性方程组。线性方程组分类的另一种方法是按系数矩阵 $\boldsymbol{A}$ 中零元素多少分类，

系数矩阵 **A** 的大部分元素(大约在80%以上)是零元素的线性方程组为稀疏线性方程组；系数矩阵 **A** 的大部分元素(大约在80%以上)是非零元素的线性方程组为稠密线性方程组。实际应用中，经常见到高阶稀疏线性方程组、低阶稠密线性方程组、对称正定线性方程组和带状线性方程组等。

由克莱姆(Cramer)法则可知，若系数行列式 $\det(\boldsymbol{A})\neq 0$，则线性方程组 $\boldsymbol{Ax}=\boldsymbol{b}$ 有唯一解。但是克莱姆法则并不实用。当用克莱姆法则求解 n 阶线性方程组时，总乘除次数 $\mathrm{MD}=(n+1)$ 个行列式 $\times[(n^2-1)\cdot n!$ 次乘法 $+n$ 次除法$]$。随着方程组阶数的增加，求解的总计算量以不低于指数级别的速度增长。例如，阶数 $n=20$ 时，总乘除次数 $\mathrm{MD}\approx 9.7\times 10^{20}$；阶数 $n=30$ 时，$\mathrm{MD}\approx 7.4\times 10^{36}$；阶数 $n=40$ 时，$\mathrm{MD}\approx 5.35\times 10^{52}$，这时就算用每秒做1千万亿次乘除法的计算机求解，耗费的年数也是个天文数字(注：截至2008年6月11日，运行最快的计算机是美国制造的超级计算机，每秒做1000万亿次浮点运算)。

线性方程组常用的数值解法主要分为两类：直接求解方法和迭代求解方法。

直接求解方法是指经过有限次四则运算，可以求出线性方程组精确解的方法。虽然运算方法在理论上没有误差，但实际计算过程一般会产生舍入误差。有时舍入误差大得无法忽略，因此在设计算法时必须考虑舍入误差的增长，估计运算结果误差的大小。本章将介绍直接求解方法中的消元法和三角分解法，这些方法求解 n 阶线性方程组的时间复杂度为 $O(n^3)$，空间复杂度为 $O(n^2)$，求解低阶稠密矩阵时效率较高。

迭代求解方法是指构造一种迭代方法，由某个(套)迭代初值(粗略解)，得到近似解序列，用序列极限逐步逼近线性方程组精确解的方法。与第2章非线性方程迭代求根相比较，线性方程组迭代求解需要一套数据才能够启动迭代过程，一次迭代的结果也包含多个数值，却仍为单点迭代法。迭代求解方法存在收敛性和收敛速度的问题。如果收敛，那么随着运算量的增大，误差会趋向无穷小。迭代求解的程序设计简单，内存需求小。求解高阶稀疏矩阵时，迭代求解方法效率较高。第4章将介绍线性方程组的迭代求解方法。

3.2 顺序高斯消元法

用顺序高斯消元法求解线性方程组的过程分为消元过程和回代过程。消元过程是自上而下，把原线性方程组化为上三角方程组的过程；回代过程是自下而上，对这个上三角方程组进行求解的过程。

3.2.1 消元过程

消元的过程是对线性方程组做同解变换，把原线性方程组变为上三角方程组的过程。消元的次序，是先用上面第1个方程消去它之下所有方程左面第1个变元，并更新其他变元的系数，完成第1次循环；然后不再用到第1个方程(最上面1行)和它下面所有方程的最左面1列(变元系数全为0)，对右下剩余的矩形区域，重新消去最上面方程之下所有方程的最左面1列，更新其他变元的系数，完成第2次循环；如此反复，直到把这个线性方程组化为上三角方程组。具体地说，消去某一个方程的第一个变元，就是让矩形区域最上面方程等号的左右两端都乘以1个因子，加到待消元的方程上，使待消元方程第一个变元的系数为0,从而实现这一步消元。

为了用程序实现消元和回代,需要用符号表示方程组的一般形式。n阶线性方程组在消元过程一开始,可以表示为

$$\begin{cases} a_{11}^{(1)}x_1 + a_{12}^{(1)}x_2 + \cdots + a_{1,n}^{(1)}x_n = a_{1,n+1}^{(1)} \\ a_{21}^{(1)}x_1 + a_{22}^{(1)}x_2 + \cdots + a_{2,n}^{(1)}x_n = a_{2,n+1}^{(1)} \\ \qquad \vdots \qquad\qquad \vdots \\ a_{n,1}^{(1)}x_1 + a_{n,2}^{(1)}x_2 + \cdots + a_{n,n}^{(1)}x_n = a_{n,n+1}^{(1)} \end{cases}$$

下面说明其中符号的含义:

(1) x_j 为变元。下标 j 为变元序号,且 j 为列号。

(2) $a_{ij}^{(k)}$ 为变元 x_j 的系数。下标 i 为行号,j 为列号。$a_{ij}^{(k)}$ 每更新(改变)一次,k 增1。上标 k 初值为1,因此 k 为 $a_{ij}^{(k)}$ 的更新次数+1。

外层循环每循环一轮,就用涉及的矩形区域中上面的第1行消去它下面各行左面的第1列,此矩形区域最上1行和最左1列在之后的消元过程中不再涉及(上标不再改变),除此之外的右下矩形区域中所有的系数被更新一遍,且上标 k 自动增1。第 k 次消元的初始状态为

$$\begin{cases} a_{11}^{(1)}x_1 + a_{12}^{(1)}x_2 + \cdots + a_{1,k}^{(1)}x_k + \cdots + a_{1,n}^{(1)}x_n = a_{1,n+1}^{(1)} \\ \qquad\quad a_{22}^{(2)}x_2 + \cdots + a_{2,k}^{(2)}x_k + \cdots + a_{2,n}^{(2)}x_n = a_{2,n+1}^{(2)} \\ \qquad\qquad\quad \ddots \qquad \vdots \qquad \vdots \qquad \vdots \\ \qquad\qquad\qquad a_{k,k}^{(k)}x_k + \cdots + a_{k,n}^{(k)}x_n = a_{k,n+1}^{(k)} \\ \qquad\qquad\qquad \vdots \qquad \vdots \qquad \vdots \\ \qquad\qquad\qquad a_{n,k}^{(k)}x_k + \cdots + a_{n,n}^{(k)}x_n = a_{n,n+1}^{(k)} \end{cases}$$

在第 k 次更新的初始,涉及的待更新矩形区域中,系数的上标都为 k,此矩形区域中最左上角的系数的行标、列标也为 k。更新的过程,就是用第 k 行消去第 $k+1$ 行至第 n 行的第 k 列,并且让第 $k+1$ 行至第 n 行、第 $k+1$ 列至第 $n+1$ 列的矩形区域的系数更新,上标变为 $k+1$。在此后的消元过程中,第 k 行及之上和第 k 列及其左边的系数不再变化。

若以上标 k 为循环变量,每循环1次,则消去1列。消元过程中,k 共循环 $n-1$ 次,消去 $n-1$ 列,把原方程组变为上三角方程组。上标 k 每循环1次,需要更新第 $k+1$ 行至第 n 行,第 $k+1$ 列至第 $n+1$ 列的矩形区域的系数,这一过程需要2重循环,因此消元过程总共需要3重循环,外层循环变量为上标 k,中层循环变量为行标 i,内层循环变量为列标 j。

消元结束之后得到的上三角方程组中,每向下一行,上标 k 自动增1,因此上标 k 等于行标 i,如下所示:

$$\begin{cases} a_{11}^{(1)}x_1 + a_{12}^{(1)}x_2 + \cdots + a_{1,n}^{(1)}x_n = a_{1,n+1}^{(1)} \\ \qquad\quad a_{22}^{(2)}x_2 + \cdots + a_{2,n}^{(2)}x_n = a_{2,n+1}^{(2)} \\ \qquad\qquad\quad \ddots \quad \vdots \qquad \vdots \\ \qquad\qquad\qquad\quad a_{n,n}^{(n)}x_n = a_{n,n+1}^{(n)} \end{cases}$$

下面举例说明消元的具体过程(见表 3.1)。

表 3.1 消元的具体过程

实 例	符号表示
$\begin{cases} x+2y-z=2 & ① \\ 3x-y+z=4 & ② \\ 3x+2y-2z=1 & ③ \end{cases}$	$\begin{cases} a_{11}^{(1)}x_1+a_{12}^{(1)}x_2+a_{13}^{(1)}x_3=a_{14}^{(1)} & ① \\ a_{21}^{(1)}x_1+a_{22}^{(1)}x_2+a_{23}^{(1)}x_3=a_{24}^{(1)} & ② \\ a_{31}^{(1)}x_1+a_{32}^{(1)}x_2+a_{33}^{(1)}x_3=a_{34}^{(1)} & ③ \end{cases}$
$①\times\left(-\frac{3}{1}\right)+②\to②$ $①\times\left(-\frac{3}{1}\right)+③\to③$	令 $l_{21}=-\frac{a_{21}^{(1)}}{a_{11}^{(1)}}$,则 $①\times l_{21}+②\to②$ 令 $l_{31}=-\frac{a_{31}^{(1)}}{a_{11}^{(1)}}$,则 $①\times l_{31}+③\to③$
$\begin{cases} x+2y-z=2 & ① \\ -7y+4z=-2 & ② \\ -4y+z=-5 & ③ \end{cases}$	$\begin{cases} a_{11}^{(1)}x_1+a_{12}^{(1)}x_2+a_{13}^{(1)}x_3=a_{14}^{(1)} & ① \\ a_{22}^{(2)}x_2+a_{23}^{(2)}x_3=a_{24}^{(2)} & ② \\ a_{32}^{(2)}x_2+a_{33}^{(2)}x_3=a_{34}^{(2)} & ③ \end{cases}$
$②\times\left(-\frac{-4}{-7}\right)+③\to③$	令 $l_{32}=-\frac{a_{32}^{(2)}}{a_{22}^{(2)}}$,则 $②\times l_{32}+③\to③$
$\begin{cases} x+2y-z=2 & ① \\ -7y+4z=-2 & ② \\ -\frac{9}{7}z=-\frac{27}{7} & ③ \end{cases}$	$\begin{cases} a_{11}^{(1)}x_1+a_{12}^{(1)}x_2+a_{13}^{(1)}x_3=a_{14}^{(1)} & ① \\ a_{22}^{(2)}x_2+a_{23}^{(2)}x_3=a_{24}^{(2)} & ② \\ a_{33}^{(3)}x_3=a_{34}^{(3)} & ③ \end{cases}$

表 3.1 中的 $l_{i,k}$ 称为行乘子,其计算公式为

$$l_{i,k}=-\frac{a_{i,k}^{(k)}}{a_{k,k}^{(k)}} \quad i\in[k+1,n]$$

当外层循环为第 k 次循环时,用方程 k 消去方程 i 的变元 x_k,实现对第 i 行的系数 $a_{i,j}^{(k)}$ 的 1 次更新的过程为:将方程 k(第 k 行)的对应系数 $a_{k,j}^{(k)}$($j\in[k,n+1]$)乘以行乘子 $l_{i,k}$,加上 $a_{i,j}^{(k)}$,得到 $a_{i,j}^{(k+1)}$。这一过程的计算公式为

$$a_{i,j}^{(k+1)}=a_{k,j}^{(k)}\times l_{i,k}+a_{i,j}^{(k)} \quad i\in[k+1,n],j\in[k,n+1]$$

上式的主要目的是消去方程 i 的变元 x_k,即要求 $a_{i,k}^{(k+1)}=0$

则

$$a_{i,k}^{(k+1)}=a_{k,k}^{(k)}\times l_{i,k}+a_{i,k}^{(k)}=0$$

所以 $l_{i,k}=-\frac{a_{i,k}^{(k)}}{a_{k,k}^{(k)}}$,与行乘子 $l_{i,k}$ 的计算公式一致。

线性方程组的消元过程可以用矩阵来表示:

$$\bar{\mathbf{A}}=[\mathbf{A}\quad \mathbf{b}]=\begin{bmatrix} a_{11}^{(1)} & a_{12}^{(1)} & \cdots & a_{1,n}^{(1)} & a_{1,n+1}^{(1)} \\ a_{21}^{(1)} & a_{22}^{(1)} & \cdots & a_{2,n}^{(1)} & a_{2,n+1}^{(1)} \\ \vdots & \vdots & & \vdots & \vdots \\ a_{n,1}^{(1)} & a_{n,2}^{(1)} & \cdots & a_{n,n}^{(1)} & a_{n,n+1}^{(1)} \end{bmatrix}\xrightarrow{\text{一系列倍加变换}}\begin{bmatrix} a_{11}^{(1)} & a_{12}^{(1)} & \cdots & a_{1,n}^{(1)} & a_{1,n+1}^{(1)} \\ & a_{22}^{(2)} & \cdots & a_{2,n}^{(2)} & a_{2,n+1}^{(2)} \\ & & \ddots & \vdots & \vdots \\ & & & a_{n,n}^{(n)} & a_{n,n+1}^{(n)} \end{bmatrix}$$

消元过程对增广矩阵 $\bar{\mathbf{A}}=[\mathbf{A}\quad \mathbf{b}]$ 进行一系列的倍加变换,直到系数矩阵 $\mathbf{A}$ 化为上三角矩阵为止。也就是说,用方程 k 消去方程 i 的变元 x_k,对应于对增广矩阵 $\bar{\mathbf{A}}$ 做 1 次倍加

变换，即用行乘子 $l_{i,k}$ 乘 $\bar{\mathbf{A}}$ 第 k 行，加到第 i 行上去。

3.2.2 回代过程

在消元过程中把原线性方程组变形为上三角方程组，然后在回代过程中，自下而上地求解这个上三角方程组。当回代到某一行时，把已求出的变元代入，就变成求解只有 1 个未知数的线性方程。

下面举例说明回代的具体过程(见表 3.2)。

表 3.2　回代的具体过程

实　例	符号表示
$\begin{cases} x+2y-z=2 & ① \\ -7y+4z=-2 & ② \\ -\frac{9}{7}z=-\frac{27}{7} & ③ \end{cases}$	$\begin{cases} a_{11}^{(1)}x_1+a_{12}^{(1)}x_2+a_{13}^{(1)}x_3=a_{14}^{(1)} & ① \\ a_{22}^{(2)}x_2+a_{23}^{(2)}x_3=a_{24}^{(2)} & ② \\ a_{33}^{(3)}x_3=a_{34}^{(3)} & ③ \end{cases}$
由③得 $z=\dfrac{-\frac{27}{7}}{-\frac{9}{7}}=3$	由③得 $x_3=\dfrac{a_{34}^{(3)}}{a_{33}^{(3)}}$
把 $z=3$ 代入②得 $y=\dfrac{-2-4z}{-7}=2$	把 x_3 代入②得 $x_2=\dfrac{(a_{24}^{(2)}-a_{23}^{(2)}x_3)}{a_{22}^{(2)}}$
把 $z=3,y=2$ 代入①得 $x=2-(2y-z)=1$	把 x_3 和 x_2 代入①得 $x_1=\dfrac{\left(a_{14}^{(1)}-\sum_{j=2}^{3}(a_{1,j}^{(1)}x_j)\right)}{a_{11}^{(1)}}$

若行标 i、列标 j 和上标 k 都从 1 开始，则对 n 阶线性方程组回代的一般公式为

$$x_k=\left(a_{k,(n+1)}^{(k)}-\sum_{j=k+1}^{n}(a_{k,j}^{(k)}x_j)\right)\Big/a_{k,k}^{(k)},\quad k=n,n-1,n-2,\cdots,1$$

可以依次求出 $x_n,x_{n-1},x_{n-2},\cdots,x_1$。

3.2.3 算法和程序

几点说明如下：

(1) 用顺序高斯消元法求解 n 阶线性方程组时，阶数 n 在编程时可能不知道。如果阶数 n 较小，就把宏 MAXSIZE 设置为阶数 n 的上限。这可以用数组实现，只是有些数组元素可能用不到。下面的程序就是用固定大小的数组来存放线性方程组的增广矩阵和解向量。如果阶数 n 可能很大也可能很小，那么可以用动态内存分配来实现。

(2) 当用第 k 行消去第 i 行的变元 x_k 时，$a[i][k]$ 变为 0。为节省存储空间，用 $a[i][k]$ 存放行乘子 $l_{i,k}$。

(3) 与上面的叙述不同，算法和程序中数组元素的下标从 0 开始。

（4）程序没有对线性方程组无解和主元为零时求不出解的情况进行判断。

算法 3.1 顺序高斯消元法的算法。

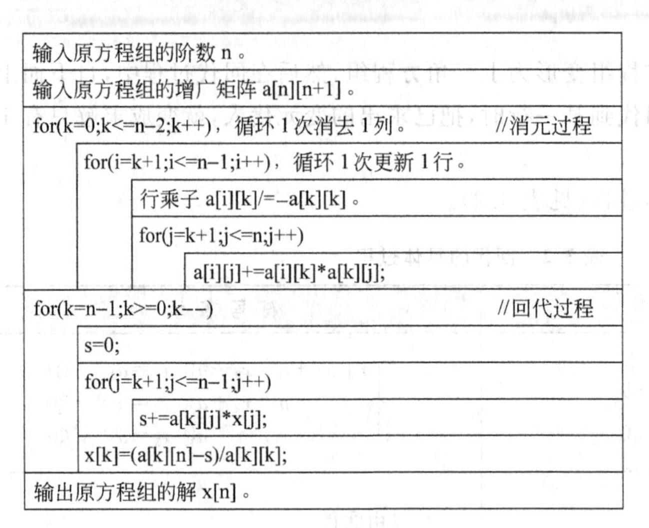

程序 3.1 顺序高斯消元法对应的程序。

```
#include <stdio.h>
#include <math.h>
#define MAXSIZE 50
void input(double a[MAXSIZE][MAXSIZE+1],long n);
void output(double x[MAXSIZE],long n);
void main(void)
{
    double a[MAXSIZE][MAXSIZE+1],x[MAXSIZE],s;
    long n,i,j,k;
    printf("\n请输入原方程组的阶数:");
    scanf("%ld",&n);
    input(a,n);
    for(k=0;k<=n-2;k++)
        for(i=k+1;i<=n-1;i++)
        {
            a[i][k]/=-a[k][k];
            for(j=k+1;j<=n;j++)
                a[i][j]+=a[i][k]*a[k][j];
        }
    for(k=n-1;k> =0;k--)
    {
        s=0;
        for(j=k+1;j<=n-1;j++)
            s+=a[k][j]*x[j];
        x[k]=(a[k][n]-s)/a[k][k];
```

```
    }
    output(x,n);
}
void input(double a[MAXSIZE][MAXSIZE+1],long n)
{
    long i,j;
    printf("\n请输入原方程组的增广矩阵:\n");
    for(i=1;i<=n;i++)
        for(j=1;j<=n+1;j++)
            scanf("%lf",&a[i-1][j-1]);
}
void output(double x[MAXSIZE],long n)
{
    long k;
    printf("\n原方程组的解为:\n");
    for(k=1;k<=n;k++)
        printf("  %lf",x[k-1]);
}
```

上述程序和算法的时间复杂度为 $O(n^3)$，空间复杂度为 $O(n^2)$。具体地说，顺序高斯消元法的乘除次数 $\mathrm{MD}=\frac{n^3}{3}+n^2-\frac{n}{3}\approx\frac{n^3}{3}$。

证明 ① 消元过程乘除次数 $=\frac{2n^3+3n^2-5n}{6}$。

消去 $x_k(k=1,2,\cdots,n-1)$ 一列时，乘法次数 = 方程个数 $(n-k)\times$ 含右端项时的系数个数 $(n+1-k)$；除法次数 = 方程个数 $(n-k)$。

又因为

$$\sum_{k=1}^{n-1}(n-k)=\sum_{k=1}^{n-1}k,\quad \sum_{k=1}^{n}k=\frac{n(n+1)}{2},\quad \sum_{k=1}^{n}k^2=\frac{n(n+1)(2n+1)}{6}$$

所以消元过程乘除次数

$$\begin{aligned}&=\sum_{k=1}^{n-1}((n-k)(n+1-k))+\sum_{k=1}^{n-1}(n-k)\\&=\sum_{k=1}^{n-1}(k(k+1))+\sum_{k=1}^{n-1}k=\sum_{k=1}^{n-1}k^2+2\sum_{k=1}^{n-1}k\\&=\frac{(n-1)n(2n-1)}{6}+2\times\frac{n(n-1)}{2}\\&=\frac{2n^3+3n^2-5n}{6}\end{aligned}$$

② 回代过程乘除次数 $=\frac{n(n+1)}{2}$。

回代求 $x_k(k=1,2,\cdots,n)$ 时，乘法次数 $=n-k$；除法次数 $=1$。

因此回代过程乘除次数 $=\sum_{k=1}^{n}(n-k)+n=\sum_{k=1}^{n}(k-1)+n=\sum_{k=1}^{n}k=\frac{n(n+1)}{2}$。

③ 顺序高斯消元法的乘除次数 MD = 消元过程乘除次数 + 回代过程乘除次数

$$=\frac{2n^3+3n^2-5n}{6}+\frac{n(n+1)}{2}$$

$$=\frac{n^3}{3}+n^2-\frac{n}{3}\approx\frac{n^3}{3}$$

证毕。

当方程组的阶数增长时，顺序高斯消元法的运算量增长速度，比克莱姆法则求解线性方程组的运算量增长速度要慢得多。如果线性方程组的阶数=20，那么克莱姆法则需要的乘除次数$\approx 10^{21}$，而顺序高斯消元法需要的乘除次数≈ 3000。

上述程序和算法没有对线性方程组无解，和主元为零时求不出解的情况进行判断。由克莱姆法则，可知当线性方程组的系数行列式 $\det(\mathbf{A})\neq 0$，则线性方程组 $\mathbf{A}\mathbf{x}=\mathbf{b}$ 有唯一解，否则线性方程组 $\mathbf{A}\mathbf{x}=\mathbf{b}$ 可能无解（如 $0x+0y=1$），或有无穷多解（如 $0x+0y=0$）。

性质 3.1 当线性方程组 $\mathbf{A}\mathbf{x}=\mathbf{b}$ 有唯一解时，要想让顺序高斯消元法求出解，需要 $a_{k,k}^{(k)}(k=1,2,\cdots,n)$都不为 0。

若 $a_{k,k}^{(k)}=0$，则行乘子 $l_{i,k}=-\frac{a_{i,k}^{(k)}}{a_{k,k}^{(k)}}$无意义，无法完成消元。

定义 3.1 $a_{k,k}^{(k)}$对求解起突出作用，称 $a_{k,k}^{(k)}$为主元素。

若系数矩阵$\mathbf{A}=\begin{bmatrix} a_{11} & a_{12} & \cdots & a_{1n} \\ a_{21} & a_{22} & \cdots & a_{2n} \\ \vdots & \vdots & \vdots & \vdots \\ a_{n1} & a_{n2} & \cdots & a_{nn} \end{bmatrix}$，则 $\mathbf{A}$ 的 r 阶顺序主子式 $\Delta_r=\begin{vmatrix} a_{11} & a_{12} & \cdots & a_{1r} \\ a_{21} & a_{22} & \cdots & a_{2r} \\ \vdots & \vdots & \vdots & \vdots \\ a_{r1} & a_{r2} & \cdots & a_{rr} \end{vmatrix}$

定理 3.1 对 n 阶线性方程组$\mathbf{A}\mathbf{x}=\mathbf{b}$，顺序高斯消元法能求出解的充要条件是：系数矩阵 $\mathbf{A}$ 的所有顺序主子式 $\Delta_i(i=1,2,\cdots,n)$均不为 0。

证明 (1) 因为 $\det(\mathbf{A})=\Delta_n\neq 0$，所以线性方程组 $\mathbf{A}\mathbf{x}=\mathbf{b}$ 有唯一解。

(2) 用数学归纳法证明：$\Delta_i(i=1,2,\cdots,n)$均不为 $0\Leftrightarrow a_{k,k}^{(k)}(k=1,2,\cdots,n)$都不为 0。

① $r=1$ 时，$\Delta_r=\Delta_1=a_{11}^{(1)}=a_{r,r}^{(r)}$，所以 $r=1$ 时，$\Delta_i(i=1,2,\cdots,r)$均不为 $0\Leftrightarrow a_{k,k}^{(k)}(k=1,2,\cdots,r)$都不为 0。

② 设 $r=1,2,\cdots,k$ 时，$\Delta_i(i=1,2,\cdots,r)$均不为 $0\Leftrightarrow a_{k,k}^{(k)}(k=1,2,\cdots,r)$都不为 0。

因为消元过程对应于一系列倍加变换，而倍加变换不改变行列式的值，所以

$$\Delta_k=\begin{vmatrix} a_{11} & \cdots & a_{1k} \\ \vdots & \ddots & \vdots \\ a_{k1} & \cdots & a_{kk} \end{vmatrix} \xlongequal{\text{倍加变换(消元)}} \begin{vmatrix} a_{11}^{(1)} & \cdots & a_{1k}^{(1)} \\ \vdots & \ddots & \vdots \\ 0 & \cdots & a_{kk}^{(k)} \end{vmatrix}$$

$$\Delta_{k+1}=\begin{vmatrix} a_{11} & \cdots & a_{1k} & a_{1,k+1} \\ \vdots & \ddots & \vdots & \vdots \\ a_{k1} & \cdots & a_{kk} & a_{k,k+1} \\ a_{k+1,1} & \cdots & a_{k+1,k} & a_{k+1,k+1} \end{vmatrix} \xlongequal{\text{倍加变换(消元)}} \begin{vmatrix} a_{11}^{(1)} & \cdots & a_{1k}^{(1)} & a_{1,k+1}^{(1)} \\ \vdots & \ddots & \vdots & \vdots \\ 0 & \cdots & a_{kk}^{(k)} & a_{k,k+1}^{(k)} \\ 0 & \cdots & 0 & a_{k+1,k+1}^{(k+1)} \end{vmatrix}$$

$$=\begin{vmatrix} a_{11}^{(1)} & \cdots & a_{1k}^{(1)} \\ \vdots & \ddots & \vdots \\ 0 & \cdots & a_{kk}^{(k)} \end{vmatrix}\cdot a_{k+1,k+1}^{(k+1)}-\begin{vmatrix} a_{1,k+1}^{(1)} \\ \vdots \\ a_{k,k+1}^{(k)} \end{vmatrix}\cdot 0=\Delta_k\cdot a_{k+1,k+1}^{(k+1)}$$

又因为 $\Delta_k\neq 0$，则 Δ_{k+1}不为 $0\Leftrightarrow a_{k+1,k+1}^{(k+1)}$不为 0，所以 $r=1,2,\cdots,k,k+1$ 时，$\Delta_i(i=1,2,\cdots,r)$均不为 $0\Leftrightarrow a_{k,k}^{(k)}(k=1,2,\cdots,r)$都不为 0。

③ 由①、②得，$\Delta_i(i=1,2,\cdots,n)$均不为0⇔$a_{k,k}^{(k)}(k=1,2,\cdots,n)$都不为0。

(3) 按性质3.1，对n阶线性方程组$\boldsymbol{Ax}=\boldsymbol{b}$，顺序高斯消元法能求出解的充要条件是：系数矩阵$\boldsymbol{A}$的所有顺序主子式$\Delta_i(i=1,2,\cdots,n)$均不为0。

证毕。

3.3 列主元高斯消元法

3.3.1 列主元高斯消元法的主要思想

顺序高斯消元法的缺点如下：

(1) 当线性方程组$\boldsymbol{Ax}=\boldsymbol{b}$的系数行列式$\det(\boldsymbol{A})\neq 0$，且存在1个主元素$a_{k,k}^{(k)}=0$时，线性方程组$\boldsymbol{Ax}=\boldsymbol{b}$有唯一解，但顺序高斯消元法不能求出解。

(2) 小主元(主元素的绝对值远小于其他元素的绝对值)时，能求出解，但求出的解误差很大。

交换增广矩阵的2行(2个方程的位置互换)或交换2列(2个变元的位置互换)，得到的方程组与原方程组同解。通过交换行、列，来避免主元为0和小主元，然后再消元求解的方法，称为选主元高斯消元法。列主元高斯消元法是一种常见的选主元高斯消元法，与顺序高斯消元法相比，它的改进之处是：在用主元素$a_{k,k}^{(k)}$消去第$k+1$行至第n行的变元x_k之前，从第k行至第n行所有的x_k系数(即$a_{k,k}^{(k)},a_{k+1,k}^{(k)},\cdots,a_{n,k}^{(k)}$)中，寻找绝对值最大者$a_{\max_i,k}^{(k)}$，若$\max_i\neq k$，则交换第$k$行和第$\max_i$行，使最大的系数$a_{\max_i,k}^{(k)}$成为主元。

定理3.2 当线性方程组$\boldsymbol{Ax}=\boldsymbol{b}$有唯一解时，列主元高斯消元法必能求出解。

证明 用反证法。假设线性方程组$\boldsymbol{Ax}=\boldsymbol{b}$有唯一解，但列主元高斯消元法求不出解。则消元过程中，在消去某一个变元(设为x_k)时，$a_{k,k}^{(k)},a_{k+1,k}^{(k)},\cdots,a_{n,k}^{(k)}$全部为0，即使在其中取绝对值最大者为主元，主元仍然为0。

所以系数行列式

$$\det(\boldsymbol{A})=\begin{vmatrix} a_{11} & a_{12} & \cdots & a_{1n}\\ a_{21} & a_{22} & \cdots & a_{2n}\\ \vdots & \vdots & \vdots & \vdots\\ a_{n1} & a_{n2} & \cdots & a_{nn}\end{vmatrix}\xlongequal{\text{消去}x_1\sim x_{k-1}}\begin{vmatrix} a_{11}^{(1)} & \cdots & a_{1,k-1}^{(1)} & a_{1,k}^{(1)} & \cdots & a_{1,n}^{(1)}\\ \vdots & \ddots & \vdots & \vdots & \vdots & \vdots\\ 0 & \cdots & a_{k-1,k-1}^{(k-1)} & a_{k-1,k}^{(k-1)} & \cdots & a_{k-1,n}^{(k-1)}\\ 0 & \cdots & 0 & a_{k,k}^{(k)} & \cdots & a_{k,n}^{(k)}\\ \vdots & \vdots & \vdots & \vdots & \vdots & \vdots\\ 0 & \cdots & 0 & a_{n,k}^{(k)} & \cdots & a_{n,n}^{(k)}\end{vmatrix}$$

$$=\begin{vmatrix} a_{11}^{(1)} & \cdots & a_{1,k-1}^{(1)}\\ \vdots & \ddots & \vdots\\ 0 & \cdots & a_{k-1,k-1}^{(k-1)}\end{vmatrix}\cdot\begin{vmatrix} a_{k,k}^{(k)} & \cdots & a_{k,n}^{(k)}\\ \vdots & \vdots & \vdots\\ a_{n,k}^{(k)} & \cdots & a_{n,n}^{(k)}\end{vmatrix}-\begin{vmatrix} a_{1,k}^{(1)} & \cdots & a_{1,n}^{(1)}\\ \vdots & \vdots & \vdots\\ a_{k-1,k}^{(k-1)} & \cdots & a_{k-1,n}^{(k-1)}\end{vmatrix}\cdot 0$$

$$=\begin{vmatrix} a_{11}^{(1)} & \cdots & a_{1,k-1}^{(1)}\\ \vdots & \ddots & \vdots\\ 0 & \cdots & a_{k-1,k-1}^{(k-1)}\end{vmatrix}\cdot\begin{vmatrix} a_{k,k}^{(k)} & \cdots & a_{k,n}^{(k)}\\ \vdots & \vdots & \vdots\\ a_{n,k}^{(k)} & \cdots & a_{n,n}^{(k)}\end{vmatrix}$$

因为$a_{k,k}^{(k)},a_{k+1,k}^{(k)},\cdots,a_{n,k}^{(k)}$全部为0，则

$$\begin{vmatrix} a_{k,k}^{(k)} & \cdots & a_{k,n}^{(k)} \\ \vdots & & \vdots \\ a_{n,k}^{(k)} & \cdots & a_{n,n}^{(k)} \end{vmatrix} = 0$$

所以系数行列式

$$\det(\boldsymbol{A}) = \begin{vmatrix} a_{11}^{(1)} & \cdots & a_{1,k-1}^{(1)} \\ \vdots & \ddots & \vdots \\ 0 & \cdots & a_{k-1,k-1}^{(k-1)} \end{vmatrix} \cdot 0 = 0$$

又因为线性方程组 $\boldsymbol{Ax}=\boldsymbol{b}$ 有唯一解 $\Leftrightarrow$ 系数行列式 $\det(\boldsymbol{A})\neq 0$，则与线性方程组 $\boldsymbol{Ax}=\boldsymbol{b}$ 有唯一解矛盾。所以假设错误。当线性方程组 $\boldsymbol{Ax}=\boldsymbol{b}$ 有唯一解时，列主元高斯消元法必能求出解。

证毕。

列主元高斯消元法能够避免小主元时舍入误差被放大的情况，提高解的精度。

例 3.1 求解线性方程组 $\begin{cases} 0.003x_1+3x_2=2.001 & ① \\ x_1+x_2=1 & ② \end{cases}$，设存储精度为 4 位有效数字。$\left(\text{精确解：} x_1=\frac{1}{3}, x_2=\frac{2}{3}\text{，比较顺序高斯消元法和列主元高斯消元法的误差大小}\right)$

解法 1 顺序高斯消元法。

$① \times \left(-\frac{1}{0.003}\right) + ② \rightarrow ②$，得

$$-999x_2 = -666$$

则 $x_2=\frac{-666}{-999}\approx 0.6667$(因为存储精度为 4 位有效数字，所以 x_2 舍入误差的绝对值 $\approx 3.3\times 10^{-5}$)

把 $x_2=0.6667$ 代入①得

$$x_1 = (2.001 - 3\times 0.6667)/0.003 = 0.3$$

(因为除以小主元 0.003，所以 x_1 舍入误差的绝对值 $\approx 3.3\times 10^{-2}$，误差被放大 1000 倍)

解法 2 列主元高斯消元法。

选列主元，得到同解线性方程组如下：

$$\begin{cases} x_1+x_2=1 & ① \\ 0.003x_1+3x_2=2.001 & ② \end{cases}$$

$① \times \left(-\frac{0.003}{1}\right) + ② \rightarrow ②$，得

$$2.997x_2 = 1.998$$

则 $x_2=\frac{1.998}{2.997}\approx 0.6667$(因为存储精度为 4 位有效数字，所以 x_2 舍入误差的绝对值 $\approx 3.3\times 10^{-5}$)

把 $x_2=0.6667$ 代入①得

$$x_1 = 1-0.6667 = 0.3333$$

(因为避免了小主元，所以 x_1 的舍入误差没有被放大)

3.3.2　列主元高斯消元法的算法和程序

用列主元高斯消元法求解 n 阶线性方程组，在消元过程中，使用主元 $a_{k,k}^{(k)}$ 之前，从第 k 行至第 n 行 x_k 的系数中，寻找最大者 $a_{\max\_i,k}^{(k)}$。若 $a_{\max\_i,k}^{(k)}$ 为 0，则方程组无解，否则交换第 k 行和第 max_i 行。

算法 3.2　列主元高斯消元法的算法。

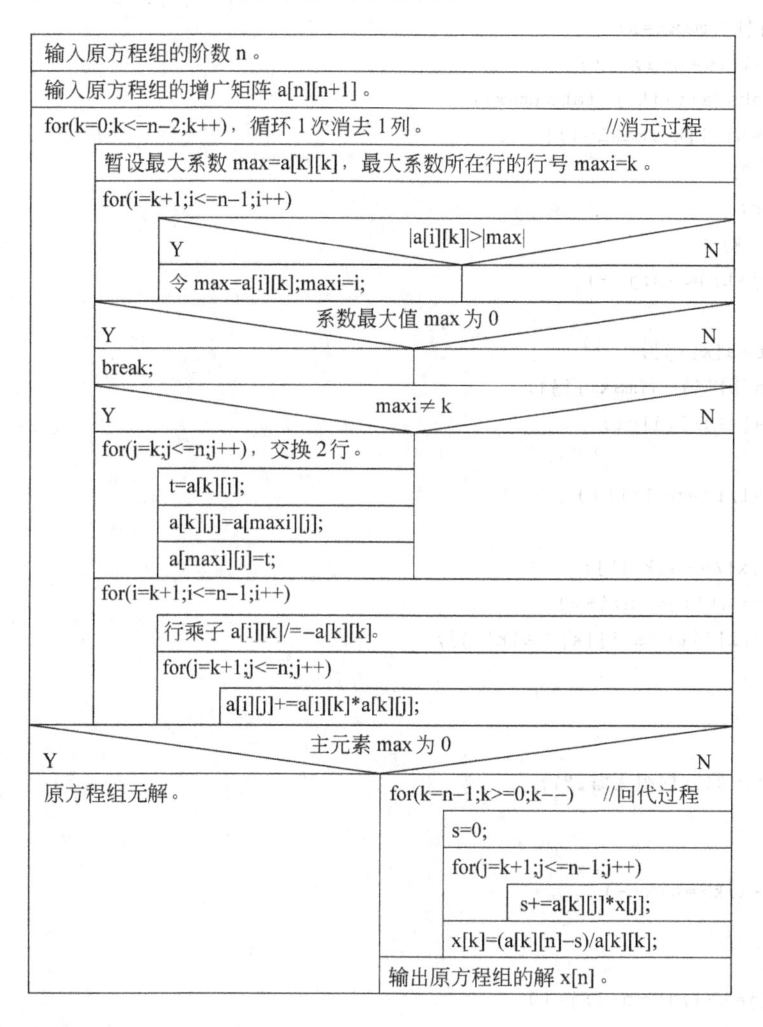

程序 3.2　列主元高斯消元法对应的程序。

```
#include <stdio.h>
#include <math.h>
#define MAXSIZE 50
void input(double a[MAXSIZE][MAXSIZE+1],long n);
void output(double x[MAXSIZE],long n);
void main(void)
{
```

```
    double a[MAXSIZE][MAXSIZE+1],x[MAXSIZE],s,max,t;
    long n,i,j,k,maxi;
    printf("\n请输入原方程组的阶数:");
    scanf("%ld",&n);
    input(a,n);
    for(k=0;k<=n-2;k++)
    {
        max=a[k][k];maxi=k;
        for(i=k+1;i<=n-1;i++)
            if(fabs(a[i][k])>fabs(max))
            {max=a[i][k];maxi=i;}
        if(max==0)
            break;
        if(maxi!=k)
            for(j=k;j<=n;j++)
            {
                t=a[k][j];
                a[k][j]=a[maxi][j];
                a[maxi][j]=t;
            }
        for(i=k+1;i<=n-1;i++)
        {
            a[i][k]/=-a[k][k];
            for(j=k+1;j<=n;j++)
                a[i][j]+=a[i][k] * a[k][j];
        }
    }
    if(max==0)
        printf("\n原方程组无解。");
    else
    {
        for(k=n-1;k>=0;k--)
        {
            s=0;
            for(j=k+1;j<=n-1;j++)
                s+=a[k][j] * x[j];
            x[k]=(a[k][n]-s)/a[k][k];
        }
        output(x,n);
    }
}
void input(double a[MAXSIZE][MAXSIZE+1],long n)
{
    long i,j;
```

```
    printf("\n请输入原方程组的增广矩阵:\n");
    for(i=1;i<=n;i++)
        for(j=1;j<=n+1;j++)
            scanf("%lf",&a[i-1][j-1]);
}
void output(double x[MAXSIZE],long n)
{
    long k;
    printf("\n原方程组的解为:\n");
    for(k=1;k<=n;k++)
        printf("  %lf",x[k-1]);
}
```

3.4　全主元高斯消元法

3.4.1　全主元高斯消元法的主要思想

全主元高斯消元法是另一种选主元高斯消元法。全主元高斯消元法与顺序高斯消元法和列主元高斯消元法相比，它的改进之处是：在用主元素 $a_{k,k}^{(k)}$ 消去第 $k+1$ 行至第 n 行的变元 x_k 之前，从 $a_{k,k}^{(k)}$ 右下方的矩形区域所有 x_k 的系数中，寻找最大者 $a_{\max\_i,\max\_j}^{(k)}$（即 $a_{\max\_i,\max\_j}^{(k)}=\max\limits_{k\leqslant i,j\leqslant n}(|a_{i,j}^{(k)}|)$），若 $\max\_i\neq k$，则交换第 k 行和第 $\max\_i$ 行；若 $\max\_j\neq k$，则交换第 k 列和第 $\max\_j$ 列，使最大的系数 $a_{\max\_i,\max\_j}^{(k)}$ 成为主元。

在程序中不存储变元的名称，确定变元的依据是变元的位置，即变元位于哪一列。因此交换列时，需要记录交换后变元的位置（位于哪一列），求解完毕，按照原方程组各变元的次序输出各变元的值。

定理 3.3　当线性方程组 $\boldsymbol{Ax}=\boldsymbol{b}$ 有唯一解时，全主元高斯消元法必能求出解。

证明略。

与列主元高斯消元法相比，全主元高斯消元法也能够避免小主元时舍入误差被放大的情况，而且解的精度一般比列主元高斯消元法高。

例 3.2　求解线性方程组 $\begin{cases} x_1+\quad x_2=2 & ① \\ 2x_1+10^5x_2=10^5 & ② \end{cases}$，设存储精度为4位有效数字。

（$x_1\approx1.000\,020\,000\,4$，$x_2\approx0.999\,979\,999\,6$，比较列主元高斯消元法和全主元高斯消元法的误差大小）

解法 1　列主元高斯消元法。

选列主元，得到同解线性方程组：

$$\begin{cases} 2x_1+10^5x_2=10^5 & ① \\ x_1+\quad x_2=2 & ② \end{cases}$$

①$\times\left(-\dfrac{1}{2}\right)+$②→②，得

$$x_2=\frac{\left(\frac{10^5}{-2}\right)+2}{\left(\frac{10^5}{-2}\right)+1}\approx 1$$(因为存储精度为4位有效数字,所以 x_2 舍入误差的绝对值≈2.0×10^{-5})

把 $x_2=1$ 代入①得:

$$2x_1+10^5\times1=10^5$$

$x_1=0$(因为 x_2 乘以系数 10^5,所以 x_1 舍入误差的绝对值≈1,误差被放大 10^5 倍)

解法2 全主元高斯消元法。

选全主元,得到同解线性方程组如下:

$$\begin{cases}10^5x_2+2x_1=10^5 & ①\\ x_2+x_1=2 & ②\end{cases}$$

①$\times\left(-\frac{1}{10^5}\right)$+②→②,得

$$x_1=\frac{\left(\frac{10^5}{-10^5}\right)+2}{\left(\frac{2}{-10^5}\right)+1}\approx 1$$(因为存储精度为4位有效数字,所以 x_1 舍入误差的绝对值≈2.0×10^{-5})

把 $x_1=1$ 代入①得:

$$10^5x_2+2\times1=10^5$$

$x_2=\frac{10^5-2}{10^5}\approx 1$(因为回代时避免了乘以大系数,所以 x_1 的舍入误差没有被放大)

与顺序高斯消元法相比,列主元高斯消元法增加的运算量主要如下:

(1) 为寻找最大系数而增加的比较次数$\approx\sum_{k=1}^{n-1}(n-k)=\sum_{k=1}^{n-1}k=\frac{(n-1)n}{2}\approx\frac{n^2}{2}$

(2) 行交换增加的系数交换次数$\approx\sum_{k=1}^{n-1}(n-k+2)=\sum_{k=1}^{n-1}k+2(n-1)=\frac{(n-1)n}{2}+2n-2\approx\frac{n^2}{2}$

与顺序高斯消元法相比,全主元高斯消元法增加的运算量主要如下:

(1) 为寻找最大系数而增加的比较次数$\approx\sum_{k=1}^{n-1}(n-k+1)^2=\sum_{k=1}^{n-1}(k+1)^2=\frac{n(n+1)(2n+1)}{6}-1\approx\frac{n^3}{3}$

(2) 行交换增加的系数交换次数$\approx\sum_{k=1}^{n-1}(n-k+2)=\sum_{k=1}^{n-1}k+2(n-1)=\frac{(n-1)n}{2}+2n-2\approx\frac{n^2}{2}$

(3) 列交换增加的系数交换次数$\approx\sum_{k=1}^{n-1}n=n(n-1)\approx n^2$

总之,与全主元高斯消元法增加的运算量相比,列主元高斯消元法增加的运算量可以

忽略。全主元高斯消元法的程序结构比列主元高斯消元法要复杂得多。只要原方程组有解，这两种方法都能求出解。一般而言，全主元高斯消元法比列主元高斯消元法精度高。

3.4.2 全主元高斯消元法的算法和程序

程序中用数组 $x_j[\,]$记录列交换后各变元的位置(位于哪一列)，第 j 列存放的变元的下标$=x_j[j]$，即 $x_j[j]=k$ 时，$x[j]$存放的是 x_k。程序开始时，原方程组各变元的次序表示为 $x_j[j]=j$；第 j 列移动到第 max_j 列，表示为赋值 $x_j[\text{max\_}j]=x_j[j]$；交换 j 列和 max_j 列，表示为交换 $x_j[\text{max_}j]$和 $x_j[j]$的值。求解完毕，按照原方程组各变元的次序输出各变元的值。

算法 3.3 全主元高斯消元法的算法。

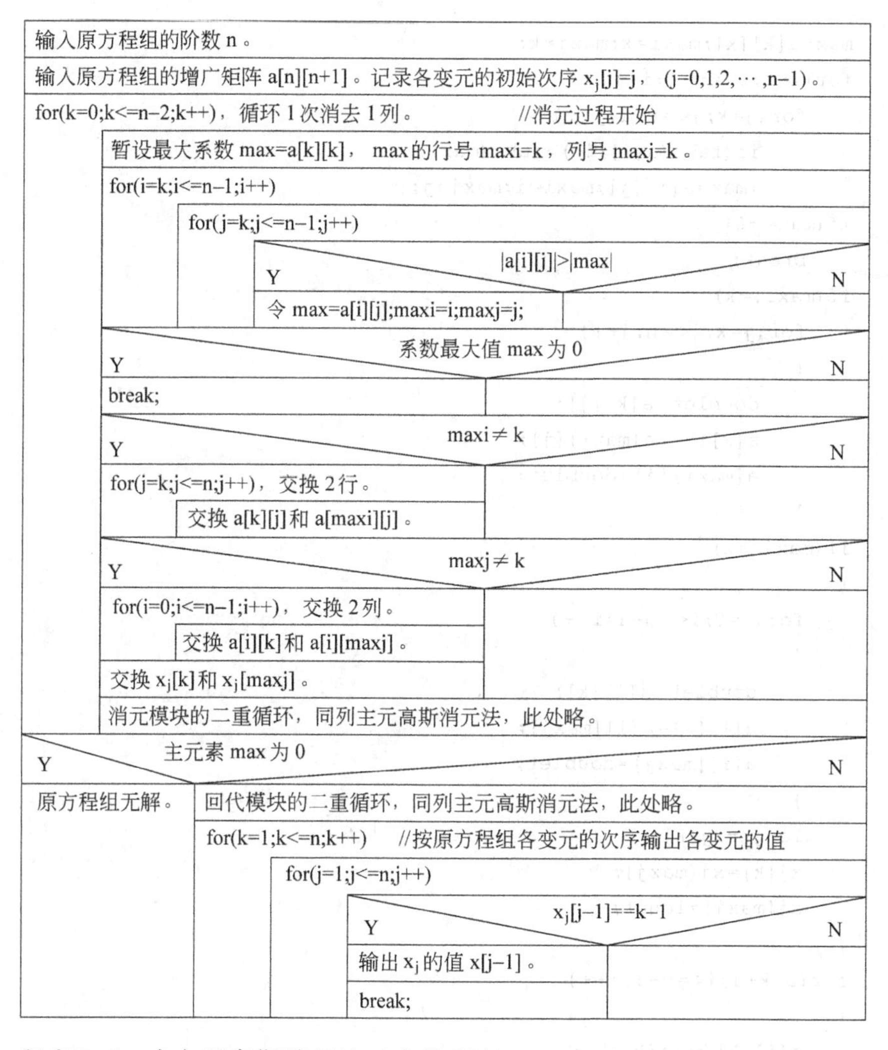

程序 3.3 全主元高斯消元法对应的程序。

```
#include <stdio.h>
#include <math.h>
```

```
#define MAXSIZE 50
void input(double a[MAXSIZE][MAXSIZE+1],long n,long xj[MAXSIZE]);
void output(double x[MAXSIZE],long n,long xj[MAXSIZE]);
void main(void)
{
    double a[MAXSIZE][MAXSIZE+1],x[MAXSIZE],s,max,doublet;
    long n,i,j,k,maxi,maxj,xj[MAXSIZE],longt;
    printf("\n请输入原方程组的阶数:");
    scanf("%ld",&n);
    input(a,n,xj);
    for(k=0;k<=n-2;k++)
    {
        max=a[k][k];maxi=k;maxj=k;
        for(i=k;i<=n-1;i++)
            for(j=k;j<=n-1;j++)
                if(fabs(a[i][j])>fabs(max))
                {max=a[i][j];maxi=i;maxj=j;}
        if(max==0)
            break;
        if(maxi!=k)
            for(j=k;j<=n;j++)
            {
                doublet=a[k][j];
                a[k][j]=a[maxi][j];
                a[maxi][j]=doublet;
            }
        if(maxj!=k)
        {
            for(i=0;i<=n-1;i++)
            {
                doublet=a[i][k];
                a[i][k]=a[i][maxj];
                a[i][maxj]=doublet;
            }
            longt=xj[k];
            xj[k]=xj[maxj];
            xj[maxj]=longt;
        }
        for(i=k+1;i<=n-1;i++)
        {
            a[i][k]/=-a[k][k];
            for(j=k+1;j<=n;j++)
                a[i][j]+=a[i][k]*a[k][j];
        }
```

```
    }
    if(max==0)
        printf("\n原方程组无解。");
    else
    {
        for(k=n-1;k>=0;k--)
        {
            s=0;
            for(j=k+1;j<=n-1;j++)
                s+=a[k][j] * x[j];
            x[k]=(a[k][n]-s)/a[k][k];
        }
        output(x,n,xj);
    }
}
void input(double a[MAXSIZE][MAXSIZE+1],long n,long xj[MAXSIZE])
{
    long i,j;
    printf("\n请输入原方程组的增广矩阵:\n");
    for(i=1;i<=n;i++)
        for(j=1;j<=n+1;j++)
            scanf("%lf",&a[i-1][j-1]);
    for(j=1;j<=n;j++)
        xj[j-1]=j-1;
}
void output(double x[MAXSIZE],long n,long xj[MAXSIZE])
{
    long j,k;
    printf("\n原方程组的解为:\n");
    for(k=1;k<=n;k++)
        for(j=1;j<=n;j++)
            if((k-1)==xj[j-1])
            {
                printf("  %lf",x[j-1]);
                break;
            }
}
```

3.5　高斯约当消元法

3.5.1　高斯约当消元法的主要思想

与顺序高斯消元法的求解过程相比，高斯约当消元法求解过程的特点如下：

(1) 在消去变元 x_k 一列时，不仅把主元之下的 x_k 消去，也把主元之上的 x_k 消去。

也就是把系数矩阵 **A** 除主对角线之外的元素都化为 0。

(2) 在消去变元 x_k 一列时,先把主元 $a_{k,k}^{(k)}$ 化为 1(让方程 k 所有系数都除以 $a_{k,k}^{(k)}$),再用它去消其他方程的变元 x_k。也就是把系数矩阵 A 主对角线上的元素都化为 1。

消元完毕,原线性方程组简化为如下形式:

$$\begin{cases} a_{11}^{(1)}x_1 & & & = a_{1,n+1}^{(1)} \\ & a_{22}^{(2)}x_2 & & = a_{2,n+1}^{(2)} \\ & & \ddots & \vdots \\ & & a_{n,n}^{(n)}x_n & = a_{n,n+1}^{(n)} \end{cases}$$

这时系数矩阵 **A** 被化为单位矩阵,右端向量就是解向量,不再需要回代过程。因此高斯约当消元法又称为无回代过程消元法。

例 3.3 用高斯约当消元法求解线性方程组 $\begin{cases} 2x_1 - x_2 - 3x_3 = -2 & ① \\ 2x_1 - 3x_2 - 2x_3 = -3 & ② \\ -x_1 + x_2 + x_3 = 1 & ③ \end{cases}$

解 ①×0.5,得 $\begin{cases} x_1 - 0.5x_2 - 1.5x_3 = -1 & ① \\ 2x_1 - 3x_2 - 2x_3 = -3 & ② \\ -x_1 + x_2 + x_3 = 1 & ③ \end{cases}$

①×(−2)+②→②,①+③→③,得 $\begin{cases} x_1 - 0.5x_2 - 1.5x_3 = -1 & ① \\ -2x_2 + x_3 = -1 & ② \\ 0.5x_2 - 0.5x_3 = 0 & ③ \end{cases}$

②×(−0.5),得 $\begin{cases} x_1 - 0.5x_2 - 1.5x_3 = -1 & ① \\ x_2 - 0.5x_3 = 0.5 & ② \\ 0.5x_2 - 0.5x_3 = 0 & ③ \end{cases}$

②×0.5+①→①,②×(−0.5)+③→③,得 $\begin{cases} x_1 \quad - 1.75x_3 = -0.75 & ① \\ x_2 - 0.5x_3 = 0.5 & ② \\ -0.25x_3 = -0.25 & ③ \end{cases}$

③×(−4),得 $\begin{cases} x_1 \quad - 1.75x_3 = -0.75 & ① \\ x_2 - 0.5x_3 = 0.5 & ② \\ x_3 = 1 & ③ \end{cases}$

③×1.75+①→①,③×0.5+③→③,得 $\begin{cases} x_1 = 1 & ① \\ x_2 = 1 & ② \\ x_3 = 1 & ③ \end{cases}$

所以原方程组的解为:$x_1 = 1, x_2 = 1, x_3 = 1$。

3.5.2 高斯约当消元法的算法和程序

与顺序高斯消元法一样,高斯约当消元法也存在主元为 0 时求不出解,小主元时误差较大等问题。解决方法与顺序高斯消元法一样,可以采用交换列的方法,保证在有解时一定能求出解。下面的程序没有对线性方程组无解和主元为零时求不出解的情况进行判断。

算法 3.4 高斯约当消元法的算法。

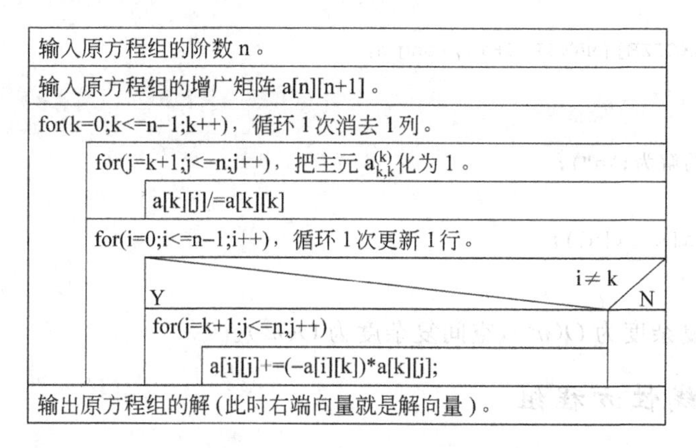

程序 3.4 高斯约当消元法对应的程序。

```
#include <stdio.h>
#include <math.h>
#define MAXSIZE 50
void input(double a[MAXSIZE][MAXSIZE+1],long n);
void output(double a[MAXSIZE][MAXSIZE+1],long n);
void main(void)
{
    double a[MAXSIZE][MAXSIZE+1];
    long n,i,j,k;
    printf("\n请输入原方程组的阶数:");
    scanf("%ld",&n);
    input(a,n);
    for(k=0;k<=n-1;k++)
    {
        for(j=k+1;j<=n;j++)
            a[k][j]/=a[k][k];
        for(i=0;i<=n-1;i++)
            if(i!=k)
                for(j=k+1;j<=n;j++)
                    a[i][j]+=(-a[i][k])*a[k][j];
    }
    output(a,n);
}
void input(double a[MAXSIZE][MAXSIZE+1],long n)
{
    long i,j;
    printf("\n请输入原方程组的增广矩阵:\n");
    for(i=1;i<=n;i++)
```

```
        for(j=1;j<=n+1;j++)
            scanf("%lf",&a[i-1][j-1]);
}
void output(double a[MAXSIZE][MAXSIZE+1],long n)
{
    long k;
    printf("\n原方程组的解为:\n");
    for(k=1;k<=n;k++)
        printf("  %lf",a[k-1][n]);
}
```

上述程序和算法的时间复杂度为 $O(n^3)$,空间复杂度为 $O(n^2)$。

3.5.3 一次求解多个线性方程组

行乘子 $l_{i,k}$ 的计算公式 $l_{i,k}=-\frac{a_{i,k}^{(k)}}{a_{k,k}^{(k)}}$ 中,不出现右端向量 $\boldsymbol{b}$。当用高斯约当消元法求解多个系数矩阵 $\boldsymbol{A}$ 相同,而右端向量 $\boldsymbol{b}$ 不同的线性方程组时,消元过程对应的一系列倍加变换是相同的。也就是说,以什么次序,哪一行(方程)乘以什么因子(行乘子),加到哪一行(方程),不受右端向量 $\boldsymbol{b}$ 的影响。因此,可以把这些方程组的右端向量合并到一个增广矩阵中,每多 1 个线性方程组,增广矩阵就多增加 1 列。当对增广矩阵做倍加变换,系数矩阵 $\boldsymbol{A}$ 被化为单位阵时,右端向量就被化为对应方程组的解。这样,原来求解 1 个线性方程组的倍加变换,可以把这些线性方程组都求出,减少了总的运算量。

例 3.4 用高斯约当消元法,一次消元求解下列多个线性方程组:

$$①\begin{cases}2x+y-z=2\\-x+3z=2,\\-2x+y+z=0\end{cases}\quad ②\begin{cases}2x+y-z=1\\-x+3z=8,\\-2x+y+z=3\end{cases}\quad ③\begin{cases}2x+y-z=7\\-x+3z=0\\-2x+y+z=-3\end{cases}$$

解 构造方程组①、②、③的增广矩阵,得

$$\bar{A}=[\boldsymbol{A}\quad \boldsymbol{b}]=\left[\begin{array}{ccc:ccc}2&1&-1&2&1&7\\-1&0&3&2&8&0\\-2&1&1&0&3&-3\end{array}\right]\xrightarrow{r_1/2}\left[\begin{array}{ccc:ccc}1&0.5&-0.5&1&0.5&3.5\\-1&0&3&2&8&0\\-2&1&1&0&3&-3\end{array}\right]$$

$$\xrightarrow[r_1\times 2+r_3]{r_1+r_2}\left[\begin{array}{ccc:ccc}1&0.5&-0.5&1&0.5&3.5\\0&0.5&2.5&3&8.5&3.5\\0&2&0&2&4&4\end{array}\right]\xrightarrow{r_2\times 2}\left[\begin{array}{ccc:ccc}1&0.5&-0.5&1&0.5&3.5\\0&1&5&6&17&7\\0&2&0&2&4&4\end{array}\right]$$

$$\xrightarrow[r_2\times(-2)+r_3]{r_2/(-2)+r_1}\left[\begin{array}{ccc:ccc}1&0&-3&-2&-8&0\\0&1&5&6&17&7\\0&0&-10&-10&-30&-10\end{array}\right]\xrightarrow{r_3/(-10)}\left[\begin{array}{ccc:ccc}1&0&-3&-2&-8&0\\0&1&5&6&17&7\\0&0&1&1&3&1\end{array}\right]$$

$$\xrightarrow[r_3\times(-5)+r_2]{r_3\times 3+r_1}\left[\begin{array}{ccc:ccc}1&0&0&1&1&3\\0&1&0&1&2&2\\0&0&1&1&3&1\end{array}\right]$$

所以方程组①的解为$\begin{cases}x=1\\y=1\\z=1\end{cases}$，方程组②的解为$\begin{cases}x=1\\y=2\\z=3\end{cases}$，方程组③的解为$\begin{cases}x=3\\y=2\\z=1\end{cases}$。

3.5.4　一次求解多个线性方程组的算法和程序

程序中把宏 ROWMAXSIZE 设置为增广矩阵行数 n（方程个数）的上限，把宏 COLMAXSIZE 设置为增广矩阵列数 m（变元个数＋方程组的个数）的上限。如果 n、m 可能很大也可能很小，那么可以用动态内存分配来实现。

算法 3.5　用高斯约当消元法一次消元求解多个线性方程组的算法。

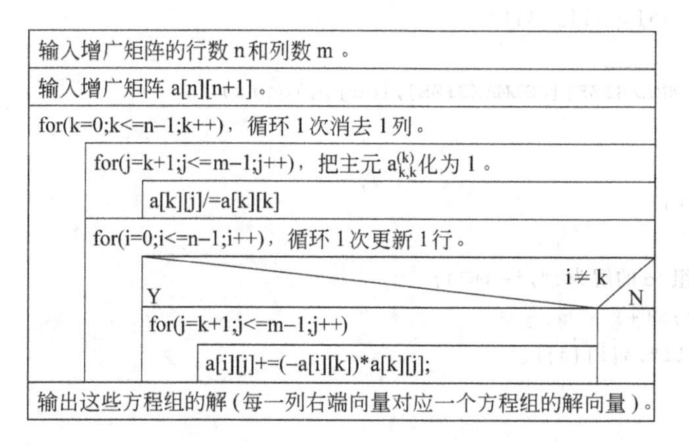

程序 3.5　用高斯约当消元法一次消元求解多个线性方程组对应的程序。

```
#include <stdio.h>
#include <math.h>
#define ROWMAXSIZE 50
#define COLMAXSIZE 50
void input(double a[ROWMAXSIZE][COLMAXSIZE],long n,long m);
void output(double a[ROWMAXSIZE][COLMAXSIZE],long n,long m);
void main(void)
{
    double a[ROWMAXSIZE][COLMAXSIZE];
    long n,m,i,j,k;
    printf("\n请输入增广矩阵的行数,列数:");
    scanf("%ld,%ld",&n,&m);
    input(a,n,m);
    for(k=0;k<=n-1;k++)
    {
        for(j=k+1;j<=m-1;j++)
            a[k][j]/=a[k][k];
        for(i=0;i<=n-1;i++)
            if(i!=k)
                for(j=k+1;j<=m-1;j++)
```

```
                a[i][j]+=(-a[i][k])*a[k][j];
        }
        output(a,n,m);
}
void input(double a[ROWMAXSIZE][COLMAXSIZE],long n,long m)
{
        long i,j;
        printf("\n请输入增广矩阵:\n");
        for(i=1;i<=n;i++)
            for(j=1;j<=m;j++)
                scanf("%lf",&a[i-1][j-1]);
}
void output(double a[ROWMAXSIZE][COLMAXSIZE],long n,long m)
{
        long i,j;
        for(j=n;j<=m-1;j++)
        {
            printf("\n方程组%d的解为:",j-n+1);
            for(i=0;i<=n-1;i++)
                printf("  %lf",a[i][j]);
        }
}
```

3.6 消元形式的追赶法

3.6.1 消元形式的追赶法的主要思想

带状对角矩阵是一种常见的高阶稀疏矩阵。3对角阵是带状对角矩阵的一种。在做三次样条插值、求解微分方程等问题时,经常需要解3对角方程组。

定义 3.2 如果在方阵 $\boldsymbol{A}$ 中,除主对角线和两条次对角线之外的元素都为0,那么 $\boldsymbol{A}$ 是3对角阵。即 $\boldsymbol{A}$ 可以表示为下面的形式:

$$\boldsymbol{A}=\begin{bmatrix} b_1 & c_1 & & & \\ a_2 & b_2 & c_2 & & \\ & \ddots & \ddots & \ddots & \\ & & a_{n-1} & b_{n-1} & c_{n-1} \\ & & & a_n & c_n \end{bmatrix}$$

定义 3.3 如果线性方程组 $\boldsymbol{Ax}=\boldsymbol{b}$ 的系数矩阵 $\boldsymbol{A}$ 是3对角阵,那么 $\boldsymbol{Ax}=\boldsymbol{b}$ 是3对角方程组。

定义 3.4 如果在方阵 $\boldsymbol{A}$ 中,除主对角线、左下 lw 条次对角线和右上 uw 条次对角线之外的元素都为0,那么 $\boldsymbol{A}$ 是带状对角矩阵,称 lw 为下带宽,uw 为上带宽,$bw=uw+lw+1$ 为带宽。即 $\boldsymbol{A}$ 可以表示为下面的形式:

$$A=\begin{bmatrix} a_{11} & \cdots & a_{1,uw+1} & & \\ \vdots & \ddots & & \ddots & \\ a_{lw+1,1} & & \ddots & & a_{n-uw,n} \\ & \ddots & & \ddots & \vdots \\ & & a_{n,n-lw} & \cdots & a_{n,n} \end{bmatrix}$$

定义 3.5　如果线性方程组 $\boldsymbol{Ax}=\boldsymbol{b}$ 的系数矩阵 $\boldsymbol{A}$ 是带状对角矩阵，那么 $\boldsymbol{Ax}=\boldsymbol{b}$ 是带状对角方程组。

追赶法用于求解 3 对角方程组。在求解 3 对角方程组时，原来的求解过程被大大简化。要求解的 3 对角方程组可以表示为

$$\begin{cases} b_1x_1+c_1x_2 & =d_1 \\ a_2x_1+b_2x_2+c_2x_3 & =d_2 \\ \quad\ddots\quad\ddots\quad\ddots & \vdots \\ a_{n-1}x_{n-2}+b_{n-1}x_{n-1}+c_{n-1}x_n & =d_{n-1} \\ a_nx_{n-1}+b_nx_n & =d_n \end{cases}$$

与此对应，存储 3 对角方程组增广矩阵可以用一维数组 $a[n]$、$b[n]$、$c[n]$和 $d[n]$，再用一维数组 $x[n]$存放解向量，不存储系数矩阵 $\boldsymbol{A}$ 中除 3 条对角线之外的零元素，使存储空间需求从 $O(n^2)$降为 $O(n)$。

数组 $a[n]$、$b[n]$、$c[n]$和 $d[n]$的下标为行号。$b[n]$在主对角线上，列号=行号(下标)。$a[n]$在主对角线左下，列号=行号−1。$c[n]$在主对角线右上，列号=行号+1。b_i 的下方为 a_{i+1}，c_i 的下方为 b_{i+1}，d_i 的下方为 d_{i+1}。

这里按照顺序高斯消元法的求解思路求解这个 3 对角方程组。消元过程中，在消去 x_i 一列时，主元素为 b_i。b_i 下方只有一个系数 a_{i+1} 非 0，因此在消去 x_i 一列时，只需要更新第 $i+1$ 行中变元的系数。这一行中，也只有 b_{i+1}和 d_{i+1}需要更新。

在消去 x_i 一列时，行乘子 $l_i=-\dfrac{a_{i+1}}{b_i}$。

更新第 $i+1$ 行中变元系数的公式为

$$b_{i+1}=b_{i+1}+c_i\times l_i$$
$$d_{i+1}=d_{i+1}+d_i\times l_i\quad i=1,2,\cdots,n-1$$

消元完毕，原方程组变形为下面的形式：

$$\begin{cases} b_1x_1+c_1x_2 & =d_1 \\ \quad b_2x_2+c_2x_3 & =d_2 \\ \quad\quad\ddots\quad\ddots & \vdots \\ \quad\quad b_{n-1}x_{n-1}+c_{n-1}x_n & =d_{n-1} \\ \quad\quad\quad b_nx_n & =d_n \end{cases}$$

回代过程，仍然是自下而上求解。回代的公式为

$$x_n=d_n/b_n$$
$$x_i=(d_i-c_ix_{i+1})/b_i\quad i=n-1,n-2,\cdots,1$$

采用这一思路，可以求解带状对角线性方程组，运算量和存储需求也会大大简化。

例 3.5 用消元形式的追赶法求解 3 对角方程组$\begin{cases} 5x_1+2x_2 \qquad\quad =9 & ① \\ x_1-2x_2+3x_3=-6 & ② \\ \qquad\quad 4x_2-2x_3=10 & ③ \end{cases}$

解 $①\times\left(-\dfrac{1}{5}\right)+②\to②$，得$\begin{cases} 5x_1+\ \ 2x_2 \qquad\quad =9 & ① \\ \quad\ -2.4x_2+3x_3=-7.8 & ② \\ \qquad\quad 4x_2-2x_3=10 & ③ \end{cases}$

$②\times\left(-\dfrac{4}{-2.4}\right)+③\to③$，得$\begin{cases} 5x_1+\ \ 2x_2 \qquad\quad =9 & ① \\ \quad\ -2.4x_2+3x_3=-7.8 & ② \\ \qquad\qquad\qquad 3x_3=-3 & ③ \end{cases}$

所以由③得 $x_3=-1$。

把 $x_3=-1$ 代入②得

$$x_2=(-7.8-3\times-1)/-2.4=2$$

把 $x_2=2$ 代入①得

$$x_1=(9-2\times 2)/5=1$$

因此原方程组的解为 $x_1=1,x_2=2,x_3=-1$。

3.6.2 消元形式的追赶法的算法和程序

追赶法也存在主元为 0 时求不出解、小主元时误差较大等问题。同样，可以采用按列选主元的方法，保证在有解时一定能求出解。不过这样会使上带宽和下带宽加倍，即原来的 3 对角方程组可能被化为带宽为 5 的带状对角方程组，消元和回代的公式需要相应变化。下面的程序没有对主元为 0 时求不出解、小主元时误差较大等问题进行处理。

算法 3.6 消元形式的追赶法的算法。

算法步骤	
输入原方程组的阶数 n。	
输入增广矩阵对应的数组 a[],b[],c[],d[]。	
for(i=1;i<=n-1;i++)，循环 1 次消去 1 列。	//消元过程
a[i]/=-b[i-1];	
b[i]+=c[i-1]*a[i];	
d[i]+=d[i-1]*a[i];	
x[n-1]=d[n-1]/b[n-1];	//回代过程
for(i=n-2;i>=0;i--)	
x[i]=(d[i]-c[i]*x[i+1])/b[i];	
输出原方程组的解 x[n]。	

程序 3.6 消元形式的追赶法的程序。

```
#include <stdio.h>
#include <math.h>
#define MAXSIZE 50
void input(double a[],double b[],double c[],double d[],long n);
```

```
void output(double x[],long n);
void main(void)
{
    double a[MAXSIZE],b[MAXSIZE],c[MAXSIZE],d[MAXSIZE],x[MAXSIZE];
    long n,i;
    printf("\n请输入原方程组的阶数:");
    scanf("%ld",&n);
    input(a,b,c,d,n);
    for(i=1;i<=n-1;i++)
    {
        a[i]/=-b[i-1];
        b[i]+=c[i-1]*a[i];
        d[i]+=d[i-1]*a[i];
    }
    x[n-1]=d[n-1]/b[n-1];
    for(i=n-2;i>=0;i--)
        x[i]=(d[i]-c[i]*x[i+1])/b[i];
    output(x,n);
}
void input(double a[],double b[],double c[],double d[],long n)
{
    long i;
    printf("\n请输入原方程组的增广矩阵:\n");
    printf("\nb1,c1,d1:");
    scanf("%lf,%lf,%lf",&b[0],&c[0],&d[0]);
    for(i=2;i<=n-1;i++)
    {
        printf("\na%ld,b%ld,c%ld,d%ld:",i,i,i,i);
        scanf("%lf,%lf,%lf,%lf",&a[i-1],&b[i-1],&c[i-1],&d[i-1]);
    }
    printf("\na%ld,b%ld,d%ld:",n,n,n);
    scanf("%lf,%lf,%lf",&a[n-1],&b[n-1],&d[n-1]);
}
void output(double x[],long n)
{
    long i;
    printf("\n方程组的解为:\n");
    for(i=1;i<=n;i++)
        printf("  %lf",x[i-1]);
}
```

上述程序和算法的时间复杂度为 $O(n)$，空间复杂度为 $O(n)$。具体地说，此算法的乘除次数 MD $=5n-4$，比顺序高斯消元法简单得多。

证明 消元过程乘除次数 $=(n-1)\times 3$；回代过程乘除次数 $=1+(n-1)\times 2$；此算法

乘除次数 MD=消元过程乘除次数+回代过程乘除次数$=(n-1)\times 3+1+(n-1)\times 2=5n-4$。

证毕。

3.7 LU分解法

三角分解法求解线性方程组的方法,是指把线性方程组的系数矩阵进行三角分解,然后按照线性方程组的矩阵形式进行回代求解的方法。三角分解法主要有LU分解法(又称为直接三角分解法、Doolittle分解法)、LDR分解法、Crout分解法等。它们之间的区别是:LU分解法把系数矩阵分解为单位下三角阵 $\boldsymbol{L}$ 和上三角阵 $\boldsymbol{U}$ 的积;LDR分解法把系数矩阵分解为单位下三角阵 $\boldsymbol{L}$、对角阵 $\boldsymbol{D}$ 和单位上三角阵 $\boldsymbol{R}$ 的积,其中 $\boldsymbol{DR}=\boldsymbol{U}$;Crout分解法把系数矩阵分解为下三角阵 $\widetilde{\boldsymbol{L}}$ 和单位上三角阵 $\boldsymbol{R}$ 的积,其中 $\widetilde{\boldsymbol{L}}=\boldsymbol{LD}$。除此之外,还有求解对称正定线性方程组的LLT分解法(又称平方根法),求解带状对角线性方程组的矩阵形式的追赶法等方法。

3.7.1 相关的初等方阵性质

单位阵做1次初等变换,化为初等方阵。设 $\boldsymbol{E}_m$ 为 m 阶单位阵,$\boldsymbol{A}_{m\times n}$ 为任意 m 行 n 列矩阵,$\boldsymbol{B}_{n\times m}$ 为任意 n 行 m 列矩阵。对任意矩阵 $\boldsymbol{A}_{m\times n}$ 做初等变换的结果,等于 $\boldsymbol{A}_{m\times n}$ 与对应初等方阵的积,详见表3.3。

表3.3 初等方阵的性质

由 $\boldsymbol{E}_m$ 得到的初等方阵	对应初等方阵左乘 $\boldsymbol{A}_{m\times n}$	对应初等方阵右乘 $\boldsymbol{B}_{n\times m}$
$\boldsymbol{E}_m(i,j)=\begin{bmatrix}1&&&&&&\\&\ddots&&&&&\\&&0&&1&&\\&&&\ddots\ \ \cdot^{\cdot^{\cdot}}&&&\\&&&\cdot^{\cdot^{\cdot}}\ \ \ddots&&&\\&&1&&0&&\\&&&&&\ddots&\\&&&&&&1\end{bmatrix}$	$\boldsymbol{E}_m$ 交换 i 行和 j 行得到 $\boldsymbol{E}_m(i,j)$。$\boldsymbol{E}_m(i,j)$ 左乘 $\boldsymbol{A}_{m\times n}$ 的积,等于交换 $\boldsymbol{A}_{m\times n}$ 的 i 行和 j 行的结果	$\boldsymbol{E}_m$ 交换 i 列和 j 列得到 $\boldsymbol{E}_m(i,j)$。$\boldsymbol{E}_m(i,j)$ 右乘 $\boldsymbol{B}_{n\times m}$ 的积,等于交换 $\boldsymbol{B}_{n\times m}$ 的 i 列和 j 列的结果
$\boldsymbol{E}_m(i_{(k)})=\begin{bmatrix}1&&&&\\&\ddots&&&\\&&k&&\\&&&\ddots&\\&&&&1\end{bmatrix}$	数 k 乘以 $\boldsymbol{E}_m$ 的 i 行得到 $\boldsymbol{E}_m(i_{(k)})$。$\boldsymbol{E}_m(i_{(k)})$ 左乘 $\boldsymbol{A}_{m\times n}$ 的积,等于数 k 乘以 $\boldsymbol{A}_{m\times n}$ 的 i 行的结果	数 k 乘以 $\boldsymbol{E}_m$ 的 i 列得到 $\boldsymbol{E}_m(i_{(k)})$。$\boldsymbol{E}_m(i_{(k)})$ 右乘 $\boldsymbol{B}_{n\times m}$ 的积,等于数 k 乘以 $\boldsymbol{B}_{n\times m}$ 的 i 列的结果
$\boldsymbol{E}_m(i_{(k)},j)=\begin{bmatrix}1&&&&&\\&\ddots&&&&\\&&1&&&\\&&&\ddots&&\\&&k&&1&\\&&&&&\ddots\\&&&&&&1\end{bmatrix}$	数 k 乘以 $\boldsymbol{E}_m$ 的 i 行,加到 j 行上,得到 $\boldsymbol{E}_m(i_{(k)},j)$。$\boldsymbol{E}_m(i_{(k)},j)$ 左乘 $\boldsymbol{A}_{m\times n}$ 的积,等于数 k 乘以 $\boldsymbol{A}_{m\times n}$ 的 i 行,加到 j 行上的结果	数 k 乘以 $\boldsymbol{E}_m$ 的 j 列,加到 i 列上,得到 $\boldsymbol{E}_m(i_{(k)},j)$。$\boldsymbol{E}_m(i_{(k)},j)$ 右乘 $\boldsymbol{B}_{n\times m}$ 的积,等于数 k 乘以 $\boldsymbol{B}_{n\times m}$ 的 j 列,加到 i 列上的结果

3.7.2 LU 分解与顺序高斯消元的联系

方阵 $\boldsymbol{A}$ 的 LU 分解是指把方阵 $\boldsymbol{A}$ 分解为单位下三角阵 $\boldsymbol{L}$ 和上三角阵 $\boldsymbol{U}$ 的积过程。

定理 3.4　若方阵 $\boldsymbol{A}$ 存在 LU 分解，那么分解是唯一的。

证明　设方阵 $\boldsymbol{A}$ 存在 2 个不同的 LU 分解：$\boldsymbol{A}=\boldsymbol{L}_1\boldsymbol{U}_1=\boldsymbol{L}_2\boldsymbol{U}_2$，则

$$\boldsymbol{U}_1\boldsymbol{U}_2^{-1}=\boldsymbol{L}_1^{-1}\boldsymbol{L}_1\boldsymbol{U}_1\boldsymbol{U}_2^{-1}=\boldsymbol{L}_1^{-1}\boldsymbol{A}\boldsymbol{U}_2^{-1}=\boldsymbol{L}_1^{-1}\boldsymbol{L}_2\boldsymbol{U}_2\boldsymbol{U}_2^{-1}=\boldsymbol{L}_1^{-1}\boldsymbol{L}_2$$

因为单位下(上)三角阵的积和逆仍为单位下(上)三角阵，下(上)三角阵的积和逆仍为下(上)三角阵，则 $\boldsymbol{U}_1\boldsymbol{U}_2^{-1}$ 为上三角阵，$\boldsymbol{L}_1^{-1}\boldsymbol{L}_2$ 为单位下三角阵，所以 $\boldsymbol{U}_1\boldsymbol{U}_2^{-1}=\boldsymbol{L}_1^{-1}\boldsymbol{L}_2=$ 单位阵 $\boldsymbol{E}$，又因为逆阵是唯一的，则

$$\boldsymbol{U}_1=\boldsymbol{U}_2,\quad \boldsymbol{L}_1=\boldsymbol{L}_2$$

因此 LU 分解是唯一的。

证毕。

用顺序高斯消元法求解线性方程组 $\boldsymbol{A}\boldsymbol{x}=\boldsymbol{b}$，消元过程对增广矩阵 $\bar{\boldsymbol{A}}=[\boldsymbol{A}\quad \boldsymbol{b}]$ 进行一系列倍加变换，直到系数矩阵 $\boldsymbol{A}$ 化为上三角阵为止。

定理 3.5　如果系数矩阵 $\boldsymbol{A}$ 存在 LU 分解 $\boldsymbol{A}=\boldsymbol{L}\boldsymbol{U}$，那么 $\boldsymbol{U}$ 就是消元后的系数矩阵 $\boldsymbol{A}$，即

$$\boldsymbol{U}=\begin{bmatrix} a_{11}^{(1)} & a_{12}^{(1)} & \cdots & a_{1,n}^{(1)} \\ & a_{22}^{(2)} & \cdots & a_{2,n}^{(2)} \\ & & \ddots & \vdots \\ & & & a_{n,n}^{(n)} \end{bmatrix}$$

$\boldsymbol{L}$ 可以表示为

$$\boldsymbol{L}=\begin{bmatrix} 1 & & & \\ -l_{21} & 1 & & \\ -l_{31} & & 1 & \\ \vdots & & & \ddots \\ -l_{n1} & & & & 1 \end{bmatrix}\cdot\begin{bmatrix} 1 & & & \\ & 1 & & \\ & -l_{32} & 1 & \\ & \vdots & & \ddots \\ & -l_{n2} & & & 1 \end{bmatrix}$$

$$\cdot\cdots\cdot\begin{bmatrix} 1 & & & \\ & 1 & & \\ & & \ddots & \\ & & & 1 & \\ & & & -l_{n,n-1} & 1 \end{bmatrix}$$

上式中 $l_{i,k}=-\dfrac{a_{i,k}^{(k)}}{a_{k,k}^{(k)}}(k\in[1,n-1],i\in[k+1,n])$ 为消元过程中全部的行乘子，而且上式中 $l_{i,k}$ 的行标和列标等于顺序高斯消元法中行乘子 $l_{i,k}$ 的行标和列标。所有的行乘子按列标分组，列标相等的一组行乘子符号变反，填入单位阵中原来的位置，形成一个方阵。各方阵按行乘子的列号，自左而右相乘，它们的积仍然为单位下三角阵，这个单位下三角阵就是对系数矩阵 $\boldsymbol{A}$ 做 LU 分解得到的单位下三角阵 $\boldsymbol{L}$。

证明　消元过程对应于对增广矩阵 $\bar{\boldsymbol{A}}=[\boldsymbol{A}\quad \boldsymbol{b}]$ 进行一系列倍加变换。这里只考查

系数矩阵 $\boldsymbol{A}$。用方程 k 消去方程 i 的变元 x_k，对应于对系数矩阵 $\boldsymbol{A}$ 做 1 次倍加变换，即用行乘子 $l_{i,k}$ 乘以 $\boldsymbol{A}$ 的第 k 行，加到第 i 行上。对 $\boldsymbol{A}$ 做这一倍加变换的结果，等于初等方阵 $\boldsymbol{E}_m(i(l_{i,k}),j)$ 左乘系数矩阵 $\boldsymbol{A}$ 的积。其中 $E_m(i(l_{i,k}),j)$ 是行乘子 $l_{i,k}$ 乘以 m 阶单位阵 $\boldsymbol{E}_m$ 的 i 行，加到 j 行上的结果，即

$$\boldsymbol{E}_m(i(l_{i,k}),j)=\begin{bmatrix}1&&&&&\\&\ddots&&&&\\&&1&&&\\&&&\ddots&&\\&&l_{i,k}&&1&\\&&&&&\ddots&\\&&&&&&1\end{bmatrix}$$

消去左边第 1 列的过程，相当于系数矩阵依次被 $\begin{bmatrix}1&&&\\l_{2,1}&1&&\\&&\ddots&\\&&&1\end{bmatrix}$，$\begin{bmatrix}1&&&&\\&1&&&\\l_{3,1}&&1&&\\&&&\ddots&\\&&&&1\end{bmatrix}$，$\begin{bmatrix}1&&&\\&1&&\\&&\ddots&\\l_{n,1}&&&1\end{bmatrix}$左乘……

消去左边第 2 列的过程，相当于系数矩阵依次被 $\begin{bmatrix}1&&&\\&1&&\\&l_{3,2}&1&\\&&&\ddots&\\&&&&1\end{bmatrix}$，$\begin{bmatrix}1&&&&&\\&1&&&&\\&&1&&&\\&l_{4,2}&&1&&\\&&&&\ddots&\\&&&&&1\end{bmatrix}$，$\begin{bmatrix}1&&&\\&1&&\\&&\ddots&\\&l_{n,2}&&1\end{bmatrix}$左乘；

……

消去左边第 $n-1$ 列的过程，相当于系数矩阵被 $\begin{bmatrix}1&&&\\&\ddots&&\\&&1&\\&&l_{n,n-1}&1\end{bmatrix}$左乘。

这里把消元过程结束时，化为上三角阵的系数矩阵 $\boldsymbol{A}$ 记为 $\boldsymbol{U}^*$，即

$$\boldsymbol{U}^*=\left[\begin{bmatrix}1&&&\\&\ddots&&\\&&1&\\&&l_{n,n-1}&1\end{bmatrix}\cdots\left[\begin{bmatrix}1&&\\&\ddots&\\l_{n1}&&1\end{bmatrix}\cdots\left[\begin{bmatrix}1&&&\\l_{21}&1&&\\&&\ddots&\\&&&1\end{bmatrix}\boldsymbol{A}\cdots\right]\right]\cdots\right]$$

$$=\left(\begin{bmatrix}1&&&\\&\ddots&&\\&&1&\\&&l_{n,n-1}&1\end{bmatrix}\cdots\begin{bmatrix}1&&\\&\ddots&\\l_{n1}&&1\end{bmatrix}\cdots\begin{bmatrix}1&&&\\l_{21}&1&&\\&&\ddots&\\&&&1\end{bmatrix}\right)\boldsymbol{A}$$

这里记 $\boldsymbol{L}^{*}=\left(\begin{bmatrix}1&&&\\&\ddots&&\\&&1&\\&&l_{n,n-1}&1\end{bmatrix}\cdots\begin{bmatrix}1&&\\&\ddots&\\l_{n1}&&1\end{bmatrix}\cdots\begin{bmatrix}1&&&\\l_{21}&1&&\\&&\ddots&\\&&&1\end{bmatrix}\right)$

则

$$\boldsymbol{L}^{*}\boldsymbol{A}=\boldsymbol{U}^{*},\quad \boldsymbol{A}=(\boldsymbol{L}^{*})^{-1}\boldsymbol{U}^{*}$$

因为单位下三角阵的积仍为单位下三角阵，单位下三角阵的逆仍为单位下三角阵，所以 $\boldsymbol{L}^{*}$ 为单位下三角阵，$(\boldsymbol{L}^{*})^{-1}$ 为单位下三角阵，则系数矩阵 $\boldsymbol{A}$ 被分解为单位下三角阵 $(\boldsymbol{L}^{*})^{-1}$ 和上三角阵 $\boldsymbol{U}^{*}$ 的积。

又因为，若存在 LU 分解，那么分解是唯一的，所以 $\boldsymbol{A}$ 的 LU 分解 $\boldsymbol{A}=\boldsymbol{L}\boldsymbol{U}$，其中 $\boldsymbol{L}=(\boldsymbol{L}^{*})^{-1}$，$\boldsymbol{U}=\boldsymbol{U}^{*}$。

又因为 $\begin{bmatrix}1&&&&&\\&\ddots&&&&\\&&1&&&\\&&&\ddots&&\\&&l_{i,k}&&1&\\&&&&&\ddots&\\&&&&&&1\end{bmatrix}$ 的逆为 $\begin{bmatrix}1&&&&&\\&\ddots&&&&\\&&1&&&\\&&&\ddots&&\\&&-l_{i,k}&&1&\\&&&&&\ddots&\\&&&&&&1\end{bmatrix}$

所以

$$(\boldsymbol{L}^{*})^{-1}=\left(\begin{bmatrix}1&&&\\&\ddots&&\\&&1&\\&&l_{n,n-1}&1\end{bmatrix}\cdots\begin{bmatrix}1&&\\&\ddots&\\l_{n1}&&1\end{bmatrix}\cdots\begin{bmatrix}1&&&\\l_{21}&1&&\\&&\ddots&\\&&&1\end{bmatrix}\right)^{-1}$$

$$=\begin{bmatrix}1&&&\\l_{21}&1&&\\&&\ddots&\\&&&1\end{bmatrix}^{-1}\cdots\begin{bmatrix}1&&\\&\ddots&\\l_{n1}&&1\end{bmatrix}^{-1}\cdots\begin{bmatrix}1&&&\\&\ddots&&\\&&1&\\&&l_{n,n-1}&1\end{bmatrix}^{-1}$$

$$=\begin{bmatrix}1&&&\\-l_{21}&1&&\\&&\ddots&\\&&&1\end{bmatrix}\cdots\begin{bmatrix}1&&\\&\ddots&\\-l_{n1}&&1\end{bmatrix}\cdots\begin{bmatrix}1&&&\\&\ddots&&\\&&1&\\&&-l_{n,n-1}&1\end{bmatrix}$$

又因为，若两个方阵中，除主对角线外，只有1列可能出现非0元素，而且非0元素的位置不同，那么这两个方阵可以按位置合并，即

$$
\begin{bmatrix} 1 & & & & & \\ & \ddots & & & & \\ & & 1 & & & \\ & & & \ddots & & \\ & & l_{i,k} & & 1 & \\ & & & & & \ddots & \\ & & & & & & 1 \end{bmatrix} \cdot \begin{bmatrix} 1 & & & & & \\ & \ddots & & & & \\ & & 1 & & & \\ & & & \ddots & & \\ & & l_{j,k} & & 1 & \\ & & & & & \ddots & \\ & & & & & & 1 \end{bmatrix}
$$

$$
= \begin{bmatrix} 1 & & & & & & \\ & \ddots & & & & & \\ & & 1 & & & & \\ & & & \ddots & & & \\ & & l_{i,k} & & 1 & & \\ & & & & & \ddots & \\ & & l_{j,k} & & & & 1 \\ & & & & & & & \ddots \\ & & & & & & & & 1 \end{bmatrix}
$$

所以

$$
(\boldsymbol{L}^*)^{-1} = \begin{bmatrix} 1 & & & \\ -l_{21} & 1 & & \\ & & \ddots & \\ & & & 1 \end{bmatrix} \cdots \begin{bmatrix} 1 & & \\ & \ddots & \\ -l_{n1} & & 1 \end{bmatrix} \cdots \begin{bmatrix} 1 & & & \\ & \ddots & & \\ & & 1 & \\ & & -l_{n,n-1} & 1 \end{bmatrix}
$$

$$
= \begin{bmatrix} 1 & & & & \\ -l_{21} & 1 & & & \\ -l_{31} & & 1 & & \\ \vdots & & & \ddots & \\ -l_{n1} & & & & 1 \end{bmatrix} \cdot \begin{bmatrix} 1 & & & \\ & 1 & & \\ & -l_{32} & 1 & \\ & -l_{32} & & \ddots \\ & -l_{n2} & & & 1 \end{bmatrix} \cdot \cdots
$$

$$
\cdot \begin{bmatrix} 1 & & & & \\ & 1 & & & \\ & & \ddots & & \\ & & & 1 & \\ & & & -l_{n,n-1} & 1 \end{bmatrix}
$$

则 $\boldsymbol{A}=\boldsymbol{LU}$，$\boldsymbol{U}$ 就是消元后的系数矩阵 $\boldsymbol{A}$。

$$
\boldsymbol{L} = \begin{bmatrix} 1 & & & & \\ -l_{21} & 1 & & & \\ -l_{31} & & 1 & & \\ \vdots & & & \ddots & \\ -l_{n1} & & & & 1 \end{bmatrix} \cdot \begin{bmatrix} 1 & & & \\ & 1 & & \\ & -l_{32} & 1 & \\ & -l_{32} & & \ddots \\ & -l_{n2} & & & 1 \end{bmatrix} \cdot \cdots \cdot \begin{bmatrix} 1 & & & \\ & 1 & & \\ & & \ddots & \\ & & & 1 & \\ & & & -l_{n,n-1} & 1 \end{bmatrix}
$$

证毕。

3.7.3 对方阵进行LU分解的过程

对方阵 $\boldsymbol{A}$ 进行LU分解 $\boldsymbol{A}=\boldsymbol{LU}$ 的通项公式为

$$u_{ij}=a_{ij}-\sum_{k=1}^{i-1}l_{ik}u_{kj}\quad j=i,i+1,\cdots,n$$

$$l_{ij}=\left(a_{ij}-\sum_{k=1}^{j-1}l_{ik}u_{kj}\right)/u_{jj}\quad i=j+1,j+2,\cdots,n$$

上式中 u_{ij} 是上三角阵 $\boldsymbol{U}$ 中的元素。当 u_{ij} 在主对角线及其右上方时($j\geqslant i$),按上式计算;当 u_{ij} 在主对角线左下方时($j<i$),u_{ij} 为0。l_{ij} 是单位下三角阵 $\boldsymbol{L}$ 中的元素。当 l_{ij} 在主对角线左下方时($i>j$),按上式计算;当 l_{ij} 为主对角线内部某一元素时($i=j$),l_{ij} 为1,当 l_{ij} 在主对角线右上方时($i<j$),l_{ij} 为0。

证明 上述通项公式的证明由矩阵乘法得到。

① 证明 $j=i,i+1,\cdots,n$ 时,$u_{ij}=a_{ij}-\sum\limits_{k=1}^{i-1}l_{ik}u_{kj}$。因为

$$\boldsymbol{A}=\boldsymbol{LU}$$

则

$$a_{ij}=\sum_{k=1}^{n}l_{ik}u_{kj}=\sum_{k=1}^{i-1}l_{ik}u_{kj}+l_{ii}u_{ij}+\sum_{k=i+1}^{n}l_{ik}u_{kj}$$

又因为 $l_{ii}=1,k=i+1,i+2,\cdots,n$ 时 $l_{ik}=0$,所以

$$a_{ij}=\sum_{k=1}^{i-1}l_{ik}u_{kj}+u_{ij}$$

则 $u_{ij}=a_{ij}-\sum\limits_{k=1}^{i-1}l_{ik}u_{kj},(j=i,i+1,\cdots,n)$ 成立。

② 证明 $i=j+1,j+2,\cdots,n$ 时,$l_{ij}=\left(a_{ij}-\sum\limits_{k=1}^{j-1}l_{ik}u_{kj}\right)\Big/u_{jj}$。

因为

$$\boldsymbol{A}=\boldsymbol{LU}$$

所以

$$a_{ij}=\sum_{k=1}^{n}l_{ik}u_{kj}=\sum_{k=1}^{j-1}l_{ik}u_{kj}+l_{ij}u_{jj}+\sum_{k=j+1}^{n}l_{ik}u_{kj}$$

又因为 $k=j+1,j+2,\cdots,n$ 时 $u_{kj}=0$,所以

$$a_{ij}=\sum_{k=1}^{j-1}l_{ik}u_{kj}+l_{ij}u_{jj}$$

则 $l_{ij}=\left(a_{ij}-\sum\limits_{k=1}^{j-1}l_{ik}u_{kj}\right)\Big/u_{jj},(i=j+1,j+2,\cdots,n)$ 成立。

证毕。

在用通项公式对方阵 $\boldsymbol{A}$ 进行LU分解时,一个较好的计算次序是:

① $\boldsymbol{U}$ 第1行

② **L** 第 1 列
③ **U** 第 2 行
④ **L** 第 2 列
⑤ **U** 第 3 行
⑥ **L** 第 3 列
……

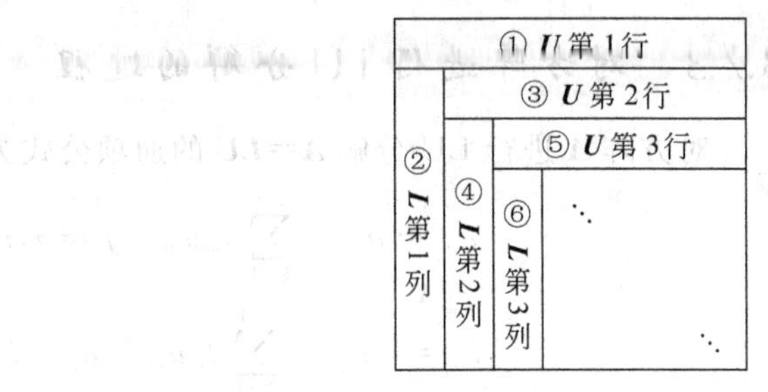

图 3.1 LU 分解的计算次序

如图 3.1 所示。

展开之后的公式为

① $u_{1j}=a_{1j},(j=1,2,\cdots,n)$

② $l_{i1}=a_{i1}/u_{11},(i=2,3,\cdots,n)$

③ $u_{2j}=a_{2j}-l_{21}u_{1j},(j=2,3,\cdots,n)$

④ $l_{i2}=(a_{i2}-l_{i1}u_{12})/u_{22},(i=3,4,\cdots,n)$

⑤ $u_{3j}=a_{3j}-\sum_{k=1}^{2}l_{3k}u_{kj},(j=3,4,\cdots,n)$

⑥ $l_{i3}=\left(a_{i3}-\sum_{k=1}^{2}l_{ik}u_{k3}\right)\Big/u_{33},(i=4,5,\cdots,n)$

……

按照这一次序计算,能够保证在用到某一元素之前,这一元素已被求出。

3.7.4 LU 分解法求解线性方程组的过程

用 LU 分解法求解线性方程组 $\boldsymbol{Ax}=\boldsymbol{b}$ 的步骤如下:

(1) 对系数矩阵 $\boldsymbol{A}$ 进行 LU 分解,得到 $\boldsymbol{L}$ 和 $\boldsymbol{U}$。

方程组 $\boldsymbol{Ax}=\boldsymbol{b}\Leftrightarrow(\boldsymbol{LU})\boldsymbol{x}=\boldsymbol{b}\Leftrightarrow\boldsymbol{L}(\boldsymbol{Ux})=\boldsymbol{b}$。

(2) 令向量 $\boldsymbol{y}=\boldsymbol{Ux}$,代入上式得:$\boldsymbol{Ly}=\boldsymbol{b}$。

回代,求解 $\boldsymbol{Ly}=\boldsymbol{b}$,得到 $\boldsymbol{y}$。

$\boldsymbol{Ly}=\boldsymbol{b}$ 可表示为
$$\begin{bmatrix}1 & & & & \\ l_{21} & 1 & & & \\ l_{31} & l_{32} & 1 & & \\ \vdots & \cdots & \cdots & \ddots & \\ l_{n1} & l_{n2} & \cdots & l_{n,n-1} & 1\end{bmatrix}\cdot\begin{bmatrix}y_1\\ y_2\\ y_3\\ \vdots\\ y_n\end{bmatrix}=\begin{bmatrix}b_1\\ b_2\\ b_3\\ \vdots\\ b_n\end{bmatrix}$$

通项公式为

$$y_i=b_i-\sum_{k=1}^{i-1}l_{ik}y_k,\quad i=1,2,\cdots,n$$

(3) 回代,求解 $\boldsymbol{Ux}=\boldsymbol{y}$,得到解向量 $\boldsymbol{x}$。

$\boldsymbol{Ux}=\boldsymbol{y}$ 可表示为
$$\begin{bmatrix}u_{11} & u_{12} & \cdots & u_{1,n}\\ & u_{22} & \cdots & u_{2,n}\\ & & \ddots & \vdots\\ & & & u_{n,n}\end{bmatrix}\cdot\begin{bmatrix}x_1\\ x_2\\ \vdots\\ x_n\end{bmatrix}=\begin{bmatrix}y_1\\ y_2\\ \vdots\\ y_n\end{bmatrix}$$

通项公式为

$$x_i = \left(y_i - \sum_{k=i+1}^{n} u_{ik}x_k\right)\Big/u_{ii},\quad i = n, n-1, \cdots, 1$$

例 3.6　用 LU 分解法求解线性方程组 $\begin{cases} 3x_1 - x_2 - 2x_3 - x_4 = 2 \\ -x_1 + x_2 + 2x_3 - x_4 = 4 \\ 2x_1 + 2x_2 - x_3 + 3x_4 = -8 \\ x_1 + x_2 + 3x_3 - 2x_4 = 10 \end{cases}$

解　(1) 对系数矩阵 $\boldsymbol{A}$ 进行 LU 分解：$\boldsymbol{A} = \boldsymbol{LU}$。

所以

$$\boldsymbol{A} = \begin{bmatrix} 3 & -1 & -2 & -1 \\ -1 & 1 & 2 & -1 \\ 2 & 2 & -1 & 3 \\ 1 & 1 & 3 & -2 \end{bmatrix}$$

① $u_{11} = a_{11} = 3, u_{12} = a_{12} = -1, u_{13} = a_{13} = -2, u_{14} = a_{14} = -1$,

$l_{21} = a_{21}/u_{11} = -1/3, l_{31} = a_{31}/u_{11} = 2/3, l_{41} = a_{41}/u_{11} = 1/3$

② $u_{22} = a_{22} - l_{21}u_{12} = 1 - (-1/3)\cdot(-1) = 2/3$,

$u_{23} = a_{23} - l_{21}u_{13} = 2 - (-1/3)\cdot(-2) = 4/3$,

$u_{24} = a_{24} - l_{21}u_{14} = -1 - (-1/3)\cdot(-1) = -4/3$,

$l_{32} = (a_{32} - l_{31}u_{12})/u_{22} = (2 - (2/3)(-1))/(2/3) = 4$,

$l_{42} = (a_{42} - l_{41}u_{12})/u_{22} = (1 - (1/3)(-1))/(2/3) = 2$

③ $u_{33} = a_{33} - l_{31}u_{13} - l_{32}u_{23} = -1 - (2/3)\cdot(-2) - 4\cdot(4/3) = -5$,

$u_{34} = a_{34} - l_{31}u_{14} - l_{32}u_{24} = 3 - (2/3)\cdot(-1) - 4\cdot(-4/3) = 9$,

$l_{43} = (a_{43} - l_{41}u_{13} - l_{42}u_{23})/u_{33} = (3 - (1/3)\cdot(-2) - 2\cdot(4/3))/(-5) = -1/5$

④ $u_{44} = a_{44} - l_{41}u_{14} - l_{42}u_{24} - l_{43}u_{34} = -2 - (1/3)\cdot(-1) - 2\cdot(-4/3) - (-1/5)\cdot 9 = 14/5$

所以

$$\boldsymbol{L} = \begin{bmatrix} 1 & & & \\ -\frac{1}{3} & 1 & & \\ \frac{2}{3} & 4 & 1 & \\ \frac{1}{3} & 2 & -\frac{1}{5} & 1 \end{bmatrix},\quad \boldsymbol{U} = \begin{bmatrix} 3 & -1 & -2 & -1 \\ & \frac{2}{3} & \frac{4}{3} & -\frac{4}{3} \\ & & -5 & 9 \\ & & & \frac{14}{5} \end{bmatrix}$$

(2) 回代，求解 $\boldsymbol{Ly} = \boldsymbol{b}$：
$$\begin{bmatrix} 1 & & & \\ -\frac{1}{3} & 1 & & \\ \frac{2}{3} & 4 & 1 & \\ \frac{1}{3} & 2 & -\frac{1}{5} & 1 \end{bmatrix} \cdot \begin{bmatrix} y_1 \\ y_2 \\ y_3 \\ y_4 \end{bmatrix} = \begin{bmatrix} 2 \\ 4 \\ -8 \\ 10 \end{bmatrix}$$

① $y_1=2$

② $y_2=4-(-1/3)\cdot y_1=4-(-1/3)\cdot 2=14/3$

③ $y_3=-8-(2/3)\cdot y_1-4\cdot y_2=-8-(2/3)\cdot 2-4\cdot(14/3)=-28$

④ $y_4=10-(1/3)\cdot y_1-2y_2-(-1/5)y_3=10-(1/3)\cdot 2-2\cdot(14/3)-(-1/5)\cdot(-28)=-28/5$

(3) 回代，求解 $\boldsymbol{Ux}=\boldsymbol{y}$：

$$\begin{bmatrix}3 & -1 & -2 & -1\\ & \frac{2}{3} & \frac{4}{3} & -\frac{4}{3}\\ & & -5 & 9\\ & & & \frac{14}{5}\end{bmatrix}\cdot\begin{bmatrix}x_1\\x_2\\x_3\\x_4\end{bmatrix}=\begin{bmatrix}2\\ \frac{14}{3}\\ -28\\ -\frac{28}{5}\end{bmatrix}$$

① $x_4=(-28/5)/(14/5)=-2$

② $x_3=(-28-9\cdot x_4)/(-5)=(-28-9\cdot(-2))/(-5)=2$

③ $x_2=(14/3-(4/3)\cdot x_3-(-4/3)\cdot x_4)/(2/3)=(14/3-(4/3)\cdot 2-(-4/3)\cdot(-2))/(2/3)=-1$

④ $x_1=(2-(-1)\cdot x_2-(-2)\cdot x_3-(-1)\cdot x_4)/3=(2-(-1)\cdot(-1)-(-2)\cdot 2-(-1)\cdot(-2))/3=1$

原方程组的解为
$$\begin{cases}x_1=1\\x_2=-1\\x_3=2\\x_4=-2\end{cases}$$

3.7.5 LU 分解法的算法和程序

为了节省存储空间，矩阵 $\boldsymbol{L}$、$\boldsymbol{U}$ 和系数矩阵 $\boldsymbol{A}$ 共用一个二维数组，向量 $\boldsymbol{y}$、解向量 $\boldsymbol{x}$ 和右端向量 $\boldsymbol{b}$ 共用一个一维数组。LU 分解法能够求解的条件与顺序高斯消元法相同。下面的程序没有对求不出解的情况进行处理。

算法 3.7 LU 分解法的算法。

```
输入原方程组的阶数 n。
输入原方程组的系数矩阵 a[n][n]，右端向量 x[n]。
for(k=0;k<=n-2;k++)                (1) LU分解，循环1次求L的1列和U的1行。
    for(i=k+1;i<=n-1;i++)，循环1次求出L的1个元素。
        s=0;
        for(j=0;j<=k-1;j++)
            s+=a[i][j]*a[j][k];
        a[i][k]=(a[i][k]-s)/a[k][k];
    for(j=k+1;j<=n-1;j++)，从U第2行开始，循环1次求出U的1个元素。
        s=0;
        for(i=0;i<=k;i++)
            s+=a[k+1][i]*a[i][j];
        a[k+1][j]-=s;
```

<table>
<tr><td colspan="3">for(i=1;i<=n-1;i++)　　　　(2) 回代，求解 Ly=b。</td></tr>
<tr><td rowspan="4"></td><td colspan="2">s=0;</td></tr>
<tr><td colspan="2">for(j=0;j<=i-1;j++)</td></tr>
<tr><td></td><td>s+=a[i][j]*x[j];</td></tr>
<tr><td colspan="2">x[i]-=s;</td></tr>
<tr><td colspan="3">for(i=n-1;i>=0;i--)　　　　(3) 回代，求解 Ux=y。</td></tr>
<tr><td rowspan="4"></td><td colspan="2">s=0;</td></tr>
<tr><td colspan="2">for(j=i+1;j<=n-1;j++)</td></tr>
<tr><td></td><td>s+=a[i][j]*x[j];</td></tr>
<tr><td colspan="2">x[i]=(x[i]-s)/a[i][i];</td></tr>
<tr><td colspan="3">输出原方程组的解 x[n]。</td></tr>
</table>

程序 3.7　LU 分解法的程序。

```
#include <stdio.h>
#include <math.h>
#define MAXSIZE 50
void input(double a[MAXSIZE][MAXSIZE],double x[MAXSIZE],long n);
void output(double x[MAXSIZE],long n);
void main(void)
{
    double a[MAXSIZE][MAXSIZE],x[MAXSIZE],s;
    long n,i,j,k;
    printf("\n请输入原方程组的阶数:");
    scanf("%ld",&n);
    input(a,x,n);
    for(k=0;k<=n-2;k++)
    {
        for(i=k+1;i<=n-1;i++)
        {
            s=0;
            for(j=0;j<=k-1;j++)
                s+=a[i][j]*a[j][k];
            a[i][k]=(a[i][k]-s)/a[k][k];
        }
        for(j=k+1;j<=n-1;j++)
        {
            s=0;
            for(i=0;i<=k;i++)
                s+=a[k+1][i]*a[i][j];
            a[k+1][j]-=s;
        }
    }
    for(i=1;i<=n-1;i++)
    {
```

```
        s=0;
        for(j=0;j<=i-1;j++)
            s+=a[i][j]*x[j];
        x[i]-=s;
    }
    for(i=n-1;i>=0;i--)
    {
        s=0;
        for(j=i+1;j<=n-1;j++)
            s+=a[i][j]*x[j];
        x[i]=(x[i]-s)/a[i][i];
    }
    output(x,n);
}
void input(double a[MAXSIZE][MAXSIZE],double x[MAXSIZE],long n)
{
    long i,j;
    printf("\n请输入原方程组的增广矩阵:\n");
    for(i=0;i<=n-1;i++)
    {
        for(j=0;j<=n-1;j++)
            scanf("%lf",&a[i][j]);
        scanf("%lf",&x[i]);
    }
}
void output(double x[MAXSIZE],long n)
{
    long i;
    printf("\n原方程组的解为:\n");
    for(i=0;i<=n-1;i++)
        printf("  %lf",x[i]);
}
```

上述程序和算法的时间复杂度为 $O(n^3)$，空间复杂度为 $O(n^2)$。

3.8 矩阵形式的追赶法

用三角分解法求解3对角方程组，求解过程同样要大大简化，这就是追赶法的矩阵形式。设需要求解的3对角方程组的一般形式为

$$\begin{cases} b_1x_1 + c_1x_2 = d_1 \\ a_2x_1 + b_2x_2 + c_2x_3 = d_2 \\ \quad\ddots \quad\quad \ddots \quad\quad \ddots \quad\quad \vdots \\ a_{n-1}x_{n-2} + b_{n-1}x_{n-1} + c_{n-1}x_n = d_{n-1} \\ a_nx_{n-1} + b_nx_n = d_n \end{cases}$$

与此对应，3对角方程组 $\boldsymbol{Ax}=\boldsymbol{d}$ 的矩阵形式为

$$\begin{bmatrix} b_1 & c_1 & & & \\ a_2 & b_2 & c_2 & & \\ & \ddots & \ddots & \ddots & \\ & & a_{n-1} & b_{n-1} & c_{n-1} \\ & & & a_n & c_n \end{bmatrix} \cdot \begin{bmatrix} x_1 \\ x_2 \\ \vdots \\ x_n \end{bmatrix} = \begin{bmatrix} d_1 \\ d_2 \\ \vdots \\ d_n \end{bmatrix}$$

用矩阵形式的追赶法求解3对角方程组，需要对系数矩阵进行三角分解。三角分解的方法同样分为LU分解法、LDR分解法、Crout分解法。用这3种方法构造的追赶法的原理、求解过程和能求出解的条件相似。这里以Crout分解法为例，介绍矩阵形式的追赶法。Crout分解的存在、唯一性同LU分解。

3.8.1　3对角阵Crout分解的过程

Crout分解法把系数矩阵 $\boldsymbol{A}$ 分解为下三角阵 $\widetilde{\boldsymbol{L}}$ 和单位上三角阵 $\boldsymbol{R}$ 的积，即 $\boldsymbol{A}=\widetilde{\boldsymbol{L}}\boldsymbol{R}$：

$$\begin{bmatrix} b_1 & c_1 & & & \\ a_2 & b_2 & c_2 & & \\ & \ddots & \ddots & \ddots & \\ & & a_{n-1} & b_{n-1} & c_{n-1} \\ & & & a_n & c_n \end{bmatrix} = \begin{bmatrix} l_1 & & & & \\ a_2 & l_2 & & & \\ & \ddots & \ddots & & \\ & & a_{n-1} & l_{n-1} & \\ & & & a_n & l_n \end{bmatrix} \begin{bmatrix} 1 & r_1 & & & \\ & 1 & r_2 & & \\ & & 1 & \ddots & \\ & & & 1 & r_{n-1} \\ & & & & 1 \end{bmatrix}$$

存储3对角方程组增广矩阵可以用一维数组 $a[n]$、$b[n]$、$c[n]$ 和 $d[n]$，不存储系数矩阵 $\boldsymbol{A}$ 中除3条对角线之外的零元素，以节省存储空间。这些一维数组的下标为行号。$b[n]$ 在主对角线上，列号＝行号（下标）。$a[n]$ 在主对角线左下，列号＝行号－1。$c[n]$ 在主对角线右上，列号＝行号＋1。b_i 的下方为 a_{i+1}，c_i 的下方为 b_{i+1}，d_i 的下方为 d_{i+1}。

对3对角系数矩阵 $\boldsymbol{A}$ 进行Crout分解的通项公式为：

(1) $\widetilde{\boldsymbol{L}}$ 的左下次对角线元素与 $\boldsymbol{A}$ 的左下次对角线元素对应相等。

(2) $l_1=b_1$，

(3) $l_i=b_i-a_i r_{i-1}$，$(i=2,3,\cdots,n)$

(4) $r_i=c_i/l_i$，$(i=1,2,\cdots,n-1)$

证明　上述通项公式的证明由矩阵乘法得到。为便于表示行号和列号，下面先用双下标表示元素在矩阵中的位置，证明之后把结论中的双下标转换为单下标。在求和时，忽略了0元素，即只考虑列号∈[行号－1，行号＋1]的元素。

(1) $a_{i,i-1}=l_{i,i-1}r_{i-1,i-1}+l_{i,i}r_{i,i-1}+l_{i,i+1}r_{i+1,i-1}=l_{i,i-1}\times 1+l_{i,i}\times 0+0\times 0=l_{i,i-1}$，所以 $\widetilde{\boldsymbol{L}}$ 的左下次对角线元素与 $\boldsymbol{A}$ 的左下次对角线元素对应相等。

(2) $a_{1,1}=l_{1,1}r_{1,1}+l_{1,2}r_{2,1}=l_{1,1}\times 1+0\times 0=l_{1,1}$，所以双下标转换为单下标，$b_1=l_1$。

(3) $a_{i,i}=l_{i,i-1}r_{i-1,i}+l_{i,i}r_{i,i}+l_{i,i+1}r_{i+1,i}=l_{i,i-1}r_{i-1,i}+l_{i,i}\times 1+0\times 0=l_{i,i-1}r_{i-1,i}+l_{i,i}$，则

$$l_{i,i}=a_{i,i}-l_{i,i-1}r_{i-1,i}$$

所以双下标转换为单下标，$l_i=b_i-a_i r_{i-1}$。

(4) $a_{i,i+1}=l_{i,i-1}r_{i-1,i+1}+l_{i,i}r_{i,i+1}+l_{i,i+1}r_{i+1,i+1}=l_{i,i-1}\times 0+l_{i,i}r_{i,i+1}+0\times 1=l_{i,i}r_{i,i+1}$，则

$$r_{i,i+1} = a_{i,i+1}/l_{i,i}$$

所以双下标转换为单下标,$r_i = c_i / l_i$。

证毕。

在用上述通项公式对3对角系数矩阵 $\boldsymbol{A}$ 进行Crout分解时,符合逻辑的计算次序是:

$$l_1, r_1, l_2, r_2, \cdots, l_{n-1}, r_{n-1}, l_n$$

按照这一次序计算,能够保证在用到某一元素之前,这一元素已被求出。

3.8.2 矩阵形式的追赶法的求解步骤

用矩阵形式的追赶法求解3对角线性方程组 $\boldsymbol{Ax}=\boldsymbol{d}$ 的步骤如下:

(1) 对3对角系数矩阵 $\boldsymbol{A}$ 进行Crout分解,得到下三角阵 $\widetilde{\boldsymbol{L}}$ 和单位上三角阵 $\boldsymbol{R}$。

方程组 $\boldsymbol{Ax}=\boldsymbol{d} \Leftrightarrow (\widetilde{\boldsymbol{L}}\boldsymbol{R})\boldsymbol{x}=\boldsymbol{d} \Leftrightarrow \widetilde{\boldsymbol{L}}(\boldsymbol{Rx})=\boldsymbol{d}$。

(2) 令向量 $\boldsymbol{y}=\boldsymbol{Rx}$,代入上式得:$\widetilde{\boldsymbol{L}}\boldsymbol{y}=\boldsymbol{d}$。

回代,求解 $\widetilde{\boldsymbol{L}}\boldsymbol{y}=\boldsymbol{d}$,得到 $\boldsymbol{y}$。

$\widetilde{\boldsymbol{L}}\boldsymbol{y}=\boldsymbol{d}$ 可表示为
$$\begin{bmatrix} l_1 & & & & \\ a_2 & l_2 & & & \\ & \ddots & \ddots & & \\ & & a_{n-1} & l_{n-1} & \\ & & & a_n & l_n \end{bmatrix} \cdot \begin{bmatrix} y_1 \\ y_2 \\ \vdots \\ y_n \end{bmatrix} = \begin{bmatrix} d_1 \\ d_2 \\ \vdots \\ d_n \end{bmatrix}$$

通项公式为

$$y_1 = d_1 / l_1$$
$$y_i = (d_i - a_i y_{i-1}) / l_i \quad i = 2,3,\cdots,n$$

(3) 回代,求解 $\boldsymbol{Rx}=\boldsymbol{y}$,得到解向量 $\boldsymbol{x}$。

$\boldsymbol{Rx}=\boldsymbol{y}$ 可表示为
$$\begin{bmatrix} 1 & r_1 & & & \\ & 1 & r_2 & & \\ & & 1 & \ddots & \\ & & & 1 & r_{n-1} \\ & & & & 1 \end{bmatrix} \cdot \begin{bmatrix} x_1 \\ x_2 \\ \vdots \\ x_n \end{bmatrix} = \begin{bmatrix} y_1 \\ y_2 \\ \vdots \\ y_n \end{bmatrix}$$

通项公式为

$$x_n = y_n$$
$$x_i = y_i - r_i y_{i+1} \quad i = n-1, n-2, \cdots, 1$$

步骤(2)的回代过程自上而下进行,下标↗,称为“追”,步骤(3)的回代过程自下而上进行,下标↘,称为“赶”,因此这个求解方法称为“追赶法”。

采用这个思路,可以求解带状对角线性方程组,运算量和存储需求也会大大简化。

例 3.7 用矩阵形式的追赶法求解3对角方程组
$$\begin{cases} 5x_1 + 2x_2 = 9 \\ x_1 - 2x_2 + 3x_3 = -6 \\ 4x_2 - 2x_3 = 10 \end{cases}$$

解　(1) 对系数矩阵 $\boldsymbol{A}$ 进行 Crout 分解：$\boldsymbol{A}=\widetilde{\boldsymbol{L}}\boldsymbol{R}$。

$$l_1=5,\quad r_1=2/5=0.4$$

$$l_2=-2-1\times 0.4=-2.4,\quad r_2=3/-2.4=-1.25$$

$$l_3=-2-4\times -1.25=3$$

所以

$$\widetilde{\boldsymbol{L}}=\begin{bmatrix}5 & & \\ 1 & -2.4 & \\ & 4 & 3\end{bmatrix},\quad \boldsymbol{R}=\begin{bmatrix}1 & 0.4 & \\ & 1 & -1.25 \\ & & 1\end{bmatrix}$$

(2) 回代，求解 $\widetilde{\boldsymbol{L}}\boldsymbol{y}=\boldsymbol{d}$：$\begin{bmatrix}5 & & \\ 1 & -2.4 & \\ & 4 & 3\end{bmatrix}\cdot\begin{bmatrix}y_1\\ y_2\\ y_3\end{bmatrix}=\begin{bmatrix}9\\ -6\\ 10\end{bmatrix}$

所以

$$y_1=9/5=1.8,\quad y_2=(-6-1.8\times 1)/-2.4=3.25$$

$$y_3=(10-3.25\times 4)/3=-1$$

(3) 回代，求解 $\boldsymbol{Rx}=\boldsymbol{y}$：$\begin{bmatrix}1 & 0.4 & \\ & 1 & -1.25 \\ & & 1\end{bmatrix}\cdot\begin{bmatrix}x_1\\ x_2\\ x_3\end{bmatrix}=\begin{bmatrix}1.8\\ 3.25\\ -1\end{bmatrix}$

所以

$$x_3=-1,\quad x_2=3.25-(-1.25)\times(-1)=2,\quad x_1=1.8-0.4\times 2=1$$

则原方程组的解为 $\begin{cases}x_1=1\\ x_2=2\\ x_3=-1\end{cases}$，与例 3.5 一致。

3.8.3　矩阵形式的追赶法的算法和程序

下面的程序用矩阵形式的追赶法求解 3 对角线性方程组，它没有对主元为 0 时求不出解、小主元时误差较大等问题进行处理。为了节省存储空间，向量 y 与解向量 x 共用一个一维数组，l 与 b 共用一个一维数组，r 与 c 共用一个一维数组。

算法 3.8　矩阵形式追赶法的算法。

步骤	
输入原方程组的阶数 n。	
输入增广矩阵对应的数组 a[],b[],c[],d[]。	
for(i=0;i<=n−2;i++)　　//Crout分解	
	c[i]/=b[i];
	b[i+1]−=a[i+1]*c[i];
x[0]=d[0]/b[0];　　//回代，求解 L̃y=d	
for(i=1;i<=n−1;i++)	
	x[i]=(d[i]−a[i]*x[i−1])/b[i];
for(i=n−2;i>=0;i−−)　　//回代，求解 Rx=y	
	x[i]−=c[i]*x[i+1];
输出原方程组的解 x[n]。	

程序 3.8 矩阵形式追赶法的程序。

```
#include <stdio.h>
#include <math.h>
#define MAXSIZE 50
void input(double a[],double b[],double c[],double d[],long n);
void output(double x[],long n);
void main(void)
{
    double a[MAXSIZE],b[MAXSIZE],c[MAXSIZE],d[MAXSIZE],x[MAXSIZE];
    long n,i;
    printf("\n请输入原方程组的阶数:");
    scanf("%ld",&n);
    input(a,b,c,d,n);
    for(i=0;i<=n-2;i++)
    {
        c[i]/=b[i];
        b[i+1]-=a[i+1]*c[i];
    }
    x[0]=d[0]/b[0];
    for(i=1;i<=n-1;i++)
        x[i]=(d[i]-a[i]*x[i-1])/b[i];
    for(i=n-2;i>=0;i--)
        x[i]-=c[i]*x[i+1];
    output(x,n);
}
void input(double a[],double b[],double c[],double d[],long n)
{
    long i;
    printf("\n请输入原方程组的增广矩阵:\n");
    printf("\nb1,c1,d1:");
    scanf("%lf,%lf,%lf",&b[0],&c[0],&d[0]);
    for(i=2;i<=n-1;i++)
    {
        printf("\na%ld,b%ld,c%ld,d%ld:",i,i,i,i);
        scanf("%lf,%lf,%lf,%lf",&a[i-1],&b[i-1],&c[i-1],&d[i-1]);
    }
    printf("\na%ld,b%ld,d%ld:",n,n,n);
    scanf("%lf,%lf,%lf",&a[n-1],&b[n-1],&d[n-1]);
}
void output(double x[],long n)
{
    long i;
    printf("\n方程组的解为:\n");
```

```
    for(i=1;i<=n;i++)
        printf(" %lf",x[i-1]);
}
```

上述程序和算法的时间复杂度为$O(n)$，空间复杂度为$O(n)$。具体地说，此算法的乘除次数MD$=5n-4$，与3.4节消元形式的追赶法相同。这是因为矩阵形式的追赶法在三角分解时少了右端向量1列，但又多了1轮回代，二者恰好抵消。

证明 ① 对3对角系数矩阵$\boldsymbol{A}$进行Crout分解的乘除次数$=2n-2$。

计算$\widetilde{\boldsymbol{L}}$的乘法次数$=n-1$，除法次数$=0$；计算$\boldsymbol{R}$的乘法次数$=0$，除法次数$=n-1$。

② 回代，求解$\widetilde{\boldsymbol{L}}\boldsymbol{y}=\boldsymbol{d}$的乘除次数$=2n-1$。

其中，乘法次数$=n-1$，除法次数$=n$。

③ 回代，求解$\boldsymbol{Rx}=\boldsymbol{y}$的乘除次数$=n-1$。

其中，乘法次数$=n-1$，除法次数$=0$。

④ 所以此算法的乘除次数MD$=$Crout分解的乘除次数$+$求解$\widetilde{\boldsymbol{L}}\boldsymbol{y}=\boldsymbol{d}$的乘除次数$+$求解$\boldsymbol{Rx}=\boldsymbol{y}$的乘除次数$=2n-2+2n-1+n-1=5n-4$。

证毕。

3.9 平方根法

3.9.1 基础知识

平方根法(又称LLT分解法)用来求解对称正定线性方程组。

定义3.6 如果线性方程组$\boldsymbol{Ax}=\boldsymbol{b}$的系数矩阵$\boldsymbol{A}$是对称正定矩阵，那么$\boldsymbol{Ax}=\boldsymbol{b}$是对称正定线性方程组。

定义3.7 如果方阵$\boldsymbol{A}$满足$\boldsymbol{A}=\boldsymbol{A}^{\mathrm{T}}$，那么$\boldsymbol{A}$是对称阵。

定理3.6 $(\boldsymbol{AB})^{\mathrm{T}}=\boldsymbol{B}^{\mathrm{T}}\boldsymbol{A}^{\mathrm{T}}$

定义3.8 如果n行n列的实对称阵$\boldsymbol{A}$，对任意非零n维实向量$\boldsymbol{x}$，恒有$x^{\mathrm{T}}\boldsymbol{A}x>0$，则称$\boldsymbol{A}$为对称正定矩阵。

定理3.7 判定实对称阵$\boldsymbol{A}$是对称正定矩阵的充要条件为：$\boldsymbol{A}$的各阶顺序主子式都大于0。

定理3.8 判定实对称阵$\boldsymbol{A}$是对称正定矩阵的充要条件为：存在可逆实矩阵$\boldsymbol{P}$，使$\boldsymbol{A}=\boldsymbol{P}^{\mathrm{T}}\boldsymbol{P}$。

定理3.9 如果$\boldsymbol{A}$是对称正定矩阵，那么$\boldsymbol{A}$满足：

① $\boldsymbol{A}$的主对角线元素都大于0。

② $\boldsymbol{A}$的顺序主子式正定。

③ $\boldsymbol{A}^{-1}$正定。

定理3.10 如果$\boldsymbol{A}$是对称正定矩阵，那么$\boldsymbol{A}$满足：

① $\boldsymbol{A}$必定存在LLT分解，$\boldsymbol{A}=\widetilde{\boldsymbol{L}}\widetilde{\boldsymbol{L}}^{\mathrm{T}}$，其中$\widetilde{\boldsymbol{L}}$为下三角阵。

② $\widetilde{\boldsymbol{L}}$ 的主对角线元素都大于 0。

③ $\boldsymbol{A}$ 的 LLT 分解唯一。

定理 3.11 如果 $\boldsymbol{A}$ 是对称正定矩阵,那么 $\boldsymbol{A}$ 满足如下条件:

① $\boldsymbol{A}$ 必定存在 LDR 分解,$\boldsymbol{A}=\boldsymbol{LDR}$,其中 $\boldsymbol{L}$ 为单位下三角阵,$\boldsymbol{D}$ 为对角阵,$\boldsymbol{R}$ 为单位上三角阵。

② $\boldsymbol{D}$ 的主对角线元素都大于 0。

③ $\boldsymbol{A}$ 的 LDR 分解唯一。

定理 3.12 若对角阵 $\boldsymbol{D}=\begin{bmatrix} d_1 & & & \\ & d_2 & & \\ & & \ddots & \\ & & & d_n \end{bmatrix}$,即 $\boldsymbol{D}=\begin{bmatrix} \sqrt{d_1} & & & \\ & \sqrt{d_2} & & \\ & & \ddots & \\ & & & \sqrt{d_n} \end{bmatrix}$,则 $\boldsymbol{D}=\boldsymbol{D}^{\frac{1}{2}}\boldsymbol{D}^{\frac{1}{2}}$。

证明

$$\boldsymbol{D}^{\frac{1}{2}}\boldsymbol{D}^{\frac{1}{2}}=\begin{bmatrix} \sqrt{d_1} & & & \\ & \sqrt{d_2} & & \\ & & \ddots & \\ & & & \sqrt{d_n} \end{bmatrix}\begin{bmatrix} \sqrt{d_1} & & & \\ & \sqrt{d_2} & & \\ & & \ddots & \\ & & & \sqrt{d_n} \end{bmatrix}$$

$$=\left(\begin{bmatrix} \sqrt{d_1} & & & \\ & 1 & & \\ & & \ddots & \\ & & & 1 \end{bmatrix}\begin{bmatrix} 1 & & & \\ & \sqrt{d_2} & & \\ & & \ddots & \\ & & & 1 \end{bmatrix}\cdots\begin{bmatrix} 1 & & & \\ & 1 & & \\ & & \ddots & \\ & & & \sqrt{d_n} \end{bmatrix}\right)$$

$$\begin{bmatrix} \sqrt{d_1} & & & \\ & \sqrt{d_2} & & \\ & & \ddots & \\ & & & \sqrt{d_n} \end{bmatrix}$$

$$=\left(\begin{bmatrix} \sqrt{d_1} & & & \\ & 1 & & \\ & & \ddots & \\ & & & 1 \end{bmatrix}\left(\begin{bmatrix} 1 & & & \\ & \sqrt{d_2} & & \\ & & \ddots & \\ & & & 1 \end{bmatrix}\right.\right.$$

$$\left.\left.\left(\cdots\left(\begin{bmatrix} 1 & & & \\ & 1 & & \\ & & \ddots & \\ & & & \sqrt{d_n} \end{bmatrix}\begin{bmatrix} \sqrt{d_1} & & & \\ & \sqrt{d_2} & & \\ & & \ddots & \\ & & & \sqrt{d_n} \end{bmatrix}\right)\right)\cdots\right)\right)$$

$$
=\left(\begin{bmatrix}\sqrt{d_1} & & & \\ & 1 & & \\ & & \ddots & \\ & & & 1\end{bmatrix}\left(\begin{bmatrix}1 & & & \\ & \sqrt{d_2} & & \\ & & \ddots & \\ & & & 1\end{bmatrix}\left(\cdots\begin{bmatrix}\sqrt{d_1} & & & \\ & \sqrt{d_2} & & \\ & & \ddots & \\ & & & d_n\end{bmatrix}\cdots\right)\right)\right)
$$

$$\cdots$$

$$
=\begin{bmatrix}d_1 & & & \\ & d_2 & & \\ & & \ddots & \\ & & & d_n\end{bmatrix}=\boldsymbol{D}
$$

证毕。

定理 3.13　如果 $\boldsymbol{A}$ 是对称正定矩阵，那么 $\boldsymbol{A}=\boldsymbol{LDL}^{\mathrm{T}}=\widetilde{\boldsymbol{L}}\widetilde{\boldsymbol{L}}^{\mathrm{T}}$，其中 $\widetilde{\boldsymbol{L}}=\boldsymbol{LD}^{\frac{1}{2}}$。

证明　$\boldsymbol{A}=\boldsymbol{A}^{\mathrm{T}}=(\boldsymbol{LDR})^{\mathrm{T}}=\boldsymbol{R}^{\mathrm{T}}\boldsymbol{D}^{\mathrm{T}}\boldsymbol{L}^{\mathrm{T}}=\boldsymbol{R}^{\mathrm{T}}\boldsymbol{DL}^{\mathrm{T}}$，因为 LDR 分解唯一，则

$$\boldsymbol{R}=\boldsymbol{L}^{\mathrm{T}}$$

所以

$$\boldsymbol{A}=\boldsymbol{LDL}^{\mathrm{T}}=\boldsymbol{L}(\boldsymbol{D}^{\frac{1}{2}}\boldsymbol{D}^{\frac{1}{2}})\boldsymbol{L}^{\mathrm{T}}=(\boldsymbol{LD}^{\frac{1}{2}})((\boldsymbol{D}^{\frac{1}{2}})^{\mathrm{T}}\boldsymbol{L}^{\mathrm{T}})=(\boldsymbol{LD}^{\frac{1}{2}})(\boldsymbol{LD}^{\frac{1}{2}})^{\mathrm{T}}$$

又因为 $\boldsymbol{A}$ 的 LLT 分解 $\boldsymbol{A}=\widetilde{\boldsymbol{L}}\widetilde{\boldsymbol{L}}^{\mathrm{T}}$ 唯一，所以

$$\widetilde{\boldsymbol{L}}=\boldsymbol{LD}$$

证毕。

3.9.2　对称正定阵的 LLT 分解

如果 $\boldsymbol{A}$ 是对称正定矩阵，对 $\boldsymbol{A}$ 进行 LLT 分解 $\boldsymbol{A}=\widetilde{\boldsymbol{L}}\widetilde{\boldsymbol{L}}^{\mathrm{T}}$ 时，对 $\widetilde{\boldsymbol{L}}$ 进行转置就会得到 $\widetilde{\boldsymbol{L}}^{\mathrm{T}}$，公式为 $\tilde{l}_{ij}{}^{\mathrm{T}}=\tilde{l}_{ji}$，不需要存储 $\widetilde{\boldsymbol{L}}^{\mathrm{T}}$。

对 $\boldsymbol{A}$ 进行 LLT 分解 $\boldsymbol{A}=\widetilde{\boldsymbol{L}}\widetilde{\boldsymbol{L}}^{\mathrm{T}}$ 的通项公式为

① $\tilde{l}_{kk}=\sqrt{a_{kk}-\sum\limits_{s=1}^{k-1}\tilde{l}_{ks}^{2}}$，$(k=1,2,\cdots,n)$

② $\tilde{l}_{ik}=\left(a_{ik}-\sum\limits_{s=1}^{k-1}\tilde{l}_{is}\tilde{l}_{ks}\right)\Big/\tilde{l}_{kk}$，$(i=k+1,k+2,\cdots,n)$

式中，$\tilde{l}_{kk}$ 是 $\widetilde{\boldsymbol{L}}$ 主对角线上的元素；$\tilde{l}_{ik}$ 是 $\widetilde{\boldsymbol{L}}$ 主对角线左下方（列标＜行标）的元素。因为 $\widetilde{\boldsymbol{L}}$ 是下三角阵，所以 $\widetilde{\boldsymbol{L}}$ 中主对角线右上方（列标＞行标）的元素为 0。

证明　上述通项公式的证明由矩阵乘法得到。

① 证明 $k=1,2,\cdots,n$ 时，$\tilde{l}_{kk}=\sqrt{a_{kk}-\sum\limits_{s=1}^{k-1}\tilde{l}_{ks}^{2}}$。

因为

$$A=\widetilde{\boldsymbol{L}}\widetilde{\boldsymbol{L}}^{\mathrm{T}}$$

所以

$$a_{kk}=\sum_{s=1}^{n}\tilde{l}_{ks}\tilde{l}_{sk}^{\mathrm{T}}=\sum_{s=1}^{n}\tilde{l}_{ks}^{2}=\sum_{s=1}^{k-1}\tilde{l}_{ks}^{2}+\tilde{l}_{kk}^{2}+\sum_{s=k+1}^{n}\tilde{l}_{ks}^{2}$$

又因为 $s=k+1,k+2,\cdots,n$ 时 $\tilde{l}_{ks}=0$,所以

$$a_{kk}=\sum_{s=1}^{k-1}\tilde{l}_{ks}^{2}+\tilde{l}_{kk}^{2}$$

则 $\tilde{l}_{kk}=\sqrt{a_{kk}-\sum_{s=1}^{k-1}\tilde{l}_{ks}^{2}}$,$(k=1,2,\cdots,n)$成立。

② 证明 $i=k+1,k+2,\cdots,n$ 时,$\tilde{l}_{ik}=\left(a_{ik}-\sum_{s=1}^{k-1}\tilde{l}_{is}\tilde{l}_{ks}\right)\Big/\tilde{l}_{kk}$。

因为

$$\boldsymbol{A}=\tilde{\boldsymbol{L}}\tilde{\boldsymbol{L}}^{\mathrm{T}}$$

所以

$$a_{ik}=\sum_{s=1}^{n}\tilde{l}_{is}\tilde{l}_{sk}^{\mathrm{T}}=\sum_{s=1}^{n}\tilde{l}_{is}\tilde{l}_{ks}=\sum_{s=1}^{k-1}\tilde{l}_{is}\tilde{l}_{ks}+\tilde{l}_{ik}\tilde{l}_{kk}+\sum_{s=k+1}^{n}\tilde{l}_{is}\tilde{l}_{ks}$$

又因为 $s=k+1,k+2,\cdots,n$ 时 $\tilde{l}_{ks}=0$,所以

$$a_{ik}=\sum_{s=1}^{k-1}\tilde{l}_{is}\tilde{l}_{ks}+\tilde{l}_{ik}\tilde{l}_{kk}$$

因此 $\tilde{l}_{ik}=\left(a_{ik}-\sum_{s=1}^{k-1}\tilde{l}_{is}\tilde{l}_{ks}\right)\Big/\tilde{l}_{kk}$,$(i=k+1,k+2,\cdots,n)$ 成立。

证毕。

在用上述通项公式对对称正定矩阵 $\boldsymbol{A}$ 进行 LLT 分解时,一个合逻辑的计算次序是:

① $\tilde{\boldsymbol{L}}$ 主对角线上第 1 个元素;

② $\tilde{\boldsymbol{L}}$ 第 1 列主对角线之下的元素;

③ $\tilde{\boldsymbol{L}}$ 主对角线上第 2 个元素;

④ $\tilde{\boldsymbol{L}}$ 第 2 列主对角线之下的元素;

⑤ $\tilde{\boldsymbol{L}}$ 主对角线上第 3 个元素;

⑥ $\tilde{\boldsymbol{L}}$ 第 3 列主对角线之下的元素;

……

如图 3.2 所示。

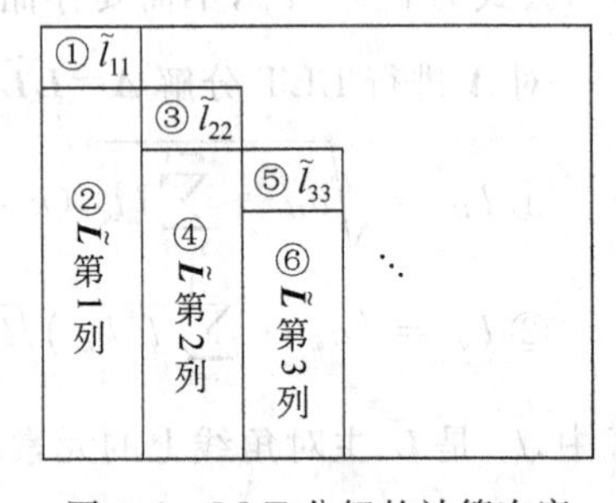

图 3.2 LLT 分解的计算次序

展开之后的公式为:

① $\tilde{l}_{11}=\sqrt{a_{11}}$,

② $\tilde{l}_{i1}=a_{i1}/\tilde{l}_{11}$,$(i=2,3,\cdots,n)$

③ $\tilde{l}_{22}=\sqrt{a_{22}-\tilde{l}_{21}^{2}}$,

④ $\tilde{l}_{i2}=(a_{i2}-\tilde{l}_{i1}\tilde{l}_{21})/\tilde{l}_{22}$,$(i=3,4,\cdots,n)$

⑤ $\tilde{l}_{33}=\sqrt{a_{33}-\tilde{l}_{31}^2-\tilde{l}_{32}^2}$,

⑥ $\tilde{l}_{i3}=(a_{i3}-\tilde{l}_{i1}\tilde{l}_{31}-\tilde{l}_{i2}\tilde{l}_{32})/\tilde{l}_{33}$,$(i=4,5,\cdots,n)$

……

按照这一次序计算,能够保证在用到某一元素之前,这一元素已被求出。

3.9.3 平方根法求解对称正定线性方程组的过程

用平方根法求解对称正定线性方程组 $\boldsymbol{Ax}=\boldsymbol{b}$ 的步骤如下:

(1) 对系数矩阵 $\boldsymbol{A}$ 进行 LLT 分解 $\boldsymbol{A}=\tilde{\boldsymbol{L}}\tilde{\boldsymbol{L}}^{\mathrm{T}}$,得到下三角阵 $\tilde{\boldsymbol{L}}$。

方程组 $\boldsymbol{Ax}=\boldsymbol{b}\Leftrightarrow(\tilde{\boldsymbol{L}}\tilde{\boldsymbol{L}}^{\mathrm{T}})\boldsymbol{x}=\boldsymbol{b}\Leftrightarrow\tilde{\boldsymbol{L}}(\tilde{\boldsymbol{L}}^{\mathrm{T}}\boldsymbol{x})=\boldsymbol{b}$。

(2) 令向量 $\boldsymbol{y}=\tilde{\boldsymbol{L}}^{\mathrm{T}}\boldsymbol{x}$,代入上式得 $\tilde{\boldsymbol{L}}\boldsymbol{y}=\boldsymbol{b}$。

回代,求解 $\tilde{\boldsymbol{L}}\boldsymbol{y}=\boldsymbol{b}$,得到 $\boldsymbol{y}$。

$\tilde{\boldsymbol{L}}\boldsymbol{y}=\boldsymbol{b}$ 可表示为 $\begin{bmatrix}\tilde{l}_{11} & & & \\ \tilde{l}_{21} & \tilde{l}_{22} & & \\ \vdots & \cdots & \ddots & \\ \tilde{l}_{n1} & \tilde{l}_{n2} & \cdots & \tilde{l}_{nn}\end{bmatrix}\cdot\begin{bmatrix}y_1\\ y_2\\ \vdots\\ y_n\end{bmatrix}=\begin{bmatrix}b_1\\ b_2\\ \vdots\\ b_n\end{bmatrix}$

通项公式为

$$y_i=\left(b_i-\sum_{k=1}^{i-1}\tilde{l}_{ik}y_k\right)\Big/\tilde{l}_{ii}\quad i=1,2,\cdots,n$$

(3) 回代,求解 $\boldsymbol{L}^{\mathrm{T}}\boldsymbol{x}=\boldsymbol{y}$,得到解向量 $\boldsymbol{x}$。

$\tilde{\boldsymbol{L}}^{\mathrm{T}}\boldsymbol{x}=\boldsymbol{y}$ 可表示为 $\begin{bmatrix}\tilde{l}_{11} & \tilde{l}_{21} & \cdots & \tilde{l}_{n1}\\ & \tilde{l}_{22} & \cdots & \tilde{l}_{n2}\\ & & \ddots & \vdots\\ & & & \tilde{l}_{nn}\end{bmatrix}\cdot\begin{bmatrix}x_1\\ x_2\\ \vdots\\ x_n\end{bmatrix}=\begin{bmatrix}y_1\\ y_2\\ \vdots\\ y_n\end{bmatrix}$

通项公式为

$$x_i=\left(y_i-\sum_{k=i+1}^{n}\tilde{l}_{ki}x_k\right)\Big/\tilde{l}_{ii}\quad i=n,n-1,\cdots,1$$

例 3.8 用平方根法求解对称正定线性方程组 $\begin{cases}3x_1+2x_2+3x_3=9\\ 2x_1+2x_2=6\\ 3x_1+12x_3=10\end{cases}$

解 ① 对系数矩阵 $\boldsymbol{A}$ 进行 LLT 分解:$\boldsymbol{A}=\tilde{\boldsymbol{L}}\tilde{\boldsymbol{L}}^{\mathrm{T}}$。

$\tilde{l}_{11}=\sqrt{3}$, $\tilde{l}_{21}=2/\sqrt{3}$, $\tilde{l}_{31}=3/\sqrt{3}=\sqrt{3}$

$\tilde{l}_{22}=\sqrt{2-(2/\sqrt{3})^2}=\sqrt{6}/3$, $\tilde{l}_{32}=(0-\sqrt{3}\times 2/\sqrt{3})/(\sqrt{6}/3)=-\sqrt{6}$

$\tilde{l}_{33}=\sqrt{12-3-6}=\sqrt{3}$

③ 回代，求解 $\widetilde{L}y=b$：$\begin{bmatrix} \sqrt{3} & & \\ \frac{2}{\sqrt{3}} & \frac{\sqrt{6}}{3} & \\ \sqrt{3} & -\sqrt{6} & \sqrt{3} \end{bmatrix} \cdot \begin{bmatrix} y_1 \\ y_2 \\ y_3 \end{bmatrix} = \begin{bmatrix} 9 \\ 6 \\ 10 \end{bmatrix}$

则

$$y_1 = 9/\sqrt{3} = 3\sqrt{3}, \quad y_2 = (6 - 3\sqrt{3} \times 2/\sqrt{3})/(\sqrt{6}/3) = 0$$

$$y_3 = (10 - 3\sqrt{3} \times \sqrt{3})/\sqrt{3} = \sqrt{3}/3$$

③ 回代，求解 $\widetilde{L}^{\mathrm{T}}x=y$：$\begin{bmatrix} \sqrt{3} & \frac{2}{\sqrt{3}} & \sqrt{3} \\ & \frac{\sqrt{6}}{3} & -\sqrt{6} \\ & & \sqrt{3} \end{bmatrix} \cdot \begin{bmatrix} x_1 \\ x_2 \\ x_3 \end{bmatrix} = \begin{bmatrix} 3\sqrt{3} \\ 0 \\ \frac{\sqrt{3}}{3} \end{bmatrix}$

则

$$x_3 = \frac{1}{3}, \quad x_2 = \left(\sqrt{6} \times \frac{1}{3}\right)/(\sqrt{6}/3) = 1, \quad x_1 = \left(3\sqrt{3} - 2/\sqrt{3} - \sqrt{3} \times \frac{1}{3}\right)/\sqrt{3} = 2$$

因此原方程组的解为$\begin{cases} x_1 = 2 \\ x_2 = 1 \\ x_3 = \frac{1}{3} \end{cases}$

3.9.4 平方根法的算法和程序

为了节省存储空间，矩阵 $\widetilde{L}$ 和系数矩阵 A 共用一个二维数组，向量 y、解向量 x 和右端向量 b 共用一个一维数组。程序中不存储 $\widetilde{L}^{\mathrm{T}}$，按 $\tilde{l}_{ij}^{\mathrm{T}} = \tilde{l}_{ji}$，对 $\widetilde{L}$ 进行转置来访问 $\widetilde{L}^{\mathrm{T}}$。对称正定线性方程组必定能求出解，不需要选主元，不需要对求不出解的情况进行处理。

算法 3.9 平方根法的算法。

```
输入对称正定线性方程组的阶数 n。
输入此方程组的系数矩阵 a[n][n]，右端向量 x[n]。
for(k=0;k<=n-1;k++)            (1) LLT 分解，循环 1 次求出 L̃ 的 1 列。
    s=0;                        求出 L̃ 此列第 1 个元素 l̃kk。
    for(j=0;j<=k-1;j++)
        s+=a[k][j]*a[k][j];
    a[k][k]=√(a[k][k]-s)
    for(i=k+1;i<=n-1;i++)       循环 1 次求出 L̃ 的 1 个元素 l̃ik。
        s=0;
        for(j=0;j<=k-1;j++)
            s+=a[i][j]*a[k][j];
        a[i][k]=(a[i][k]-s)/a[k][k];
```

for(i=0;i<=n−1;i++)		(2) 回代，求解 $\tilde{L}y=b$
	s=0;	
	for(j=0;j<=i−1;j++)	
		s+=a[i][j]*x[j];
	x[i]=(x[i]−s)/a[i][i];	
for(i=n−1;i>=0;i−−)		(3) 回代，求解 $\tilde{L}^Tx=y$
	s=0;	
	for(j=i+1;j<=n−1;j++)	
		s+=a[j][i]*x[j];
	x[i]=(x[i]−s)/a[i][i];	
输出原方程组的解 x[n]。		

程序 3.9　平方根法的程序。

```
#include <stdio.h>
#include <math.h>
#define MAXSIZE 50
void input(double a[MAXSIZE][MAXSIZE],double x[MAXSIZE],long n);
void output(double x[MAXSIZE],long n);
void main(void)
{
    double a[MAXSIZE][MAXSIZE],x[MAXSIZE],s;
    long n,i,j,k;
    printf("\n请输入原方程组的阶数:");
    scanf("%ld",&n);
    input(a,x,n);
    for(k=0;k<=n-1;k++)
    {
        s=0;
        for(j=0;j<=k-1;j++)
            s+=a[k][j]*a[k][j];
        a[k][k]=sqrt(a[k][k]-s);
        for(i=k+1;i<=n-1;i++)
        {
            s=0;
            for(j=0;j<=k-1;j++)
                s+=a[i][j]*a[k][j];
            a[i][k]=(a[i][k]-s)/a[k][k];
        }
    }
    for(i=0;i<=n-1;i++)
    {
        s=0;
        for(j=0;j<=i-1;j++)
```

```
            s+=a[i][j] * x[j];
        x[i]=(x[i]-s)/a[i][i];
    }
    for(i=n-1;i>=0;i--)
    {
        s=0;
        for(j=i+1;j<=n-1;j++)
            s+=a[j][i] * x[j];
        x[i]=(x[i]-s)/a[i][i];
    }
    output(x,n);
}
void input(double a[MAXSIZE][MAXSIZE],double x[MAXSIZE],long n)
{
    long i,j;
    printf("\n请输入原方程组的增广矩阵:\n");
    for(i=0;i<=n-1;i++)
    {
        for(j=0;j<=n-1;j++)
            scanf("%lf",&a[i][j]);
        scanf("%lf",&x[i]);
    }
}
void output(double x[MAXSIZE],long n)
{
    long i;
    printf("\n原方程组的解为:\n");
    for(i=0;i<=n-1;i++)
        printf("  %lf",x[i]);
}
```

上述程序和算法的乘除次数 $MD=\frac{n^3}{3}+n^2+\frac{2n}{3}\approx\frac{n^3}{3}$，开平方次数$=n$。

证明 ① 对系数矩阵 $\boldsymbol{A}$ 进行 LLT 分解的乘除次数为$\frac{n^3-n}{3}$，开平方次数为 n。

计算 $\widetilde{\boldsymbol{L}}$ 主对角线元素 $\tilde{l}_{kk}(k=1,2,\cdots,n)$时，乘法次数为 $k-1$，开平方次数为 1。

计算 $\widetilde{\boldsymbol{L}}$ 的第 $k(k=1,2,\cdots,n-1)$列中，主对角线之下的元素 $\tilde{l}_{ik}$ 时，乘法次数=求解的元素个数$(n-k)\times$求 1 个元素时的乘法次数$(k-1)$，除法次数=求解的元素个数$(n-k)$。

又因为

$$\sum_{k=1}^{n-1}(n-k)=\sum_{k=1}^{n-1}k,\quad \sum_{k=1}^{n}k=\frac{n(n+1)}{2},\quad \sum_{k=1}^{n}k^2=\frac{n(n+1)(2n+1)}{6}$$

则 LLT 分解过程乘除次数$=\sum_{k=1}^{n}(k-1)+\sum_{k=1}^{n-1}(n-k)(k-1)+\sum_{k=1}^{n-1}(n-k)$

$$= \sum_{k=1}^{n}(k-1) + \sum_{k=1}^{n-1}(k(k-1)) + \sum_{k=1}^{n-1}k$$

$$= \sum_{k=1}^{n}(k-1) + \sum_{k=1}^{n-1}k^2$$

$$= \frac{n(n-1)}{2} + \frac{(n-1)n(2n-1)}{6}$$

$$= \frac{n^3-n}{3}$$

② 回代，求解 $\boldsymbol{Ly}=\boldsymbol{b}$ 的乘除次数为$\frac{n^2+n}{2}$。

回代求 $y_i(i=1,2,\cdots,n)$时，乘法次数为 $i-1$，除法次数为 1。

则求解 $\boldsymbol{Ly}=\boldsymbol{b}$ 的乘除次数为 $\sum_{k=1}^{n}(k-1)+n=\frac{n^2+n}{2}$。

③ 回代，求解 $\boldsymbol{L}^{\mathrm{T}}\boldsymbol{x}=\boldsymbol{y}$ 的乘除次数为$\frac{n^2+n}{2}$。

回代求 $x_i(i=n,n-1,n-2,\cdots,1)$时，乘法次数为 $n-i$，除法次数为 1。

所以求解 $\boldsymbol{L}^{\mathrm{T}}\boldsymbol{x}=\boldsymbol{y}$ 的乘除次数 $=\sum_{k=1}^{n}(n-k)+n=\sum_{k=1}^{n}(k-1)+n=\sum_{k=1}^{n}k=\frac{n(n+1)}{2}=\frac{n^2+n}{2}$。

④ LLT 分解法的乘除次数 MD=$\boldsymbol{LLT}$ 分解的乘除次数+求解 $\boldsymbol{Ly}=\boldsymbol{b}$ 的乘除次数+求解 $\boldsymbol{L}^{\mathrm{T}}\boldsymbol{x}=\boldsymbol{y}$ 的乘除次数$=\frac{n^3-n}{3}+\frac{n^2+n}{2}+\frac{n^2+n}{2}=\frac{n^3}{3}+n^2+\frac{2n}{3}\approx\frac{n^3}{3}$。

证毕。

LLT 分解法需要求 n 个平方根，因此 LLT 分解法又称为平方根法。

本章小结

1. 消元类的线性方程组求解方法如下：

① 顺序高斯消元法。它是本章其他方法的基础。

② 列主元高斯消元法。它是顺序高斯消元法的改进，在有解时一定能求出解，是实用的求解方法。

③ 全主元高斯消元法。它是列主元高斯消元法的改进，精度稍有提高，程序更复杂。

④ 高斯约当消元法。它是顺序高斯消元法的变形。它在求解单个线性方程组时运算量增加约 50%。它适合求解多个系数矩阵相同，仅右端向量不同的线性方程组。

⑤ 消元形式的追赶法。针对 3 对角方程组，对消元法求解过程进行了简化。

2. 三角分解类的线性方程组求解方法如下：

把矩阵的三角分解应用于线性方程组的求解。

① LU 分解法。它是求解线性方程组的三角分解法的一种，与顺序高斯消元法关系密切。

② 矩阵形式的追赶法。针对3对角方程组，对三角分解法求解过程进行了简化。

③ LLT分解法。针对对称正定线性方程组，对求解过程进行了修改。

习 题 3

注：在求解下列方程组时，要求写出详细的求解过程。

1. 用顺序高斯消元法求解线性方程组$\begin{cases} x+y-3z=-2 \\ x+2y-2z=-2 \\ -2x+y+z=-4 \end{cases}$

2. 分别用列主元高斯消元法和全主元高斯消元法求解线性方程组

$$\begin{cases} -2x+y-z=-5 \\ 2x-y+3z=1 \\ x+y-z=4 \end{cases}$$

顺序高斯消元法是否能求出解？

3. 用高斯约当消元法求解线性方程组$\begin{cases} x-2y-2z=-5 \\ 2x+4y-3z=29 \\ 3x-y+5z=-1 \end{cases}$

4. 用高斯约当消元法一次消元求解下列多个线性方程组

① $\begin{cases} 2x+5y-3z=-3 \\ -x-y+z=2 \\ -3x+2y-5z=-5 \end{cases}$　② $\begin{cases} 2x+5y-3z=-10 \\ -x-y+z=3 \\ -3x+2y-5z=-4 \end{cases}$

③ $\begin{cases} 2x+5y-3z=-1 \\ -x-y+z=-2 \\ -3x+2y-5z=-8 \end{cases}$　④ $\begin{cases} 2x+5y-3z=-9 \\ -x-y+z=1 \\ -3x+2y-5z=-15 \end{cases}$

5. 分别用消元形式的追赶法和矩阵形式的追赶法求解下面的3对角方程组

$$\begin{cases} 2x-y=-5 \\ -x-2y+z=4 \\ 5y-z=1 \end{cases}$$

6. 用LU分解法求解线性方程组$\begin{cases} x-5y+2z=18 \\ 3x-5y-z=20 \\ 2x-2y-3z=6 \end{cases}$

7. 用平方根法求解对称正定线性方程组$\begin{cases} 3x+3y+5z=8 \\ 3x+5y+9z=16 \\ 5x+9y+17z=30 \end{cases}$

8. 试编写求解带状对角方程组的通用程序。

第 4 章 线性方程组迭代求解

CHAPTER

4.1 引 言

求解线性方程组的迭代方法常用于求解高阶稀疏矩阵。

线性方程组的直接求解和迭代求解有很大的不同。线性方程组的直接求解的主要思想是对线性方程组做同解变换，直到方程组易解为止；线性方程组的迭代求解采用了类似非线性方程迭代求根(见第 2 章)的方法，构造 1 个迭代公式，取某个向量作为迭代初值，然后反复迭代。如果收敛，就会收敛于解向量。

相比之下，迭代求解线性方程组的程序结构简单，易于实现；直接求解线性方程组的程序结构较复杂。迭代求解存在收敛性和收敛速度的问题，迭代过程有时不收敛，求解的运算量与迭代结果的精度要求直接相关；直接求解能保证只要原方程组有解，就一定能求出解，求解方法本身没有误差，但实际计算过程可能产生舍入误差，求解的运算量与方程组的阶数直接相关。迭代求解在求解高阶稀疏矩阵时，程序执行的速度很快；而直接求解在求解低阶稠密矩阵时效率较高。

线性方程组的迭代求解需要求向量的极限。

定义 4.1 设有矩阵序列 $\boldsymbol{A}^{(k)}=(a_{ij}^{(k)})_{m\times n}$，$(i\in[1,m],j\in[1,n])$，$k=0,1,2,\cdots$，若存在矩阵 $\boldsymbol{A}^*=(a_{ij}^*)_{m\times n}$，对 $\boldsymbol{A}^{(k)}$ 所有元素 $a_{ij}^{(k)}$ 有 $\lim\limits_{k\to\infty}a_{ij}^{(k)}=a_{ij}^*$，则称矩阵序列 $\boldsymbol{A}^{(k)}=\boldsymbol{A}^{(0)},\boldsymbol{A}^{(1)},\boldsymbol{A}^{(2)},\cdots$ 收敛于 $\boldsymbol{A}^*$，或称矩阵序列 $\boldsymbol{A}^{(k)}$ 的极限是 $\boldsymbol{A}^*$，即 $\lim\limits_{k\to\infty}\boldsymbol{A}^{(k)}=\boldsymbol{A}^*$。

定义 4.2 设有向量序列 $b^{(k)}=(b_i^{(k)})_m$，$(i\in[1,m])$，$k=0,1,2,\cdots$，若存在向量 $b^*=(b_i^*)_m$，对 $b^{(k)}$ 所有元素 $b_i^{(k)}$ 有 $\lim\limits_{k\to\infty}b_i^{(k)}=b_i^*$，则称向量序列 $b^{(k)}=b^{(0)},b^{(1)},b^{(2)},\cdots$ 收敛于 b^*，或称向量序列 $b^{(k)}$ 的极限是 b^*，即 $\lim\limits_{k\to\infty}b^{(k)}=b^*$。

4.2 雅可比迭代法

4.2.1 雅可比迭代法的主要思想

n 阶线性方程组可以表示为

$$\begin{cases} a_{11}x_1 + a_{12}x_2 + \cdots + a_{1,n}x_n = b_1 \\ a_{21}x_1 + a_{22}x_2 + \cdots + a_{2,n}x_n = b_2 \\ \quad \vdots \qquad \vdots \qquad \vdots \qquad \vdots \\ a_{n,1}x_1 + a_{n,2}x_2 + \cdots + a_{n,n}x_n = b_n \end{cases}$$

雅可比(Jacobi)迭代法需要对这个线性方程组进行同解变形,使方程 i 的等号左端只有 x_i,等号右端不出现 x_i,其中 $i=1,2,\cdots,n$。变形后的方程组为

$$\begin{cases} x_1 = (-a_{12}x_2 - a_{13}x_3 - \cdots - a_{1,n}x_n + b_1)/a_{11} \\ x_2 = (-a_{21}x_1 - a_{23}x_3 - \cdots - a_{2,n}x_n + b_2)/a_{22} \\ \vdots \qquad \vdots \qquad \vdots \qquad \vdots \qquad \vdots \\ x_n = (-a_{n,1}x_1 - a_{n,2}x_2 - \cdots - a_{n,n-1}x_{n-1} + b_n)/a_{n,n} \end{cases}$$

由上式构造雅可比迭代法的迭代公式:

$$\begin{cases} x_1^{(k+1)} = (-a_{12}x_2^{(k)} - a_{13}x_3^{(k)} - \cdots - a_{1,n}x_n^{(k)} + b_1)/a_{11} \\ x_2^{(k+1)} = (-a_{21}x_1^{(k)} - a_{23}x_3^{(k)} - \cdots - a_{2,n}x_n^{(k)} + b_2)/a_{22} \\ \vdots \qquad \vdots \qquad \vdots \qquad \vdots \qquad \vdots \\ x_n^{(k+1)} = (-a_{n,1}x_1^{(k)} - a_{n,2}x_2^{(k)} - \cdots - a_{n,n-1}x_{n-1}^{(k)} + b_n)/a_{n,n} \end{cases}$$

即 $x_i^{(k+1)} = (b_i - \sum_{\substack{j=1 \\ j\neq i}}^{n} a_{ij}x_j^{(k)})/a_{ii}$,其中 $i=1,2,\cdots,n,k=0,1,2,\cdots$。

取迭代初值为向量 $\boldsymbol{x}^{(0)}=(x_1^{(0)},x_2^{(0)},\cdots,x_n^{(0)})^{\mathrm{T}}$,代入迭代公式反复迭代,得到向量序列 $x^{(0)},x^{(1)},x^{(2)},\cdots$。如果这个向量序列收敛于向量 $\boldsymbol{x}^*$,即 $\lim\limits_{k\to\infty}\boldsymbol{x}^{(k)}=\boldsymbol{x}^*$,那么向量 $\boldsymbol{x}^*$ 就是原线性方程组的精确解向量。

这个迭代的过程类似于第 2 章对非线性方程求根中简单迭代法的迭代公式 $x=\varphi(x)$,只是简单迭代变量 x 换成了迭代向量 $\boldsymbol{x}$。

例 4.1 用雅可比迭代法求解线性方程组 $\begin{cases} 7x_1 - x_2 + 5x_3 = -20 \\ 3x_1 - 9x_2 - 2x_3 = -13 \\ 5x_1 - 4x_2 + 8x_3 = -22 \end{cases}$,要求以 $\boldsymbol{x}^{(0)}=(0,0,0)^{\mathrm{T}}$ 为迭代初值,迭代 2 次,结果保留 4 位有效数字。

(精确解:$x_1=-2,x_2=1,x_3=-1$)

解 把原方程组变形:

$$\begin{cases} x_1 = (x_2 - 5x_3 - 20)/7 \\ x_2 = (-3x_1 + 2x_3 - 13)/-9 \\ x_3 = (-5x_1 + 4x_2 - 22)/8 \end{cases}$$

由上式构造雅可比迭代法的迭代公式为

$$\begin{cases} x_1^{(k+1)} = (x_2^{(k)} - 5x_3^{(k)} - 20)/7 \\ x_2^{(k+1)} = (-3x_1^{(k)} + 2x_3^{(k)} - 13)/-9 \\ x_3^{(k+1)} = (-5x_1^{(k)} + 4x_2^{(k)} - 22)/8 \end{cases}$$

迭代初值 $\boldsymbol{x}^{(0)}=(0,0,0)^{\mathrm{T}}$，代入迭代公式，得到

$$\boldsymbol{x}^{(1)} = \left(-\frac{20}{7}, \frac{13}{9}, -\frac{11}{4}\right)^{\mathrm{T}}$$

把 $\boldsymbol{x}^{(1)}$ 代入迭代公式：

$$\begin{cases} x_1^{(2)} = \left(\dfrac{13}{9} - 5\times\left(-\dfrac{11}{4}\right) - 20\right)\Big/7 \approx -0.6865 \\ x_2^{(2)} = \left(-3\times\left(-\dfrac{20}{7}\right) + 2\times\left(-\dfrac{11}{4}\right) - 13\right)\Big/-9 \approx 1.103 \\ x_3^{(2)} = \left(-5\times\left(-\dfrac{20}{7}\right) + 4\times\dfrac{13}{9} - 22\right)\Big/8 \approx -0.2421 \end{cases}$$

所以迭代 2 次的近似解向量 $\boldsymbol{x}^{(2)}=(-0.6865, 1.103, -0.2421)^{\mathrm{T}}$。

4.2.2　雅可比迭代法的矩阵形式

n 阶线性方程组的矩阵形式为

$$\boldsymbol{Ax} = \boldsymbol{b}$$

式中

$$\boldsymbol{A} = \begin{bmatrix} a_{11} & a_{12} & \cdots & a_{1n} \\ a_{21} & a_{22} & \cdots & a_{2n} \\ \vdots & \vdots & \vdots & \vdots \\ a_{n1} & a_{n2} & \cdots & a_{nn} \end{bmatrix}, \quad \boldsymbol{x} = \begin{bmatrix} x_1 \\ x_2 \\ \vdots \\ x_n \end{bmatrix}, \quad \boldsymbol{b} = \begin{bmatrix} b_1 \\ b_2 \\ \vdots \\ b_n \end{bmatrix}$$

令

$$\boldsymbol{L} = \begin{bmatrix} 0 & 0 & \cdots & 0 \\ a_{21} & 0 & \cdots & 0 \\ \vdots & \ddots & \ddots & \vdots \\ a_{n,1} & \cdots & a_{n,n-1} & 0 \end{bmatrix}, \quad \boldsymbol{D} = \begin{bmatrix} a_{11} & 0 & \cdots & 0 \\ 0 & a_{22} & \ddots & \vdots \\ \vdots & \ddots & \ddots & 0 \\ 0 & \cdots & 0 & a_{n,n} \end{bmatrix}, \quad \boldsymbol{R} = \begin{bmatrix} 0 & a_{12} & \cdots & a_{1,n} \\ 0 & 0 & \ddots & \vdots \\ \vdots & & \ddots & a_{n-1,n} \\ 0 & \cdots & \cdots & 0 \end{bmatrix}$$

则系数矩阵 $\boldsymbol{A}=\boldsymbol{L}+\boldsymbol{D}+\boldsymbol{R}$，所以

$$\boldsymbol{Ax} = \boldsymbol{b} \Leftrightarrow (\boldsymbol{L}+\boldsymbol{D}+\boldsymbol{R})\boldsymbol{x} = \boldsymbol{b} \Leftrightarrow \boldsymbol{Dx} = -(\boldsymbol{L}+\boldsymbol{R})\boldsymbol{x} + \boldsymbol{b}$$

雅可比迭代法要求 $a_{ii}\neq 0$，其中 $i=1,2,\cdots,n$，则

$$|\boldsymbol{D}| = \prod_{i=1}^{n} a_{ii} \neq 0$$

则 $\boldsymbol{D}$ 可逆。

所以

$$\boldsymbol{x} = -\boldsymbol{D}^{-1}(\boldsymbol{L}+\boldsymbol{R})\boldsymbol{x} + \boldsymbol{D}^{-1}\boldsymbol{b}$$

这是在雅可比迭代法中，对方程组变形的矩阵形式。

令

$$\boldsymbol{B}=-\boldsymbol{D}^{-1}(\boldsymbol{L}+\boldsymbol{R}),\quad \boldsymbol{g}=\boldsymbol{D}^{-1}\boldsymbol{b}$$

则

$$\boldsymbol{A}\boldsymbol{x}=\boldsymbol{b}\Leftrightarrow\boldsymbol{x}=\boldsymbol{B}\boldsymbol{x}+\boldsymbol{g}$$

因此 $\boldsymbol{x}^{(k+1)}=\boldsymbol{B}\boldsymbol{x}^{(k)}+\boldsymbol{g}$ 是雅可比迭代法迭代公式的矩阵形式。

4.2.3 雅可比迭代法的算法和程序

几点说明如下：

(1) 假设相邻 2 次迭代结果 $\boldsymbol{x}^{(k)}$、$\boldsymbol{x}^{(k+1)}$ 足够接近时，满足精度要求。当 $\max\limits_{1\leqslant i\leqslant n}|x_i^{(k)}-x_i^{(k+1)}|<$ 误差要求 ε 时，退出循环，输出满足要求的解向量 $\boldsymbol{x}^{(k+1)}$。

(2) 为了避免不收敛或收敛过慢时出现死循环，这里设置最大迭代次数，若迭代次数超过最大迭代次数，则退出。

(3) 因为在向量 $\boldsymbol{x}^{(k+1)}$ 完全求出之前，会用到向量 $\boldsymbol{x}^{(k)}$，所以不能让向量 $\boldsymbol{x}^{(k)}$ 和向量 $\boldsymbol{x}^{(k+1)}$ 共用同一段内存，而是用数组 old$x[n]$存放 $\boldsymbol{x}^{(k)}$，用数组 $x[n]$存放 $\boldsymbol{x}^{(k+1)}$。

算法 4.1 雅可比迭代法的算法。

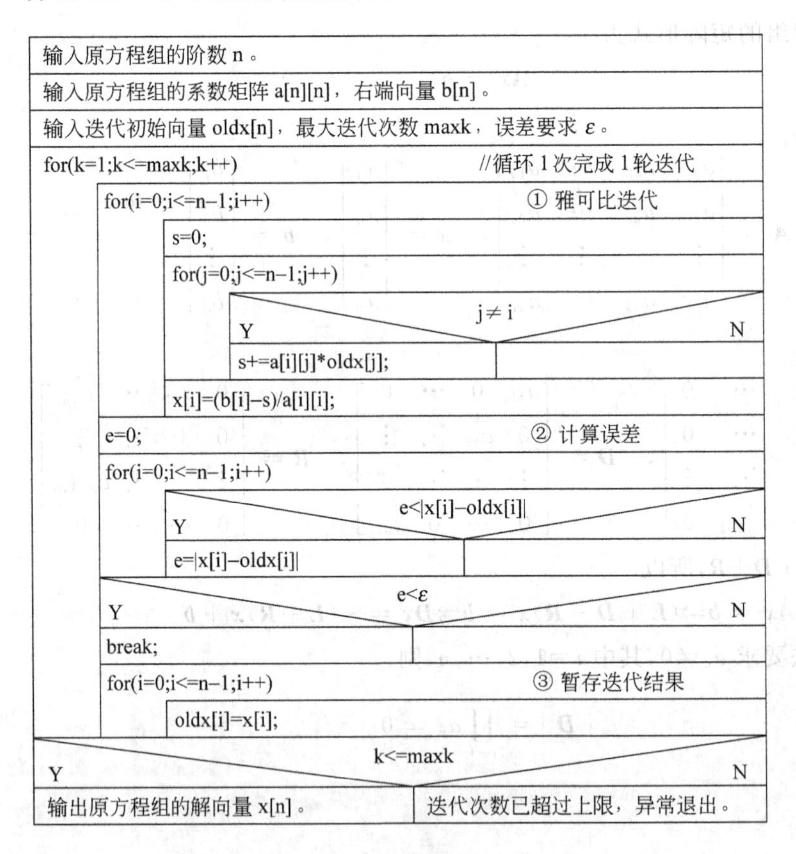

程序 4.1 雅可比迭代法对应的程序。

```
#include <stdio.h>
#include <math.h>
#define MAXSIZE 50
void input(double a[MAXSIZE][MAXSIZE],double b[MAXSIZE],long n);
void output(double x[MAXSIZE],long n);
void main(void)
{
    double a[MAXSIZE][MAXSIZE],b[MAXSIZE],x[MAXSIZE],oldx[MAXSIZE];
    double epsilon,e,s;
    long n,i,j,k,maxk;
    printf("\n请输入原方程组的阶数:");
    scanf("%ld",&n);
    input(a,b,n);
    printf("\n请输入迭代初始向量:");
    for(i=0;i<=n-1;i++)
        scanf("%lf",&oldx[i]);
    printf("\n请输入最大迭代次数:");
    scanf("%ld",&maxk);
    printf("\n请输入误差上限:");
    scanf("%lf",&epsilon);
    for(k=1;k<=maxk;k++)
    {
        for(i=0;i<=n-1;i++)
        {
            s=0;
            for(j=0;j<=n-1;j++)
                if(j!=i)
                    s+=a[i][j]*oldx[j];
            x[i]=(b[i]-s)/a[i][i];
        }
        e=0;
        for(i=0;i<=n-1;i++)
            if(e<fabs(x[i]-oldx[i]))
                e=fabs(x[i]-oldx[i]);
        if(e<epsilon)
            break;
        for(i=0;i<=n-1;i++)
            oldx[i]=x[i];
    }
    if(k<=maxk)
        output(x,n);
    else
        printf("\n迭代次数已超过上限。");
}
void input(double a[MAXSIZE][MAXSIZE],double b[MAXSIZE],long n)
{
```

```
    long i,j;
    printf("\n请输入原方程组的增广矩阵:\n");
    for(i=0;i<=n-1;i++)
    {
        for(j=0;j<=n-1;j++)
            scanf("%lf",&a[i][j]);
        scanf("%lf",&b[i]);
    }
}
void output(double x[MAXSIZE],long n)
{
    long i;
    printf("\n原方程组的解向量为:\n");
    for(i=0;i<=n-1;i++)
        printf("%lf",x[i]);
}
```

4.3 高斯-赛德尔迭代法

4.3.1 高斯-赛德尔迭代法的主要思想

高斯-赛德尔迭代法(Gauss-Seidel 迭代法,简称为 G-S 迭代法)是雅可比迭代法的改进方法。G-S 迭代法对原方程组的变形与雅可比迭代法相同:

$$\begin{cases} a_{11}x_1 + a_{12}x_2 + \cdots + a_{1,n}x_n = b_1 \\ a_{21}x_1 + a_{22}x_2 + \cdots + a_{2,n}x_n = b_2 \\ \quad\vdots \qquad \vdots \qquad \vdots \qquad \vdots \\ a_{n,1}x_1 + a_{n,2}x_2 + \cdots + a_{n,n}x_n = b_n \end{cases}$$

$$\Rightarrow \begin{cases} x_1 = (-a_{12}x_2 - a_{13}x_3 - \cdots - a_{1,n}x_n + b_1)/a_{11} \\ x_2 = (-a_{21}x_1 - a_{23}x_3 - \cdots - a_{2,n}x_n + b_2)/a_{22} \\ \quad\vdots \qquad \vdots \qquad \vdots \qquad \vdots \qquad \vdots \qquad \vdots \\ x_n = (-a_{n,1}x_1 - a_{n,2}x_2 - \cdots - a_{n,n-1}x_{n-1} + b_n)/a_{n,n} \end{cases}$$

但是 G-S 迭代法的迭代公式与雅可比迭代法不同:

$$\begin{cases} x_1^{(k+1)} = (-a_{12}x_2^{(k)} - a_{13}x_3^{(k)} - a_{14}x_4^{(k)} - \cdots - a_{1,n}x_n^{(k)} + b_1)/a_{11} \\ x_2^{(k+1)} = (-a_{21}x_1^{(k+1)} - a_{23}x_3^{(k)} - a_{24}x_4^{(k)} - \cdots - a_{2,n}x_n^{(k)} + b_2)/a_{22} \\ x_3^{(k+1)} = (-a_{31}x_1^{(k+1)} - a_{32}x_2^{(k+1)} - a_{34}x_4^{(k)} - \cdots - a_{3,n}x_n^{(k)} + b_3)/a_{33} \\ \quad\vdots \qquad \vdots \qquad \vdots \qquad \vdots \qquad \vdots \qquad \vdots \qquad \vdots \\ x_n^{(k+1)} = (-a_{n,1}x_1^{(k+1)} - a_{n,2}x_2^{(k+1)} - a_{n,3}x_3^{(k+1)} - \cdots - a_{n,n-1}x_{n-1}^{(k+1)} + b_n)/a_{n,n} \end{cases}$$

第 1 个方程与雅可比迭代法相同。第 2 个方程中的 $x_1^{(k)}$ 换成了 $x_1^{(k+1)}$,之后每算出 1 个变元 $x_i^{(k+1)}$,下面各行中对 $x_i^{(k)}$ 的引用都换成 $x_i^{(k+1)}$。如果迭代过程 $x_i^{(k)} \to x_i^{(k+1)}$ 会使迭代序列收敛,那么较早引用 $x_i^{(k+1)}$ 可能会加速迭代的过程。

雅可比迭代收敛不能推出 G-S 迭代收敛,G-S 迭代收敛也不能推出雅可比迭代收敛。

例 4.2　用 G-S 迭代法求解线性方程组 $\begin{cases}7x_1-\ x_2+5x_3=-20\\3x_1-9x_2-2x_3=-13\\5x_1-4x_2+8x_3=-22\end{cases}$，要求以 $\boldsymbol{x}^{(0)}=(0,0,0)^{\mathrm{T}}$ 为迭代初值，迭代1次，结果保留4位有效数字。

（精确解：$x_1=-2,x_2=1,x_3=-1$）

解　把原方程组变形：

$$\begin{cases}x_1=(x_2-5x_3-20)/7\\x_2=(-3x_1+2x_3-13)/-9\\x_3=(-5x_1+4x_2-22)/8\end{cases}$$

由上式构造 G-S 迭代法的迭代公式：

$$\begin{cases}x_1^{(k+1)}=(x_2^{(k)}-5x_3^{(k)}-20)/7\\x_2^{(k+1)}=(-3x_1^{(k+1)}+2x_3^{(k)}-13)/-9\\x_3^{(k+1)}=(-5x_1^{(k+1)}+4x_2^{(k+1)}-22)/8\end{cases}$$

迭代初值 $\boldsymbol{x}^{(0)}=(0,0,0)^{\mathrm{T}}$，代入迭代公式：

$$x_1^{(1)}=-\frac{20}{7}\approx-2.857$$

$$x_2^{(1)}=\left(-3\times-\frac{20}{7}-13\right)\Big/-9\approx0.4921$$

$$x_3^{(1)}\approx[-5\times(-2.857)+4\times0.4921-22]/8\approx-0.7183$$

所以迭代1次的近似解向量 $\boldsymbol{x}^{(1)}=(-2.857,0.4921,-0.7183)^{\mathrm{T}}$。

4.3.2　高斯-赛德尔迭代法的矩阵形式

n 阶线性方程组的矩阵形式为：

$$\boldsymbol{Ax}=\boldsymbol{b}$$

式中

$$\boldsymbol{A}=\begin{bmatrix}a_{11}&a_{12}&\cdots&a_{1n}\\a_{21}&a_{22}&\cdots&a_{2n}\\\vdots&\vdots&\vdots&\vdots\\a_{n1}&a_{n2}&\cdots&a_{nn}\end{bmatrix},\quad \boldsymbol{x}=\begin{bmatrix}x_1\\x_2\\\vdots\\x_n\end{bmatrix},\quad \boldsymbol{b}=\begin{bmatrix}b_1\\b_2\\\vdots\\b_n\end{bmatrix}$$

令

$$\boldsymbol{L}=\begin{bmatrix}0&0&\cdots&0\\a_{21}&0&\cdots&0\\\vdots&\ddots&\ddots&\vdots\\a_{n,1}&\cdots&a_{n,n-1}&0\end{bmatrix},\quad \boldsymbol{D}=\begin{bmatrix}a_{11}&0&\cdots&0\\0&a_{22}&\ddots&\vdots\\\vdots&\ddots&\ddots&0\\0&\cdots&0&a_{n,n}\end{bmatrix},\quad \boldsymbol{R}=\begin{bmatrix}0&a_{12}&\cdots&a_{1,n}\\0&0&\ddots&\vdots\\\vdots&&\ddots&a_{n-1,n}\\0&\cdots&\cdots&0\end{bmatrix}$$

则系数矩阵 $\boldsymbol{A}=\boldsymbol{L}+\boldsymbol{D}+\boldsymbol{R}$，因此

$$\boldsymbol{Ax}=\boldsymbol{b}\Leftrightarrow(\boldsymbol{L}+\boldsymbol{D}+\boldsymbol{R})\boldsymbol{x}=\boldsymbol{b}\Leftrightarrow\boldsymbol{Dx}=-(\boldsymbol{L}+\boldsymbol{R})\boldsymbol{x}+\boldsymbol{b}$$

G-S 迭代法要求 $a_{ii}\neq0$，其中 $i=1,2,\cdots,n$，则

$$|\boldsymbol{D}|=\prod_{i=1}^{n}a_{ii}\neq0$$

所以 $\boldsymbol{D}$ 可逆。因此

$$\boldsymbol{x}=-\boldsymbol{D}^{-1}(\boldsymbol{L}+\boldsymbol{R})\boldsymbol{x}+\boldsymbol{D}^{-1}\boldsymbol{b}$$

上述矩阵形式的方程组变形，雅可比迭代法和G-S迭代法相同。则

$$\boldsymbol{x}=-\boldsymbol{D}^{-1}\boldsymbol{L}\boldsymbol{x}-\boldsymbol{D}^{-1}\boldsymbol{R}\boldsymbol{x}+\boldsymbol{D}^{-1}\boldsymbol{b}$$

所以G-S迭代法的迭代公式为 $\boldsymbol{x}^{(k+1)}=-\boldsymbol{D}^{-1}\boldsymbol{L}\boldsymbol{x}^{(k+1)}-\boldsymbol{D}^{-1}\boldsymbol{R}\boldsymbol{x}^{(k)}+\boldsymbol{D}^{-1}\boldsymbol{b}$，因此

$$\boldsymbol{D}\boldsymbol{x}^{(k+1)}=-\boldsymbol{L}\boldsymbol{x}^{(k+1)}-\boldsymbol{R}\boldsymbol{x}^{(k)}+\boldsymbol{b}$$

则

$$(\boldsymbol{D}+\boldsymbol{L})\boldsymbol{x}^{(k+1)}=-\boldsymbol{R}\boldsymbol{x}^{(k)}+\boldsymbol{b}$$

则

$$\boldsymbol{x}^{(k+1)}=-(\boldsymbol{D}+\boldsymbol{L})^{-1}\boldsymbol{R}\boldsymbol{x}^{(k)}+(\boldsymbol{D}+\boldsymbol{L})^{-1}\boldsymbol{b}$$

令

$$\boldsymbol{B}=-(\boldsymbol{D}+\boldsymbol{L})^{-1}\boldsymbol{R},\quad \boldsymbol{g}=(\boldsymbol{D}+\boldsymbol{L})^{-1}\boldsymbol{b}$$

因此 $\boldsymbol{x}^{(k+1)}=B\boldsymbol{x}^{(k)}+\boldsymbol{g}$ 是G-S迭代法迭代公式的矩阵形式。

4.3.3 高斯-赛德尔迭代法的算法和程序

几点说明如下：

(1) 因为求出 $x_i^{(k+1)}$ 之后，就再也用不到 $x_i^{(k)}$，所以这里 $x_i^{(k+1)}$ 和 $x_i^{(k)}$ 共用1个数组元素，即 $x_i^{(k+1)}$ 覆盖 $x_i^{(k)}$。在 $x_i^{(k+1)}$ 覆盖 $x_i^{(k)}$ 时，计算 $|x_i^{(k)}-x_i^{(k+1)}|$。当 $\max\limits_{1\leqslant i\leqslant n}|x_i^{(k)}-x_i^{(k+1)}|<$ 误差要求 ε 时，退出循环，输出满足要求的解向量 $\boldsymbol{x}^{(k+1)}$。

(2) 为了避免不收敛或收敛过慢时出现死循环，这里设置最大迭代次数，若迭代次数超过最大迭代次数，则退出。

算法 4.2 G-S迭代法的算法。

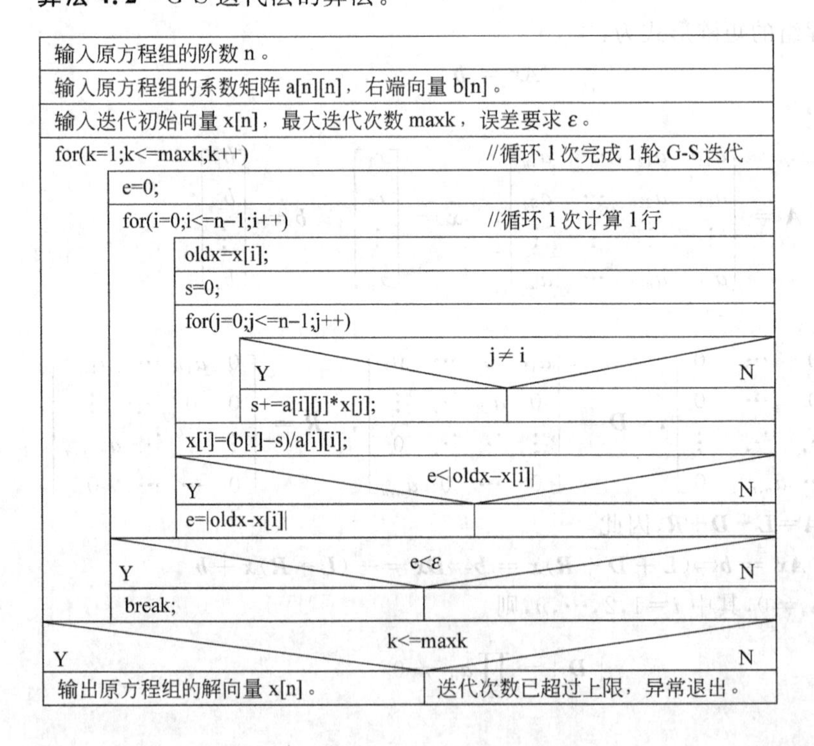

程序 4.2　G-S 迭代法对应的程序。

```
#include <stdio.h>
#include <math.h>
#define MAXSIZE 50
void input(double a[MAXSIZE][MAXSIZE],double b[MAXSIZE],long n);
void output(double x[MAXSIZE],long n);
void main(void)
{
    double a[MAXSIZE][MAXSIZE],b[MAXSIZE],x[MAXSIZE];
    double epsilon,e,s,oldx;
    long n,i,j,k,maxk;
    printf("\n 请输入原方程组的阶数:");
    scanf("%ld",&n);
    input(a,b,n);
    printf("\n 请输入迭代初始向量:");
    for(i=0;i<=n-1;i++)
        scanf("%lf",&x[i]);
    printf("\n 请输入最大迭代次数:");
    scanf("%ld",&maxk);
    printf("\n 请输入误差上限:");
    scanf("%lf",&epsilon);
    for(k=1;k<=maxk;k++)
    {
        e=0;
        for(i=0;i<=n-1;i++)
        {
            oldx=x[i];
            s=0;
            for(j=0;j<=n-1;j++)
                if(j!=i)
                    s+=a[i][j]*x[j];
            x[i]=(b[i]-s)/a[i][i];
            if(e<fabs(oldx-x[i]))
               e=fabs(oldx-x[i]);
        }
        if(e<epsilon)
            break;
    }
    if(k<=maxk)
       output(x,n);
    else
       printf("\n 迭代次数已超过上限。");
}
```

```
void input(double a[MAXSIZE][MAXSIZE],double b[MAXSIZE],long n)
{
    long i,j;
    printf("\n请输入原方程组的增广矩阵:\n");
    for(i=0;i<=n-1;i++)
    {
        for(j=0;j<=n-1;j++)
            scanf("%lf",&a[i][j]);
        scanf("%lf",&b[i]);
    }
}
void output(double x[MAXSIZE],long n)
{
    long i;
    printf("\n原方程组的解向量为:\n");
    for(i=0;i<=n-1;i++)
        printf("%lf",x[i]);
}
```

本章小结

1. 本章介绍了迭代求解线性方程组的:

① 雅可比迭代法。

② G-S 迭代法。

2. G-S 迭代法是雅可比迭代法的改进方法。

习题 4

1. 用雅可比迭代法求解线性方程组$\begin{cases}8x_1+x_2-2x_3=-8\\3x_1-12x_2+4x_3=-23\\2x_1-5x_2-10x_3=-22\end{cases}$,以 $\boldsymbol{x}^{(0)}=(0,0,0)^{\mathrm{T}}$ 为迭代初值,迭代 2 步求得近似解即可。

(精确解:$x_1=-1,x_2=2,x_3=1$)

2. 用高斯-赛德尔迭代法求解线性方程组$\begin{cases}10x_1-2x_2+3x_3=-21\\4x_1+8x_2-x_3=-7\\2x_1+3x_2-7x_3=5\end{cases}$,以 $\boldsymbol{x}^{(0)}=(0,0,0)^{\mathrm{T}}$ 为迭代初值,迭代 2 步求得近似解即可。

(精确解:$x_1=2,x_2=-2,x_3=-1$)

第5章 插值法

CHAPTER

5.1 引言

在实际应用中可能遇到某些难求的函数。插值法的主要思想是构造易求的函数,如果易求的函数和难求的函数在某一区间内足够接近,那么在这一区间内就可以用易求的函数代替难求的函数进行计算。插值的几何意义,就是在仅知道函数曲线上若干个点的情况下作图,用一条曲线经过这些已知点,尽量使这条曲线接近原来的函数曲线,并把这条曲线近似地认为是原来的函数曲线。如图5.1所示,$y=f(x)$为难求函数,仅知道$y=f(x)$上的4个点$(x_0,f(x_0))$、$(x_1,f(x_1))$、$(x_2,f(x_2))$、$(x_3,f(x_3))$。构造一个易求函数$y=p(x)$,使$y=p(x)$经过这4个点。若误差在允许的范围内,就可以用函数$p(x)$代替$f(x)$。

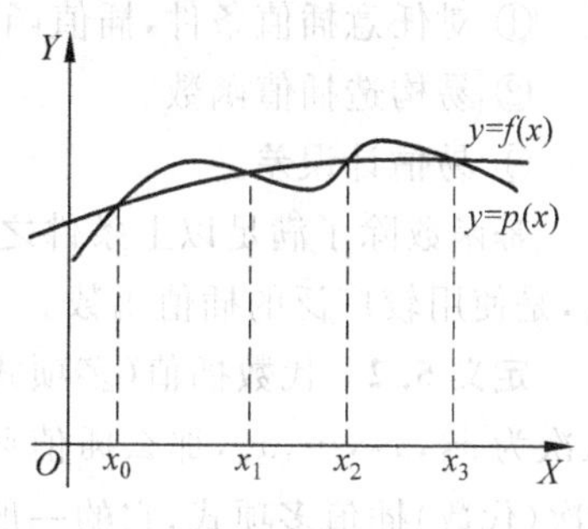

图5.1 插值的几何含义

常常在以下两种情况,用插值法求$f(x)$。

情况1:$f(x)$同时满足下列条件。

① 不知道或不存在函数$f(x)$的具体形式。

② 知道$f(x)$上某些离散的点。

如弹道曲线、人口增长曲线和股票走势曲线等。通过测量等手段,可以得到$f(x)$曲线上某些点,但不可能测量出$f(x)$上所有点,那么就可以用插值法近似地求出$f(x)$在已知点之外的点。

情况2:$f(x)$同时满足下列条件。

① 知道函数$f(x)$的具体形式。

② 对于任意的x求$f(x)$较困难。

③ 对于某些特定的x求$f(x)$较容易。

例如,$f(x)=\sqrt{x}$,(即 $x=f^2(x)$)由 x 求 $f(x)$ 较困难,由 $f(x)$ 求 x 较容易。如果已知 x_0 求 $f(x_0)$,那么可以由 $x=f^2(x)$ 尝试求出 $f(x)$ 在 x_0 附近的若干个点,再进行插值,得到 $f(x_0)$ 的近似值。

定义 5.1 设 $f(x)$ 是区间 $[a,b]$ 上的连续函数,已知 $f(x)$ 在 $[a,b]$ 上 $x=x_0,x_1,\cdots,x_n$ 处的函数值(设 $a\leqslant x_0<x_1<\cdots<x_n\leqslant b$,共 $n+1$ 个互异点),若存在函数 $p(x)$,满足 $p(x_i)=f(x_i)$,其中 $i=0,1,2,\cdots,n$,则称:

① $x_0,x_1,\cdots,x_n$ 为插值节点(插值基点),所求点 x 为插值点。

② $[a,b]$ 为插值区间,插值点 $x\in$ 插值区间 $[a,b]$ 为内插,否则为外推。

③ $p(x)$ 为插值函数,$f(x)$ 为被插函数。

④ $p(x_i)=f(x_i)(i=0,1,2,\cdots,n)$,为插值条件。

⑤ $R(x)=f(x)-p(x)$ 为插值余项。

⑥ 插值函数的构造方法为插值法。

插值的目的在于用易求的插值函数 $p(x)$ 代替难求的被插函数 $f(x)$。构造插值函数的依据是插值条件。常见的函数类型有幂函数、指数函数、三角函数等。在选择插值函数的类型时,应尽量遵循以下原则:

① 对任意插值条件,插值函数存在且唯一。

② 易构造插值函数。

③ 易估计误差。

幂函数除了满足以上条件之外,还具有高阶可导、可积,易手工计算,易编程实现等优点,是使用较广泛的插值函数。

定义 5.2 代数插值(多项式插值)的插值函数是幂函数。设插值节点共有 $n+1$ 个,依次为 $x_0,x_1,\cdots,x_n$,那么插值函数 $p(x)$ 是次数不超过 n 次的代数多项式,称 $p(x)$ 为 n 次(代数)插值多项式,它的一般形式为 $p(x)=a_0+a_1x+a_2x^2+\cdots+a_nx^n$。

由定义 5.2 可知,可以由待定系数法求解插值多项式 $p(x)$,即求解下列线性方程组:

$$\begin{cases}a_0+a_1x_0+a_2x_0^2+\cdots+a_nx_0^n=f(x_0)\\a_0+a_1x_1+a_2x_1^2+\cdots+a_nx_1^n=f(x_1)\\\quad\vdots\qquad\quad\vdots\qquad\qquad\vdots\\a_0+a_1x_n+a_2x_n^2+\cdots+a_nx_n^n=f(x_n)\end{cases}$$

其中 $a_0,a_1,\cdots,a_n$ 为要确定的系数。若把 $a_0,a_1,\cdots,a_n$ 看作变元,则此线性方程组的系数行列式为范德蒙德行列式:

$$\begin{vmatrix}1 & x_0 & x_0^2 & \cdots & x_0^n\\1 & x_1 & x_1^2 & \cdots & x_1^n\\ & \vdots & & \vdots & \\1 & x_n & x_n^2 & \cdots & x_n^n\end{vmatrix}=\prod_{1\leqslant j<i\leqslant n}(x_i-x_j)\neq 0$$

则由克莱姆法则得知,$a_0,a_1,\cdots,a_n$ 存在且唯一,所以插值多项式 $p(x)$ 存在且唯一。

本章介绍代数插值、带导数的埃尔米特插值和分段插值。本章内容是第 6 章数值积分的基础。

5.2 拉格朗日插值

本章介绍的代数插值有拉格朗日插值和牛顿插值。由代数插值的存在唯一性可知，拉格朗日插值多项式和牛顿插值多项式在化为标准形式后是相同的，二者的区别是构造插值多项式的过程不同。

5.2.1 1次拉格朗日插值

拉格朗日插值(Lagrange插值)是一种含义直观的代数插值方法。对2个插值节点(x_0,y_0)，(x_1,y_1)的1次拉格朗日插值(即线性拉格朗日插值)如图5.2所示。线性拉格朗日插值函数的一般形式为

$$L_1(x)=\frac{x-x_1}{x_0-x_1}y_0+\frac{x-x_0}{x_1-x_0}y_1$$

令

$$l_0(x)=\frac{x-x_1}{x_0-x_1},\quad l_1(x)=\frac{x-x_0}{x_1-x_0}$$

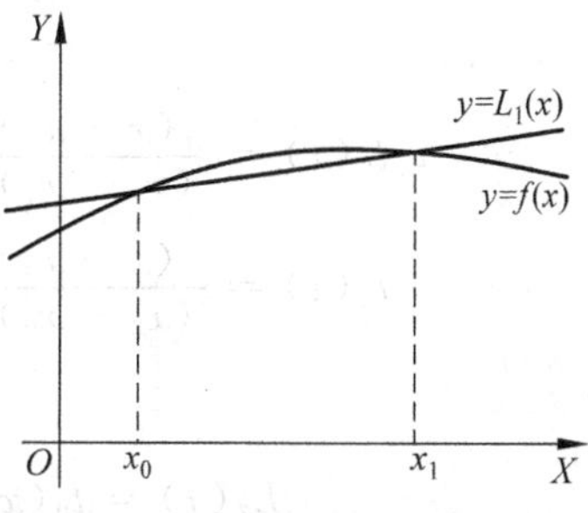

图5.2 1次拉格朗日插值

则

$$L_1(x)=l_0(x)y_0+l_1(x)y_1$$

称$l_0(x)$、$l_1(x)$为线性拉格朗日插值基函数。

线性拉格朗日插值有明显的几何意义。

2点确定唯一的一条直线。直线$L_1(x)$的斜率$=\frac{L_1(x)-y_0}{x-x_0}=\frac{y_1-y_0}{x_1-x_0}$，则

$$L_1(x)-y_0=\frac{y_1-y_0}{x_1-x_0}(x-x_0)$$

所以

$$\begin{aligned}L_1(x)&=y_0+\frac{y_1-y_0}{x_1-x_0}(x-x_0)=y_0-\frac{x-x_0}{x_1-x_0}y_0+\frac{x-x_0}{x_1-x_0}y_1\\&=\left(1-\frac{x-x_0}{x_1-x_0}\right)y_0+\frac{x-x_0}{x_1-x_0}y_1=\frac{x_1-x}{x_1-x_0}y_0+\frac{x-x_0}{x_1-x_0}y_1\\&=\frac{x-x_1}{x_0-x_1}y_0+\frac{x-x_0}{x_1-x_0}y_1\end{aligned}$$

也可以由代数插值的存在唯一性证明线性拉格朗日插值函数的一般形式。

证明：① 显然$L_1(x)$是x的1次多项式。

② 下面证明$L_1(x)$经过插值节点(x_0,y_0)、(x_1,y_1)。

因为

$$L_1(x)=l_0(x)y_0+l_1(x)y_1=\frac{x-x_1}{x_0-x_1}y_0+\frac{x-x_0}{x_1-x_0}y_1$$

所以当$x=x_0$时，$l_0(x)=1$，$l_1(x)=0$，则$L_1(x_0)=y_0$，故$L_1(x)$经过插值节点(x_0,y_0)。

当 $x=x_1$ 时,$l_0(x)=0, l_1(x)=1$,则 $L_1(x_1)=y_1$ 故 $L_1(x)$ 经过插值节点 (x_1,y_1)。

③ 由代数插值的存在唯一性,$L_1(x)$ 是经过 2 个插值节点的 1 次拉格朗日插值函数。

5.2.2 2 次拉格朗日插值

对 3 个插值节点 (x_0,y_0)、(x_1,y_1)、(x_2,y_2) 的 2 次拉格朗日插值(即抛物线拉格朗日插值)如图 5.3 所示。2 次拉格朗日插值函数的一般形式为

$$L_2(x)=\frac{(x-x_1)(x-x_2)}{(x_0-x_1)(x_0-x_2)}y_0+\frac{(x-x_0)(x-x_2)}{(x_1-x_0)(x_1-x_2)}y_1+\frac{(x-x_0)(x-x_1)}{(x_2-x_0)(x_2-x_1)}y_2$$

令

$$l_0(x)=\frac{(x-x_1)(x-x_2)}{(x_0-x_1)(x_0-x_2)},\quad l_1(x)=\frac{(x-x_0)(x-x_2)}{(x_1-x_0)(x_1-x_2)}$$

$$l_2(x)=\frac{(x-x_0)(x-x_1)}{(x_2-x_0)(x_2-x_1)}$$

则

$$L_2(x)=l_0(x)y_0+l_1(x)y_1+l_2(x)y_2=\sum_{i=0}^{2}l_i(x)y_i$$

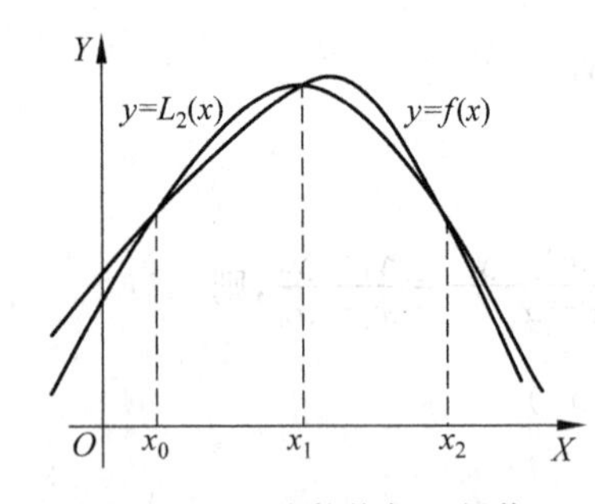

图 5.3　2 次拉格朗日插值

其中 $l_i(x)=\prod_{\substack{j=0\\j\neq i}}^{2}\frac{x-x_j}{x_i-x_j}$,称 $l_i(x)$ 为 2 次拉格朗日插值基函数。

2 次拉格朗日插值的几何意义为 3 点确定一条抛物线,如图 5.3 所示。

可以由代数插值的存在唯一性证明 2 次拉格朗日插值函数的一般形式。

证明:① 显然,拉格朗日插值基函数 $l_0(x)$、$l_1(x)$、$l_2(x)$ 为 2 次多项式,所以 $L_2(x)$ 是 x 的 2 次多项式。

② 下面证明 $L_2(x)$ 经过插值节点 (x_0,y_0)、(x_1,y_1)、(x_2,y_2)。

当 $x=x_0$ 时,$l_0(x)=1, l_1(x)=l_2(x)=0$,则 $L_2(x_0)=y_0$,故 $L_2(x)$ 经过插值节点 (x_0,y_0)。

当 $x=x_1$ 时,$l_1(x)=1, l_0(x)=l_2(x)=0$,则 $L_2(x_1)=y_1$,故 $L_2(x)$ 经过插值节点 (x_1,y_1)。

当 $x=x_2$ 时,$l_2(x)=1, l_0(x)=l_1(x)=0$,则 $L_2(x_2)=y_2$,故 $L_2(x)$ 经过插值节点 (x_2,y_2)。

③ 由代数插值的存在唯一性可知,$L_2(x)$ 是经过 3 个插值节点的 2 次拉格朗日插值函数。

例 5.1 令 $f(x)=\sqrt{x}$,取插值节点为 $f(2.56)=1.6$,$f(2.89)=1.7$,$f(3.24)=1.8$,用 2 次拉格朗日插值计算 $\sqrt{3}$ 的近似值。

解 令插值节点$(x_0,y_0)=(2.56,1.6)$,$(x_1,y_1)=(2.89,1.7)$,$(x_2,y_2)=(3.24,1.8)$,故插值点

$$\begin{aligned}f(3)&=\frac{(x-x_1)(x-x_2)}{(x_0-x_1)(x_0-x_2)}y_0+\frac{(x-x_0)(x-x_2)}{(x_1-x_0)(x_1-x_2)}y_1\\&\quad+\frac{(x-x_0)(x-x_1)}{(x_2-x_0)(x_2-x_1)}y_2\\&=\frac{(3-2.89)(3-3.24)}{(2.56-2.89)(2.56-3.24)}\times 1.6+\frac{(3-2.56)(3-3.24)}{(2.89-2.56)(2.89-3.24)}\\&\quad\times 1.7+\frac{(3-2.56)(3-2.89)}{(3.24-2.56)(3.24-2.89)}\times 1.8\\&\approx 1.732\end{aligned}$$

因此$\sqrt{3}\approx 1.732$。

5.2.3 n 次拉格朗日插值

过$n+1$个插值节点(x_0,y_0),(x_1,y_1),…,(x_n,y_n)的n次拉格朗日插值函数的一般形式为

$$L_n(x)=\sum_{i=0}^{n}l_i(x)y_i=l_0(x)y_0+l_1(x)y_1+\cdots+l_n(x)y_n$$

其中 $l_i(x)=\prod_{\substack{j=0\\j\neq i}}^{n}\frac{x-x_j}{x_i-x_j}=\frac{(x-x_0)\cdots(x-x_{i-1})(x-x_{i+1})\cdots(x-x_n)}{(x_i-x_0)\cdots(x_i-x_{i-1})(x_i-x_{i+1})\cdots(x_i-x_n)}$,式中 $i=0,1,2,\cdots,n$。

称$l_i(x)$为拉格朗日插值基函数。

$l_i(x)$分式的规律是:分母的因子中x_i把其他的插值节点减了一遍,除了(x_i-x_i)之外;把分母的因子中的x_i换为x,就变成了分子的因子。

可以由代数插值的存在唯一性证明n次拉格朗日插值函数的一般形式。

证明 ① 显然$l_i(x)$是x的n次多项式,则$L_n(x)$也是x的n次多项式。

② 下面证明$L_n(x)$经过全部的$n+1$个插值节点(x_0,y_0),(x_1,y_1),…,(x_n,y_n)。

拉格朗日插值基函数$l_i(x)$有以下性质:

$$l_i(x)=\begin{cases}1 & \text{当 } x=x_i \text{ 时}\\0 & \text{当 } x=x_j \text{ 时}(j=0,1,2,\cdots,i-1,i+1,\cdots,n,\text{即 } j\neq i)\end{cases}$$

例如,$l_1(x)=\begin{cases}1 & \text{当 } x=x_0 \text{ 时}\\0 & \text{当 } x=x_1,x_2,\cdots,x_n \text{ 时}\end{cases}$,则当$x=x_0$时,$l_0(x)=1$,$l_1(x)=l_2(x)=\cdots=l_n(x)=0$,故$L_n(x_0)=y_0$;

当$x=x_1$时,$l_1(x)=1$,$l_0(x)=l_2(x)=\cdots=l_n(x)=0$,故$L_n(x_1)=y_1$;

当$x=x_i$(其中$i=0,1,2,\cdots,n$)时,$l_i(x)=1$,$l_0(x)=\cdots=l_{i-1}(x)=l_{i+1}(x)=\cdots=l_n(x)=0$,故$L_n(x_i)=y_i$;

所以$L_n(x)$经过全部的$n+1$个插值节点(x_0,y_0),(x_1,y_1),…,(x_n,y_n)。

③ 由代数插值的存在唯一性可知,$L_n(x)$是经过全部的$n+1$个插值节点(x_0,y_0),(x_1,y_1),…,(x_n,y_n)的n次拉格朗日插值函数。

5.2.4 拉格朗日插值函数的构造

(1) 假设 n 次拉格朗日插值函数 $L_n(x)$ 可以化为下面的形式：

$$L_n(x)=\sum_{i=0}^{n}W_i(x)y_i=W_0(x)y_0+W_1(x)y_1+\cdots+W_n(x)y_n$$

其中 $W_0(x),W_1(x),\cdots,W_n(x)$ 是次数不高于 n 次的代数多项式。

如果 $W_0(x),W_1(x),\cdots,W_n(x)$ 满足下式：

$$W_i(x)=\begin{cases}1 & \text{当 } x=x_i \text{ 时}\\ 0 & \text{当 } x=x_j \text{ 时}(j=0,1,2,\cdots,i-1;i+1,\cdots,n,\text{即 } j\neq i),\end{cases}$$

$i=0,1,\cdots,n$。

那么 $L_n(x)$ 是经过全部的 $n+1$ 个插值节点 $(x_0,y_0),(x_1,y_1),\cdots,(x_n,y_n)$ 的 n 次多项式。

对 $W_i(x)$ 的约束条件有 $n+1$ 个，确定 n 次多项式 $W_i(x)$ 需要确定 $n+1$ 个系数，所以 $W_i(x)$ 存在且唯一。

(2) 因为 $W_i(x)$ 在 $x=x_0,x_1,\cdots,x_{i-1},x_{i+1},\cdots,x_n$ 时为 0，则 $W_i(x)$ 包含因子 $(x-x_0)$，$(x-x_1),\cdots,(x-x_{i-1}),(x-x_{i+1}),\cdots,(x-x_n)$，所以设 $W_i(x)=\lambda_i(x-x_0)(x-x_1)\cdots(x-x_{i-1})(x-x_{i+1})\cdots(x-x_n)$。

又因为 $x=x_i$ 时，$W_i(x)=1$，则 $W_i(x_i)=\lambda_i(x_i-x_0)(x_i-x_1)\cdots(x_i-x_{i-1})(x_i-x_{i+1})\cdots(x_i-x_n)=1$，则

$$\lambda_i=\frac{1}{(x_i-x_0)(x_i-x_1)\cdots(x_i-x_{i-1})(x_i-x_{i+1})\cdots(x_i-x_n)}$$

所以

$$W_i(x_i)=\frac{(x-x_0)(x-x_1)\cdots(x-x_{i-1})(x-x_{i+1})\cdots(x-x_n)}{(x_i-x_0)(x_i-x_1)\cdots(x_i-x_{i-1})(x_i-x_{i+1})\cdots(x_i-x_n)}=\prod_{\substack{j=0\\j\neq i}}^{n}\frac{x-x_j}{x_i-x_j}$$

故 $W_i(x)$ 为拉格朗日插值基函数 $l_i(x)$。

因此

$$L_n(x)=\sum_{i=0}^{n}l_i(x)y_i=l_0(x)y_0+l_1(x)y_1+\cdots+l_n(x)y_n$$

其中 $l_i(x)=\prod\limits_{\substack{j=0\\j\neq i}}^{n}\dfrac{x-x_j}{x_i-x_j}=\dfrac{(x-x_0)\cdots(x-x_{i-1})(x-x_{i+1})\cdots(x-x_n)}{(x_i-x_0)\cdots(x_i-x_{i-1})(x_i-x_{i+1})\cdots(x_i-x_n)}$，式中 $i=0,1,2,\cdots,n$。

证毕。

5.2.5 拉格朗日插值函数的余项

拉格朗日插值余项函数 $R_n(x)$ = 被插函数 $f(x)$ − 插值函数 $L_n(x)$。

定理 5.1 拉格朗日插值余项函数 $R_n(x)=\dfrac{f^{(n+1)}(\xi)}{(n+1)!}W_n(x)$，其中 $W_n(x)=\prod\limits_{i=0}^{n}(x-x_i)=(x-x_0)(x-x_1)(x-x_2)\cdots(x-x_n)$，当 $x\in[a,b]$ 时，$\xi\in[a,b]$，且 ξ 与

x 有关。

证明 下面分3种情况证明定理5.1。

情况1：被插函数 $f(x)$ 是 m 阶代数多项式，插值节点共 $n+1$ 个，且 $m\leqslant n$。

设拉格朗日插值函数 $L_n(x)=a_0+a_1x+a_2x^2+\cdots+a_nx^n$。

① 显然，$a_{m+1}=a_{m+2}=\cdots=a_n=0$，$L_n(x)$ 也是 m 阶代数多项式，即 $L_n(x)=f(x)$，几何含义是 $L_n(x)$ 与 $f(x)$ 的曲线图像完全重合，没有误差。

所以拉格朗日插值余项函数 $R_n(x)$ 恒为0。

② 因为对代数多项式函数求1次导数，多项式的阶数少1；对0次多项式（常数）求1次导数，代数多项式函数变为常数0，又因为 $f(x)$ 是 m 阶代数多项式，且 $m\leqslant n$，则 $f^{(n+1)}(x)$ 恒为0。

所以 $f^{(n+1)}(\xi)=0$，其中 $\xi\in[a,b]$，因此拉格朗日插值余项函数 $R_n(x)=\dfrac{f^{(n+1)}(\xi)}{(n+1)!}W_n(x)$ 恒为0。

③ 由①、②得，定理5.1在情况1时成立。

情况2：被插函数 $f(x)$ 是 m 阶代数多项式，插值节点共 $n+1$ 个，且 $m=n+1$。

设被插函数 $f(x)=a_0+a_1x+a_2x^2+\cdots+a_nx^n+a_{n+1}x^{n+1}$，其中 $a_{n+1}\neq 0$。

① 因为 $f(x)$ 是 $n+1$ 阶多项式，$L_n(x)$ 是 n 阶多项式，所以 $R_n(x)=f(x)-L_n(x)$ 为 $n+1$ 阶多项式，且 $R_n(x)$ 的 $n+1$ 阶项为 $a_{n+1}x^{n+1}$，即 $R_n(x)$ 的 $n+1$ 阶项与 $f(x)$ 的 $n+1$ 阶项相同。

② 因为 $f(x)$ 与 $L_n(x)$ 在 $n+1$ 个插值节点处没有误差（几何含义是 $f(x)$ 与 $L_n(x)$ 在 $n+1$ 个插值节点处相交），所以当 $x=x_0$，或 $x=x_1$，或 $x=x_2$，…，或 $x=x_n$ 时，$R_n(x)=0$，因此 $R_n(x)$ 含有因子 $(x-x_0)$，$(x-x_1)$，$(x-x_2)$，…，$(x-x_n)$。

③ 由①、②得，$R_n(x)=a_{n+1}(x-x_0)(x-x_1)(x-x_2)\cdots(x-x_n)$。

④ 因为 $f(x)=a_0+a_1x+a_2x^2+\cdots+a_nx^n+a_{n+1}x^{n+1}$，对其中的前 n 项 a_0、a_1x、a_2x^2、…、a_nx^n 求 $n+1$ 阶导数时恒为0；因为

$$\begin{aligned}a_{n+1}(x^{n+1})^{(n+1)}&=a_{n+1}(n+1)(x^n)^{(n)}=a_{n+1}(n+1)n(x^{n-1})^{(n-1)}\\&=a_{n+1}(n+1)n(n-1)(x^{n-2})^{(n-2)}\\&=\cdots=a_{n+1}(n+1)!\end{aligned}$$

也就是说，对第 $n+1$ 项 $a_{n+1}x^{n+1}$ 求 $n+1$ 阶导数，恒为常数 $a_{n+1}(n+1)!$，则 $f^{(n+1)}(x)$ 恒为常数 $a_{n+1}(n+1)!$，故 $f^{(n+1)}(\xi)=a_{n+1}(n+1)!$，所以拉格朗日插值余项函数 $R_n(x)=\dfrac{f^{(n+1)}(\xi)}{(n+1)!}W_n(x)=\dfrac{a_{n+1}(n+1)!}{(n+1)!}W_n(x)=a_{n+1}(x-x_0)(x-x_1)(x-x_2)\cdots(x-x_n)$。

⑤ 由③、④得，定理5.1在情况2时成立。

情况3：除情况1和情况2之外的情况。即被插函数 $f(x)$ 是 m 阶代数多项式（$m>n+1$）或者 $f(x)$ 是其他类型的函数。

设插值点位于 $x=\_x$ 处。按 $\_x$ 的位置，可分为以下两种情况来讨论。

(1) 下面证明当插值点 $\_x$ 与某一个插值节点 x_i 重合时，定理5.1成立。

① 显然,当插值点_x 与某一个插值节点 x_i 重合时,没有误差。

即 $f(\_x)=L_n(\_x)$,$R_n(\_x)=f(\_x)-L_n(\_x)=0$。

② 因为_$x=x_i$,则

$$W_n(x)=(x-x_0)(x-x_1)\cdots(x-x_i)\cdots(x-x_n)=0$$

所以拉格朗日插值余项函数 $R_n(x)=\dfrac{f^{(n+1)}(\xi)}{(n+1)!}W_n(x)=0$。

③ 由①、②得,插值点_x 与某一个插值节点 x_i 重合时,定理 5.1 成立。

(2) 下面证明当插值点_x 与任何一个插值节点都不重合时,定理 5.1 成立。

① 首先推导出辅助定理 5.2。

(a) 1 阶辅助定理

定理 5.2 如果函数 $f(x)$和函数 $g(x)$在 $x=x_0^{(1)}$ 和 $x=x_1^{(1)}$ 处相交(即有 2 个共同点,$f(x_0^{(1)})=g(x_0^{(1)})$,$f(x_1^{(1)})=g(x_1^{(1)})$),$f(x)$和 $g(x)$在$[x_0^{(1)},x_1^{(1)}]$上连续,在$(x_0^{(1)},x_1^{(1)})$内有连续的 1 阶导数,那么在$(x_0^{(1)},x_1^{(1)})$内至少有 1 点$\xi(x_0^{(1)}<\xi<x_1^{(1)})$,使 $f'(\xi)=g'(\xi)$。

也就是说,若 $f(x)$、$g(x)$有 2 个共同点($x=x_0^{(1)}$,$x_1^{(1)}$),则至少有 1 点 $x=\xi(\xi\in(x_0^{(1)},x_1^{(1)}))$,此处 $f(x)$、$g(x)$的 1 阶导数相等,如图 5.4 所示。

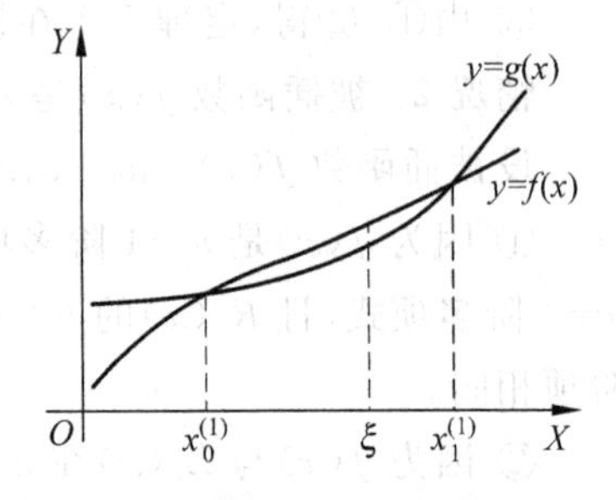

图 5.4 定理 5.2 的几何含义

证明 构造辅助函数 $\varphi(x)=f(x)-g(x)$,因为

$$f(x_0^{(1)})=g(x_0^{(1)}),\quad f(x_1^{(1)})=g(x_1^{(1)})$$

则

$$\varphi(x_0^{(1)})=\varphi(x_1^{(1)})=0$$

由罗尔定理可知,至少有 1 点 ξ,$(x_0^{(1)}<\xi<x_1^{(1)})$,使 $\varphi'(\xi)=0$,所以在 $x=\xi$ 处,$f'(\xi)=g'(\xi)$,$\xi\in(x_0^{(1)},x_1^{(1)})$。

证毕。

(b) 2 阶辅助定理

如果 $f(x)$和 $g(x)$有 3 个共同点($x=x_0^{(1)},x_1^{(1)},x_2^{(1)}$),$f(x)$和 $g(x)$在$[x_0^{(1)},x_2^{(1)}]$上连续,在$(x_0^{(1)},x_2^{(1)})$内有连续的 2 阶导数,由(a)得,至少有 2 点 $x=x_0^{(2)},x_1^{(2)}$(其中 $x_0^{(2)}\in(x_0^{(1)},x_1^{(1)})$,$x_1^{(2)}\in(x_1^{(1)},x_2^{(1)})$),在这 2 点处,$f(x)$、$g(x)$的 1 阶导数相等。

在此基础之上,对 1 阶导数再求 1 阶导数得到 2 阶导数,重复上述推导过程。因为 $f'(x)$、$g'(x)$有 2 个共同点($x=x_0^{(2)},x_1^{(2)}$),所以至少有 1 点 $x=\xi(\xi\in(x_0^{(2)},x_1^{(2)}))$,此处 $f(x)$、$g(x)$的 2 阶导数相等。

所以若 $f(x)$、$g(x)$有 3 个共同点($x=x_0^{(1)},x_1^{(1)},x_2^{(1)}$),则至少有 1 点 $x=\xi(\xi\in(x_0^{(1)},x_2^{(1)}))$,此处 $f(x)$、$g(x)$的 2 阶导数相等,如图 5.5 所示。

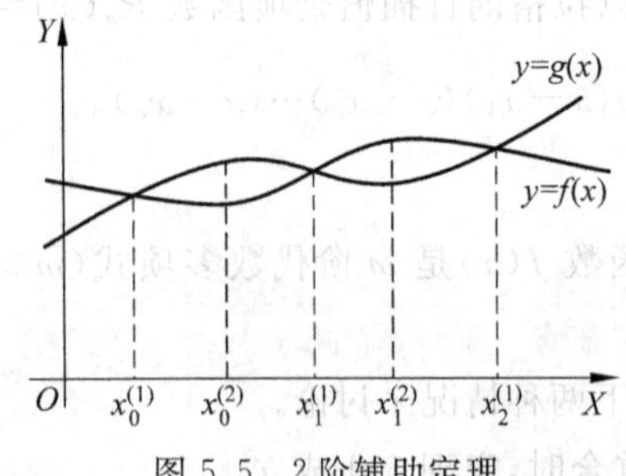

图 5.5 2 阶辅助定理

(c) 3 阶辅助定理

如果 $f(x)$和 $g(x)$有 4 个共同点($x=x_0^{(1)},x_1^{(1)},x_2^{(1)},x_3^{(1)}$),$f(x)$和 $g(x)$在$[x_0^{(1)},x_3^{(1)}]$上连续,在$(x_0^{(1)},x_3^{(1)})$内有连续的 3 阶导数,由(a)、(b)得,至少

有3点 $x=x_0^{(2)},x_1^{(2)},x_2^{(2)}$（其中 $x_0^{(2)}\in(x_0^{(1)},x_1^{(1)}),x_1^{(2)}\in(x_1^{(1)},x_2^{(1)}),x_2^{(2)}\in(x_2^{(1)},x_3^{(1)})$），在这3点处，$f(x)$、$g(x)$的1阶导数相等。

在此基础之上，对1阶导数再求1阶导数得到2阶导数，重复上述推导过程。因为 $f'(x)$、$g'(x)$有3个共同点（$x=x_0^{(2)},x_1^{(2)},x_2^{(2)}$），所以至少有2点 $x=x_0^{(3)},x_1^{(3)}$（其中 $x_0^{(3)}\in(x_0^{(2)},x_1^{(2)}),x_1^{(3)}\in(x_1^{(2)},x_2^{(2)})$），在这2点处，$f(x)$、$g(x)$的2阶导数相等。

同理，对2阶导数再求2阶导数得到3阶导数。因为 $f''(x)$、$g''(x)$有2个共同点（$x=x_0^{(3)},x_1^{(3)}$），所以至少有1点 $x=\xi(\xi\in(x_0^{(3)},x_1^{(3)}))$，此处 $f(x)$、$g(x)$的3阶导数相等。

若 $f(x)$、$g(x)$有4个共同点（$x=x_0^{(1)},x_1^{(1)},x_2^{(1)},x_3^{(1)}$），则至少有1点 $x=\xi(\xi\in(x_0^{(1)},x_3^{(1)}))$，此处 $f(x)$、$g(x)$的3阶导数相等。

(d) 辅助定理5.3

重复上述推导过程，可以得到以下结论：

定理5.3 如果 $f(x)$和 $g(x)$有 $m+1$ 个共同点（$x=x_0^{(1)},x_1^{(1)},x_2^{(1)},\cdots x_m^{(1)}$），$f(x)$和 $g(x)$在$[x_0^{(1)},x_m^{(1)}]$上连续，在$(x_0^{(1)},x_m^{(1)})$内有连续的 m 阶导数，则至少有1点 $x=\xi(\xi\in(x_0^{(1)},x_m^{(1)}))$，此处 $f(x)$、$g(x)$的 m 阶导数相等。

② 构造辅助函数 $g(x)$。构造 $g(x)$的方法为

以 $f(x)$为被插函数，取插值节点为$(_x,f(_x)),(x_0,f(x_0)),(x_1,f(x_1)),(x_2,f(x_2)),\cdots(x_n,f(x_n))$，共 $n+2$ 个插值节点，做 $n+1$ 次拉格朗日插值函数，这个插值函数记为 $g(x)$。显然 $g(x)$为 $n+1$ 阶代数多项式。

因此在 $x=x_0,x=x_1,x=x_2,\cdots,x=x_n$ 处（共 $n+1$ 处），$L_n(x)$、$g(x)$、$f(x)$的函数值相等；在 $x=\_x$ 处，$g(x)$和 $f(x)$的函数值相等，这个值与 $L_n(x)$的函数值可能不同，如图5.6所示。

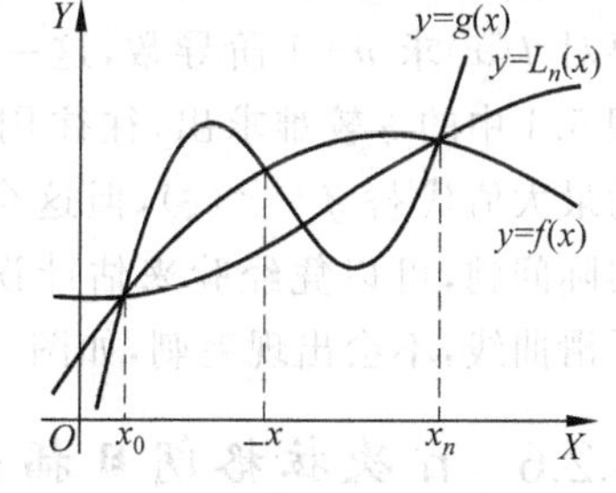

图5.6 拉格朗日插值余项

在 $x=\_x$ 处，$R_n(x)=f(x)-L_n(x)=g(x)-L_n(x)$，在 $x=\_x$ 处，以 $f(x)$为被插函数时 $L_n(x)$的余项，等于以 $g(x)$为被插函数时 $L_n(x)$的余项。

③ 因为在 $x=x_0,x=x_1,x=x_2,\cdots,x=x_n$ 处（共 $n+1$ 处），$L_n(x)$、$g(x)$、$f(x)$的函数值相等，所以 $L_n(x)$也可以看作是以 $g(x)$为被插函数的 n 次拉格朗日插值函数。

又因为 $g(x)$为 $n+1$ 阶代数多项式，插值节点共 $n+1$ 个，由情况2得

在 $x=\_x$ 处，$R_n(x)=f(x)-L_n(x)=g(x)-L_n(x)$

$$=\frac{g^{(n+1)}(x)}{(n+1)!}(x-x_0)(x-x_1)(x-x_2)\cdots(x-x_n)$$

设 $g(x)$第 $n+1$ 项为 $a_{n+1}x^{n+1}$，那么 $g^{(n+1)}(x)$恒为常数 $a_{n+1}(n+1)!$。

④ 因为 $f(x)$和 $g(x)$有 $n+2$ 个共同点（$x=\_x,x_0,x_1,x_2,\cdots x_n$），由定理5.3可知，至少有1点 $x=\xi$（ξ 在这 $n+2$ 个共同点上，或在这 $n+2$ 个共同点之间），此处 $f(x)$、$g(x)$的 $n+1$ 阶导数相等。

故

$$f^{(n+1)}(\xi)=g^{(n+1)}(\xi)=a_{n+1}(n+1)!$$

所以在 $x=\_x$ 处，

$$R_n(x)=f(x)-L_n(x)$$

$$=\frac{f^{(n+1)}(\xi)}{(n+1)!}(x-x_0)(x-x_1)(x-x_2)\cdots(x-x_n)$$

因此当插值点 $\_x$ 与任何一个插值节点都不重合时，定理 5.1 成立。

总之，定理 5.1 在情况 1、情况 2、情况 3 时都成立。

证毕。

说明：

① $|W_n(x)|$ 在内插时较小，在外推时较大。因此，往往内插较可靠，外推不可靠。

② 若被插函数 $f(x)$ 为平滑的曲线，插值区间足够小，且合理地选取插值节点，则 1 次代数插值的精度往往低于 2 次、3 次代数插值。

③ 若被插函数 $f(x)$ 是 m 次代数多项式，对 $f(x)$ 做 n 次代数插值（插值节点共有 $n+1$ 个），当 $n\geqslant m$ 时，则余项函数恒为 0（即 $R_n(x)=f(x)-L_n(x)\equiv 0$）。反之，若被插函数 $f(x)$ 不是代数多项式，那么一般情况下，代数插值的阶次 $n\rightarrow\infty$ 时，不能使插值函数 $L_n(x)$ 收敛于被插函数 $f(x)$。

④ 从理论上讲（实际上无法实现），若代数插值的阶次趋向无穷大，使所有点都是插值节点，则余项函数 $R_n(x)$ 恒为 0。

⑤ 应用定理 5.1 需要知道 $f(x)$ 的解析表达式，还需要对 $f(x)$ 求 $n+1$ 阶导数，这一要求较为苛刻。另外，定理 5.1 中的 ξ 较难求出，往往用 $f^{(n+1)}(x)$ 在插值区间内的最大值代替 $f^{(n+1)}(\xi)$，但这会导致一些精度损失。对实际问题，可以凭经验来估计误差。如弹道曲线是一条平滑曲线，不会出现毛刺，如图 5.7 所示。

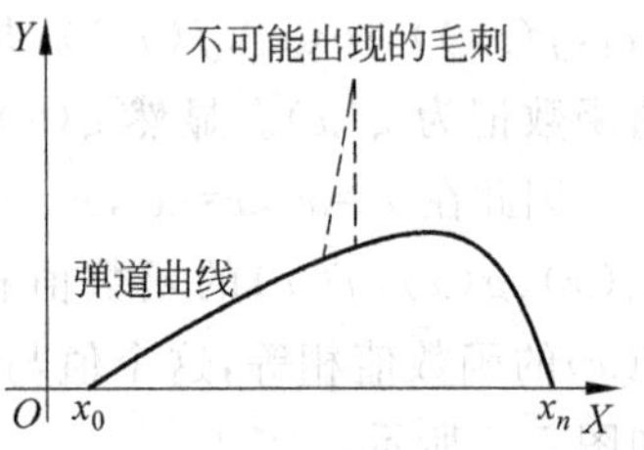

图 5.7 弹道曲线不会出现毛刺

5.2.6 n 次拉格朗日插值的算法和程序

下面的程序中，对任意输入的插值点横坐标 $\_x$，计算出插值函数上插值点的纵坐标 $\_y$。

算法 5.1 n 次拉格朗日插值的算法。

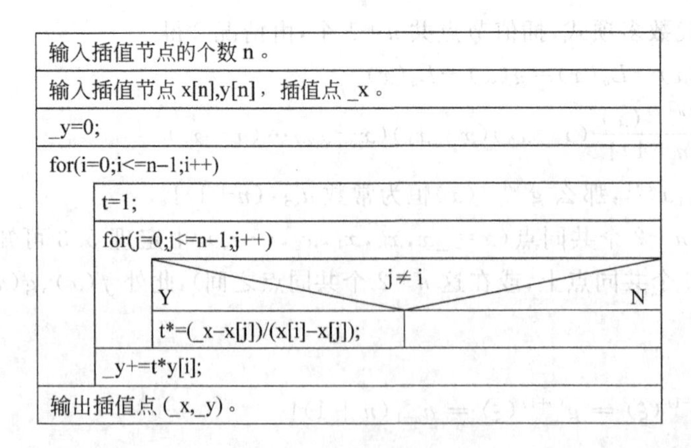

程序 5.1 n 次拉格朗日插值对应的程序。

```
#include <stdio.h>
#include <math.h>
#define MAXSIZE 50
void input(double x[MAXSIZE],double y[MAXSIZE],long n);
void main(void)
{
    double x[MAXSIZE],y[MAXSIZE],_x,_y,t;
    long n,i,j;
    printf("\n 请输入插值节点的个数:");
    scanf("%ld",&n);
    input(x,y,n);
    printf("\n 请输入插值点:");
    scanf("%lf",&_x);
    _y=0;
    for(i=0;i<=n-1;i++)
    {
        t=1;
        for(j=0;j<=n-1;j++)
            if(j!=i)
                t*=(_x-x[j])/(x[i]-x[j]);
        _y+=t*y[i];
    }
    printf("\n 插值点(x,y)=(%lf,%lf)。",_x,_y);
}
void input(double x[MAXSIZE],double y[MAXSIZE],long n)
{
    long i;
    for(i=0;i<=n-1;i++)
    {
        printf("\n 请输入插值节点 x[%ld],y[%ld]:",i,i);
        scanf("%lf,%lf",&x[i],&y[i]);
    }
}
```

5.3 差商与牛顿插值

5.3.1 差商的递归定义

牛顿插值是代数插值的另外一种实现方法。牛顿插值多项式与拉格朗日插值多项式是一致的，只是构造插值多项式的过程不同。当增加插值节点时，牛顿插值能避免重复的计算，这是牛顿插值的优点。

实现牛顿插值需要用到差商。对连续变化的函数，经常用微商研究函数的性质。做插值运算时,只知道被插函数上若干个离散的点。对离散化的函数,经常用差商来研究函数的性质。差商也被称为均差。下面是差商的递归定义。

定义 5.3 $f(x)$在 x_0 点处的 0 阶差商 $f[x_0]=f(x_0)$;

$f(x)$在 x_0、x_1 点处的 1 阶差商 $f[x_0,x_1]=\dfrac{f(x_0)-f(x_1)}{x_0-x_1}$;

$f(x)$在 x_0、x_1、x_2 点处的 2 阶差商 $f[x_0,x_1,x_2]=\dfrac{f[x_0,x_1]-f[x_1,x_2]}{x_0-x_2}$;

……

$f(x)$在 $x_0,x_1,\cdots,x_n$ 点处的 n 阶差商 $f[x_0,x_1,\cdots,x_n]=\dfrac{f[x_0,x_1,\cdots,x_{n-1}]-f[x_1,x_2,\cdots,x_n]}{x_0-x_n}$。

说明:

① 定义 5.3 中要求当 $i\neq j$ 时 $x_i\neq x_j$,除此之外,对点 x_i 具体代表哪一点没有限制(可以把 x_i 换成任意一点),对各点的次序也没有限制(即不要求 $x_0<x_1<\cdots<x_n$)。

② 由 $n-1$ 阶差商定义 n 阶差商时,要求分子上 2 个差商的方括号中有 $n-1$ 个点是相同的,仅 1 个点互不相同,那么分母是这 2 个不同的点求差。例如,定义 5.3 的 n 阶差商定义中分子上前面那个差商特有的点是 x_0,后面那个差商特有的点是 x_n,那么分母是 x_0-x_n。

5.3.2 差商的性质

差商有以下性质:

性质 1 如果 $f(x)$是代数多项式,那么对 $f(x)$求 1 次差商,降 1 次幂。

具体地说,如果 $f(x)$是 m 阶代数多项式,设 $f(x)=a_0+a_1x+a_2x^2+\cdots+a_mx^m$,那么

1 阶差商 $f[x,x_0]$是 x 的 $m-1$ 次多项式;

2 阶差商 $f[x,x_0,x_1]$是 x 的 $m-2$ 次多项式;

……

m 阶差商 $f[x,x_0,x_1,\cdots,x_{m-1}]$是常数 a_m(即 $f(x)$的 m 阶项 a_mx^m 的系数)。

总之,对 m 阶多项式 $f(x)=a_0+a_1x+a_2x^2+\cdots+a_mx^m$,求 n 阶差商 $f[x,x_0,x_1,\cdots,x_{n-1}]$,$n<m$ 时,$f[x,x_0,x_1,\cdots,x_{n-1}]$是 x 的 $m-n$ 次多项式;

$n=m$ 时,$f[x,x_0,x_1,\cdots,x_{n-1}]$是 $f(x)$的 m 阶项 a_mx^m 的系数 a_m;

$n>m$ 时,$f[x,x_0,x_1,\cdots,x_{n-1}]$恒为 0。

证明 差商的递归定义:

$$f[x,x_0,x_1,\cdots,x_{n-1}]=\frac{f[x,x_0,x_1,\cdots,x_{n-2}]-f[x_0,x_1,\cdots,x_{n-1}]}{x-x_{n-1}}$$

当 $x=x_{n-1}$时,$f[x,x_0,x_1,\cdots,x_{n-2}]=f[x_1,x_2,\cdots,x_{n-1}]$,当 $x=x_{n-1}$时,$f[x,x_0,x_1,\cdots,x_{n-2}]-f[x_0,x_1,\cdots,x_{n-1}]=0$,故$(f[x,x_0,x_1,\cdots,x_{n-2}]-f[x_0,x_1,\cdots,x_{n-1}])$必定含有因子$(x-x_{n-1})$。

所以$(f[x,x_0,x_1,\cdots,x_{n-2}]-f[x_0,x_1,\cdots,x_{n-1}])$能够整除因子$(x-x_{n-1})$。

$n\leqslant m$ 时,$(f[x,x_0,x_1,\cdots,x_{n-2}]-f[x_0,x_1,\cdots,x_{n-1}])$除以因子$(x-x_{n-1})$后会将多

项式的阶次降1，且不改变最高阶项的系数 a_n，所以当 $n<m$ 时，$f[x,x_0,x_1,\cdots,x_{n-1}]$是 x 的 $m-n$ 次多项式。

当 $n=m$ 时，n 阶差商为常数 a_n。如果再求 $n+1$ 差商，分子为 $f(x)$的2个 n 阶差商求差，即 $a_m-a_m=0$，所以 $n>m$ 时，$f[x,x_0,x_1,\cdots,x_{n-1}]$恒为0。

证毕。

也就是说，对有限次多项式函数 $f(x)$，求若干阶差商后恒为0。如果 $f(x)$不能用有限次多项式精确表示（如 $f(x)$为三角函数），那么可能对 $f(x)$求多少次差商，结果也不会恒为0。

对代数多项式函数求导也有类似的性质。

性质2 $f(x)$在 $x_0,x_1,\cdots,x_n$ 处的 n 阶差商也可以定义为

$$f[x_0,x_1,\cdots,x_n]=\sum_{i=0}^{n}\frac{f(x_i)}{(x_i-x_0)\cdots(x_i-x_{i-1})(x_i-x_{i+1})\cdots(x_i-x_n)}$$
$$=\sum_{i=0}^{n}\left(f(x_i)\prod_{\substack{j=0\\j\neq i}}^{n}\frac{1}{(x_i-x_j)}\right)$$

这个定义与差商的递归定义（定义5.3）是一致的。

证明 用数学归纳法。

① 考查0阶差商。

按差商的递归定义，有 $f[x_0]=f(x_0)$。

按性质2，有 $f[x_0]=\sum_{i=0}^{0}\left(f(x_i)\prod_{\substack{j=0\\j\neq i}}^{0}\frac{1}{(x_i-x_j)}\right)=f(x_0)$。

二者一致。

再考查1阶差商。

按差商的递归定义，有 $f[x_0,x_1]=\dfrac{f(x_0)-f(x_1)}{x_0-x_1}$；

按性质2，有 $f[x_0]=\sum_{i=0}^{1}\left(f(x_i)\prod_{\substack{j=0\\j\neq i}}^{1}\frac{1}{(x_i-x_j)}\right)=\dfrac{f(x_0)}{x_0-x_1}+\dfrac{f(x_1)}{x_1-x_0}$

$$=\frac{f(x_0)-f(x_1)}{x_0-x_1}。$$

二者一致。

② 假设对于 k 阶差商，定义5.3与性质2一致，下面证明对于 $k+1$ 阶差商，定义5.3与性质2一致。

因为对于 k 阶差商，定义5.3与性质2一致，则

$$f[x_0,x_1,\cdots,x_k]=\sum_{i=0}^{k}\left(f(x_i)\prod_{\substack{j=0\\j\neq i}}^{k}\frac{1}{(x_i-x_j)}\right)$$
$$f[x_1,x_2,\cdots,x_{k+1}]=\sum_{i=1}^{k+1}\left(f(x_i)\prod_{\substack{j=1\\j\neq i}}^{k+1}\frac{1}{(x_i-x_j)}\right)$$

所以按定义5.3，$f(x)$在 $x_0,x_1,\cdots,x_{k+1}$处的 $k+1$ 阶差商为

$$
\begin{aligned}
&f[x_0,x_1,\cdots,x_{k+1}]\\
&=\frac{f[x_0,x_1,\cdots,x_k]-f[x_1,x_2,\cdots,x_{k+1}]}{x_0-x_{k+1}}\\
&=\frac{1}{x_0-x_{k+1}}\sum_{i=0}^{k}\left(f(x_i)\prod_{\substack{j=0\\j\neq i}}^{k}\frac{1}{(x_i-x_j)}\right)-\frac{1}{x_0-x_{k+1}}\\
&\quad\cdot\sum_{i=1}^{k+1}\left(f(x_i)\prod_{\substack{j=1\\j\neq i}}^{k+1}\frac{1}{(x_i-x_j)}\right)\\
&=\frac{1}{x_0-x_{k+1}}f(x_0)\prod_{j=1}^{k}\frac{1}{(x_0-x_j)}+\frac{1}{x_0-x_{k+1}}\\
&\quad\cdot\sum_{i=1}^{k}\left(f(x_i)\prod_{\substack{j=0\\j\neq i}}^{k}\frac{1}{(x_i-x_j)}\right)-\frac{1}{x_0-x_{k+1}}\sum_{i=1}^{k}\left(f(x_i)\prod_{\substack{j=1\\j\neq i}}^{k+1}\frac{1}{(x_i-x_j)}\right)\\
&\quad-\frac{1}{x_0-x_{k+1}}f(x_{k+1})\prod_{j=1}^{k}\frac{1}{(x_{k+1}-x_j)}\\
&=f(x_0)\prod_{j=1}^{k+1}\frac{1}{(x_0-x_j)}+\frac{1}{x_0-x_{k+1}}\sum_{i=1}^{k}\left(f(x_i)\prod_{\substack{j=0\\j\neq i}}^{k}\frac{1}{(x_i-x_j)}\right.\\
&\quad\left.-f(x_i)\prod_{\substack{j=1\\j\neq i}}^{k+1}\frac{1}{(x_i-x_j)}\right)+f(x_{k+1})\prod_{j=0}^{k}\frac{1}{(x_{k+1}-x_j)}\\
&=f(x_0)\prod_{\substack{j=0\\j\neq 0}}^{k+1}\frac{1}{(x_0-x_j)}+\frac{1}{x_0-x_{k+1}}\sum_{i=1}^{k}\left(f(x_i)\left(\frac{1}{x_i-x_0}\right.\right.\\
&\quad\left.\left.-\frac{1}{x_i-x_{k+1}}\right)\prod_{\substack{j=1\\j\neq i}}^{k}\frac{1}{(x_i-x_j)}\right)+f(x_{k+1})\prod_{\substack{j=0\\j\neq k+1}}^{k+1}\frac{1}{(x_{k+1}-x_j)}\\
&=f(x_0)\prod_{\substack{j=0\\j\neq 0}}^{k+1}\frac{1}{(x_0-x_j)}+\frac{1}{x_0-x_{k+1}}\\
&\quad\cdot\sum_{i=1}^{k}\left(f(x_i)\frac{x_0-x_{k+1}}{(x_i-x_0)(x_i-x_{k+1})}\prod_{\substack{j=1\\j\neq i}}^{k}\frac{1}{(x_i-x_j)}\right)+f(x_{k+1})\prod_{\substack{j=0\\j\neq k+1}}^{k+1}\frac{1}{(x_{k+1}-x_j)}\\
&=f(x_0)\prod_{\substack{j=0\\j\neq 0}}^{k+1}\frac{1}{(x_0-x_j)}+\sum_{i=1}^{k}\left(f(x_i)\prod_{\substack{j=0\\j\neq i}}^{k+1}\frac{1}{(x_i-x_j)}\right)+f(x_{k+1})\prod_{\substack{j=0\\j\neq k+1}}^{k+1}\frac{1}{(x_{k+1}-x_j)}\\
&=\sum_{i=0}^{k+1}\left(f(x_i)\prod_{\substack{j=0\\j\neq i}}^{k+1}\frac{1}{(x_i-x_j)}\right)
\end{aligned}
$$

所以这与按性质 2,$f(x)$在 $x_0,x_1,\cdots,x_{k+1}$处的 $k+1$ 阶差商的定义一致。

③ 由①、②得,定义 5.3 和性质 2 对差商的定义一致。

证毕。

由性质 2 可知,交换节点的次序,不改变差商的值,即

$$f[x_0,\cdots,x_i,\cdots,x_j,\cdots,x_n]=f[x_0,\cdots,x_j,\cdots,x_i,\cdots,x_n]$$

性质3 如果 $f(x)$ 在 $[a,b]$ 上存在 n 阶导数，节点 $x_0,x_1,\cdots,x_n\in[a,b]$，那么至少有1点 $\xi\in[a,b]$，满足 $f[x_0,x_1,\cdots,x_n]=\dfrac{f^{(n)}(\xi)}{n!}$。这是 n 阶差商与 n 阶导数的关系式。

证明 ① 过点 $(x_0,f(x_0)),(x_1,f(x_1)),(x_2,f(x_2)),\cdots,(x_n,f(x_n))$ 做代数多项式插值，即插值函数为 $g(x)$，则 $g(x)$ 为 n 次代数多项式。

② 因为 $f(x)$ 与 $g(x)$ 在 $x=x_0,x_1,\cdots,x_n$ 处重合，所以 n 阶差商 $f[x_0,x_1,\cdots,x_n]=g[x_0,x_1,\cdots,x_n]$。

③ 因为 $f(x)$ 与 $g(x)$ 有 $n+1$ 个共同点 $x=x_0,x_1,\cdots,x_n$，且 $x_0,x_1,\cdots,x_n\in[a,b]$，所以由定理5.3可知，至少有1点 $x=\xi\in[a,b]$，满足 $f^{(n)}(\xi)=g^{(n)}(\xi)$。

④ 因为 $g(x)$ 为 n 次代数多项式，设 $g(x)=a_0+a_1x+a_2x^2+\cdots+a_nx^n$，所以由定理5.1的证明，$g^{(n)}(x)=n!a_n$，即对于任意的 x，n 阶导数 $g^{(n)}(x)$ 是常数 $n!a_n$。

由性质1，$g[x_0,x_1,\cdots,x_n]=a_n$，即对于任意的 x，n 阶差商 $g[x_0,x_1,\cdots,x_n]$ 是常数 a_n。

因此

$$g[x_0,x_1,\cdots,x_n]=\frac{g^{(n)}(x)}{n!}$$

⑤ 由②、③、④得

$$f[x_0,x_1,\cdots,x_n]=g[x_0,x_1,\cdots,x_n]=\frac{g^{(n)}(x)}{n!}=\frac{g^{(n)}(\xi)}{n!}=\frac{f^{(n)}(\xi)}{n!}$$

其中 $\xi\in[a,b]$。

故性质3成立。

证毕。

5.3.3 差商表

可以用差商表计算各阶差商。差商表的格式见表5.1。在表5.1中，已知自变量 x_k 和函数值 $f(x_k)(k=i,i+1,\cdots,i+n)$，0阶差商即函数值：

$$f[x_i]=f(x_i)$$

求 n 阶差商的递推计算公式为

$$f[x_i,x_{i+1},x_{i+2},\cdots,x_{i+n}]=\frac{f[x_i,x_{i+1},\cdots,x_{i+n-1}]-f[x_{i+1},x_{i+2},\cdots,x_{i+n}]}{x_i-x_{i+n}}$$

差商表对节点的次序没有限制。当新增加节点时，可以把新增节点添加到差商表最下行，原有节点的数据不变。

例5.2 绘制 $f(x)=7x^3+1$ 在 $x=-2,-1,0,1,2$ 处的1～4阶差商表。

解 见表5.2。

在例5.2中，$f(x)$ 为3次多项式，$f(x)$ 的3阶差商恒等于 $f(x)$ 的 x^3 项系数7，4阶差商恒等于0，与性质1一致。

表 5.1 差商表

x_k	$f(x_k)$	1 阶差商	2 阶差商	3 阶差商	4 阶差商	……
x_0	$f(x_0)$					
x_1	$f(x_1)$	$f[x_0,x_1]$				
x_2	$f(x_2)$	$f[x_1,x_2]$	$f[x_0,x_1,x_2]$			
x_3	$f(x_3)$	$f[x_2,x_3]$	$f[x_1,x_2,x_3]$	$f[x_0,x_1,x_2,x_3]$		
x_4	$f(x_4)$	$f[x_3,x_4]$	$f[x_2,x_3,x_4]$	$f[x_1,x_2,x_3,x_4]$	$f[x_0,x_1,x_2,x_3,x_4]$	
……	……	……	……	……	……	……

表 5.2 例 5.2 表

x_k	$f(x_k)$	1 阶差商	2 阶差商	3 阶差商	4 阶差商
−2	−55				
−1	−6	49			
0	1	7	−21		
1	8	7	0	7	
2	57	49	21	7	0

5.3.4 牛顿插值函数和余项

过 $n+1$ 个插值节点 $(x_0,f(x_0)),(x_1,f(x_1)),\cdots,(x_n,f(x_n))$ 的 n 次牛顿插值函数的一般形式为

$$N_n(x)=f[x_0]+f[x_0,x_1](x-x_0)+f[x_0,x_1,x_2](x-x_0)(x-x_1)+\cdots$$
$$+f[x_0,x_1,\cdots,x_n](x-x_0)(x-x_1)\cdots(x-x_{n-1})$$

牛顿插值余项函数 $R_n(x)$=被插函数 $f(x)$−插值函数 $N_n(x)$

$$=f[x,x_0,x_1,\cdots,x_n](x-x_0)(x-x_1)(x-x_2)\cdots(x-x_n)$$
$$=f[x,x_0,x_1,\cdots,x_n]W_n(x)$$

其中 $W_n(x)=\prod_{i=0}^{n}(x-x_i)=(x-x_0)(x-x_1)(x-x_2)\cdots(x-x_n)$

证明 (1) 设共有 $n+1$ 个插值节点 $(x_0,f(x_0)),(x_1,f(x_1)),\cdots,(x_n,f(x_n))$，由差商的递归定义，有

① $f[x,x_0]=\dfrac{f(x)-f(x_0)}{x-x_0}\Leftrightarrow f(x)=f(x_0)+f[x,x_0](x-x_0)$

② $f[x,x_0,x_1]=\dfrac{f[x,x_0]-f[x_0,x_1]}{x-x_1}\Leftrightarrow f[x,x_0]=f[x_0,x_1]$
$+f[x,x_0,x_1](x-x_1)$

③ $f[x,x_0,x_1,x_2]=\dfrac{f[x,x_0,x_1]-f[x_0,x_1,x_2]}{x-x_2}\Leftrightarrow f[x,x_0,x_1]$

$$=f[x_0,x_1,x_2]+f[x,x_0,x_1,x_2](x-x_2)$$

……

④ $f[x,x_0,x_1,\cdots,x_n]=\dfrac{f[x,x_0,x_1,\cdots,x_{n-1}]-f[x_0,x_1,x_2,\cdots,x_n]}{x-x_n}$

$$\Leftrightarrow f[x,x_0,x_1,\cdots,x_{n-1}]$$
$$=f[x_0,x_1,\cdots,x_n]+f[x,x_0,x_1,\cdots,x_n](x-x_n)$$

这些等式对任意插值点 x 都精确成立。

(2) 依次把(1)中各等式代入此等式上面等式中等号右边含有 x 的差商,得

$$\begin{aligned}f(x)&=f[x_0]+f[x_0,x_1](x-x_0)+f[x_0,x_1,x_2](x-x_0)(x-x_1)+\cdots\\&\quad+f[x_0,x_1,\cdots,x_n](x-x_0)(x-x_1)\cdots(x-x_{n-1})\\&\quad+f[x,x_0,x_1,\cdots,x_n](x-x_0)(x-x_1)(x-x_2)\cdots(x-x_n)\\&=N_n(x)+R_n(x)\end{aligned}$$

所以 $R_n(x)=f(x)-N_n(x)$成立。

(3) 因为 $N_n(x)$中所有的差商中不出现插值点 x。

则 $N_n(x)$中的差商都是常数。

所以 $N_n(x)$是 x 的 n 次多项式。

(4) 下面证明 $N_n(x)$经过全部的 $n+1$ 个插值节点$(x_0,y_0),(x_1,y_1),\cdots,(x_n,y_n)$。

设插值点 x 为任意插值节点 $x_k(k=0,1,2,\cdots,n)$,

① $f(x)=f(x_0)+f[x,x_0](x-x_0)$

② $f[x,x_0]=f[x_0,x_1]+f[x,x_0,x_1](x-x_1)$

……

③ $f[x,x_0,x_1,\cdots,x_{k-1}]=f[x_0,x_1,\cdots,x_k]+f[x,x_0,x_1,\cdots,x_k](x-x_k)$

……

④ $f[x,x_0,x_1,\cdots,x_{n-2}]=f[x_0,x_1,\cdots,x_{n-1}]+f[x,x_0,x_1,\cdots,x_{n-1}](x-x_{n-1})$

以上各等式对任意插值点 x 都精确成立,代入 $x=x_k(k=0,1,2,\cdots,n)$时没有误差。

⑤ $f[x,x_0,x_1,\cdots,x_{n-1}]=f[x_0,x_1,\cdots,x_n]$

这个等式少了一项 $f[x,x_0,x_1,\cdots,x_n](x-x_n)$,导致了插值余项 $R_n(x)$。

具体地说,代入 $x=x_k(k=n)$,等式⑤显然成立。

但是,代入 $x=x_k(k=0,1,2,\cdots,n-1)$,等式⑤不成立。这时,等式⑤会逐行向上代入。等式⑤一定会代入等式③中的 $f[x,x_0,x_1,\cdots,x_k]$,再乘以$(x-x_k)$。因子$(x-x_k)$在 $x=x_k$ 时为 0,所以 $f[x,x_0,x_1,\cdots,x_k]$即使有偏差,代入结果也不会有偏差。

⑥ 因此,依次把下式代入上式,最终的代入结果为

$$\begin{aligned}f(x)&=f[x_0]+f[x_0,x_1](x-x_0)+f[x_0,x_1,x_2](x-x_0)(x-x_1)\\&\quad+\cdots+f[x_0,x_1,\cdots,x_n](x-x_0)(x-x_1)\cdots(x-x_{n-1})\end{aligned}$$

在 $x=x_k(k=0,1,2,\cdots,n)$处精确成立。

又因为上式与 n 次牛顿插值函数 $N_n(x)$一致,所以 $N_n(x)$经过插值节点(x_k,y_k), $k=0,1,2,\cdots,n$。

(5) 由(3)、(4)得,n 次牛顿插值函数 $N_n(x)$是经过全部 $n+1$ 个插值节点(x_0,y_0),

$(x_1,y_1),\cdots,(x_n,y_n)$的 n 次代数多项式。

证毕。

由于代数插值的存在唯一性,经过 $n+1$ 个插值节点$(x_0,y_0),(x_1,y_1),\cdots,(x_n,y_n)$的 n 次拉格朗日插值函数 $L_n(x)$与 n 次牛顿插值函数 $N_n(x)$一致,因此它们的余项函数 $R_n(x)$也是一致的。

所以

$$R_n(x)=f[x,x_0,x_1,\cdots,x_n]W_n(x)=\frac{f^{(n+1)}(\xi)}{(n+1)!}W_n(x)$$

其中 $W_n(x)=\prod_{i=0}^{n}(x-x_i)=(x-x_0)(x-x_1)(x-x_2)\cdots(x-x_n)$,当 $x\in[a,b]$时,$\xi\in[a,b]$,且ξ与 x 有关。

故

$$f[x,x_0,x_1,\cdots,x_n]=\frac{f^{(n+1)}(\xi)}{(n+1)!}$$

这与差商的性质 3 吻合。

例 5.3 设 $f(x)=\sqrt{x}$,取插值节点为 $f(2.56)=1.6$,$f(2.89)=1.7$,$f(3.24)=1.8$,用牛顿插值计算$\sqrt{3}$的近似值。

解 令插值节点$(x_0,y_0)=(2.56,1.6)$,$(x_1,y_1)=(2.89,1.7)$,$(x_2,y_2)=(3.24,1.8)$,绘制 $f(x)=\sqrt{x}$在 $x=2.56,2.89,3.24$ 处的 1~2 阶差商表如表 5.3 所示。

表 5.3 例 5.3 表

x_k	$f(x_k)$	1 阶差商	2 阶差商
2.56	1.6		
2.89	1.7	0.303 030 3	
3.24	1.8	0.285 714 3	−0.025 464 7

故插值点
$$\begin{aligned}f(3)&=f[x_0]+f[x_0,x_1](x-x_0)+f[x_0,x_1,x_2](x-x_0)(x-x_1)\\&=1.6+0.303\,030\,3(3-2.56)-0.025\,464\,7(3-2.56)(3-2.89)\\&\approx 1.732\end{aligned}$$

5.3.5 n 次牛顿插值的算法和程序

下面的程序中,先计算出差商表,存入二维数组 $f[i][j]$,再求插值节点$(_x,_y)$。在代入插值公式时,采用了秦九韶算法,遇到重复的乘法就提出公因子:

$$\begin{aligned}N_n(x)&=f[x_0]+f[x_0,x_1](x-x_0)+f[x_0,x_1,x_2](x-x_0)(x-x_1)+\cdots\\&\quad+f[x_0,x_1,\cdots,x_n](x-x_0)(x-x_1)\cdots(x-x_{n-1})\\&=f[x_0]+(x-x_0)(f[x_0,x_1]+(x-x_1)(f[x_0,x_1,x_2]+(x-x_2)(\cdots\\&\quad+(x-x_{n-3})(f[x_0,x_1,\cdots,x_{n-2}]+(x-x_{n-2})(f[x_0,x_1,\cdots,x_{n-1}]\\&\quad+(x-x_{n-1})f[x_0,x_1,\cdots,x_n]))\cdots)))\end{aligned}$$

算法 5.2　n 次牛顿插值的算法。

输入插值节点的个数 n。		
输入插值节点 (x[n],f[n][0])，插值点 _x。		
for(j=1;j<=n−1;j++)　① 构造差商表		
	for(i=j;i<=n−1;i++)	
		f[i][j]=(f[i][j−1]−f[i−1][j−1])/(x[i]−x[i−j]);
_y=f[n−1][n−1];　② 牛顿插值		
for(i=n−2;i>=0;i−−)		
	_y=f[i][i]+(_x−x[i])*_y;	
输出插值点 (_x, _y)。		

程序 5.2　n 次牛顿插值对应的程序。

```
#include <stdio.h>
#include <math.h>
#define MAXSIZE 50
void input(double x[MAXSIZE],double f[MAXSIZE][MAXSIZE],long n);
void main(void)
{
    double x[MAXSIZE],f[MAXSIZE][MAXSIZE],_x,_y;
    long n,i,j;
    printf("\n请输入插值节点的个数:");
    scanf("% ld",&n);
    input(x,f,n);
    printf("\n请输入插值点:");
    scanf("%lf",&_x);
    for(j=1;j<=n-1;j++)
        for(i=j;i<=n-1;i++)
            f[i][j]=(f[i][j-1]-f[i-1][j-1])/(x[i]-x[i-j]);
    _y=f[n-1][n-1];
    for(i=n-2;i>=0;i--)
        _y=f[i][i]+(_x-x[i])*_y;
    printf("\n插值点(x,y)=(%lf,%lf)。",_x,_y);
}
void input(double x[MAXSIZE],double f[MAXSIZE][MAXSIZE],long n)
{
    long i;
    for(i=0;i<=n-1;i++)
    {
        printf("\n请输入插值节点 x[%ld],y[%ld]:",i,i);
        scanf("%lf,%lf",&x[i],&f[i][0]);
    }
}
```

算法 5.3 n 次牛顿插值的算法(不保留完整的差商表)。

牛顿插值公式中,只引用了差商表各列最上面的一个差商,因此生成差商表时可以不存储牛顿插值公式中没有出现的差商,使空间复杂度从 $O(n^2)$ 降为 $O(n)$。这样做的代价是增加插值节点时,不能避免重复的计算,需要重新生成一张差商表。

用一维数组 $f[n]$ 存放三角矩阵差商表,$f[0]$ 存放差商表 0 阶差商(即函数值)中最上面的一项,$f[1]$ 存放 1 阶差商中最上面的一项……,$f[i]$ 存放 i 阶差商中最上面的一项,依次类推。

因为计算新的 $f[i]$(高 1 阶差商)需要用到旧的 $f[i]$(低 1 阶差商)和 $f[i-1]$,所以必须在新的 $f[i]$ 覆盖旧的 $f[i]$ 之前,求出 $f[i+1]$。也就是说,在求某一阶差商时,必须从下往上计算这一阶的差商。

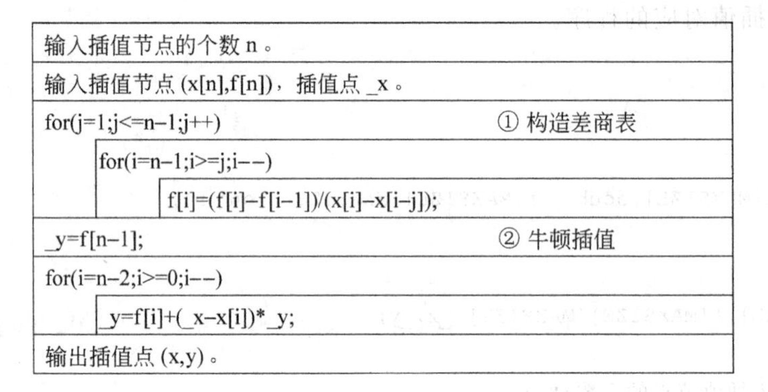

程序 5.3 n 次牛顿插值对应的程序(不保留完整的差商表)。

```
#include <stdio.h>
#include <math.h>
#define MAXSIZE 50
void input(double x[MAXSIZE],double f[MAXSIZE],long n);
void main(void)
{
    double x[MAXSIZE],f[MAXSIZE],_x,_y;
    long n,i,j;
    printf("\n 请输入插值节点的个数:");
    scanf("%ld",&n);
    input(x,f,n);
    printf("\n 请输入插值点:");
    scanf("%lf",&_x);
    for(j=1;j<=n-1;j++)
        for(i=n-1;i>=j;i--)
            f[i]=(f[i]-f[i-1])/(x[i]-x[i-j]);
    _y=f[n-1];
    for(i=n-2;i>=0;i--)
        _y=f[i]+(_x-x[i])*_y;
    printf("\n 插值点(x,y)=(%lf,%lf)。",_x,_y);
```

```
}
void input(double x[MAXSIZE],double f[MAXSIZE],long n)
{
    long i;
    for(i=0;i<=n-1;i++)
    {
        printf("\n 请输入插值节点 x[%ld],y[%ld]:",i,i);
        scanf("%lf,%lf",&x[i],&f[i]);
    }
}
```

5.4 差分与牛顿差分插值

5.4.1 差分和等距节点插值的定义

实际应用中,经常使用等距节点插值。等距节点插值要求插值节点之间的横轴(水平)距离相等。例如,在绘制人口增长曲线时,如果每隔固定时间间隔(如 10 年)做一次人口普查,那么这种插值就是等距节点插值。等距节点插值具有运算公式简单、运算量小等优点。

定义 5.4 如果某插值过程的插值节点位于 $x=x_0,x_1,\cdots,x_n$ 处,插值节点满足 $x_i-x_{i-1}=h(i=1,2,\cdots,n),h>0$,那么这个插值就是等距节点插值,$h$ 为步长。

等距节点插值的插值节点满足 $x_i=x_0+i\times h(i=0,1,2,\cdots,n)$,且 $x_0<x_1<\cdots<x_n$。

在做等距节点插值时,差商演变为差分,牛顿插值简化为牛顿差分插值。下面是差分的递归定义。

定义 5.5 差分有向前差分和向后差分,如表 5.4 所示。

表 5.4 差分的递归定义

0 阶向前差分 $\Delta^0 y_i=y_i$	0 阶向后差分 $\nabla^0 y_i=y_i$
1 阶向前差分 $\Delta^1 y_i=\Delta^0 y_{i+1}-\Delta^0 y_i$	1 阶向后差分 $\nabla^1 y_i=\nabla^0 y_i-\nabla^0 y_{i-1}$
2 阶向前差分 $\Delta^2 y_i=\Delta^1 y_{i+1}-\Delta^1 y_i$	2 阶向后差分 $\nabla^2 y_i=\nabla^1 y_i-\nabla^1 y_{i-1}$
……	……
n 阶向前差分 $\Delta^n y_i=\Delta^{n-1} y_{i+1}-\Delta^{n-1} y_i$	n 阶向后差分 $\nabla^n y_i=\nabla^{n-1} y_i-\nabla^{n-1} y_{i-1}$

其中 1 阶向前差分 $\Delta^1 y_i$ 可以简记为 Δy_i,1 阶向后差分 $\nabla^1 y_i$ 可以简记为 ∇y_i。

在定义 5.5 中,上标为差分的阶次。n 阶差分由 $n-1$ 阶差分递归定义。这 2 个 $n-1$ 阶差分的下标相邻,并且是大下标的 $n-1$ 阶差分减去小下标的 $n-1$ 阶差分。向前差分和向后差分都有以上规律。向前差分和向后差分的区别是,n 阶向前差分的下标等于 2 个 $n-1$ 阶向前差分中较小的下标,n 阶向后差分的下标等于 2 个 $n-1$ 阶向后差分中较大的下标。

5.4.2 差分表

可以用差分表计算各阶差分。向前差分表的格式见表 5.5，向后差分表的格式见表 5.6。与差商表不同，差分表只适用于等距节点插值。

表 5.5 向前差分表

x_k	$f(x_k)$	1 阶向前差分	2 阶向前差分	3 阶向前差分	4 阶向前差分	…
x_0	$f(x_0)$	Δy_0	$\Delta^2 y_0$	$\Delta^3 y_0$	$\Delta^4 y_0$	…
x_1	$f(x_1)$	Δy_1	$\Delta^2 y_1$	$\Delta^3 y_1$	…	
x_2	$f(x_2)$	Δy_2	$\Delta^2 y_2$	…		
x_3	$f(x_3)$	Δy_3	…			
x_4	$f(x_4)$	…				
…	…					

表 5.6 向后差分表

x_k	$f(x_k)$	1 阶向后差分	2 阶向后差分	3 阶向后差分	4 阶向后差分	…
x_0	$f(x_0)$					
x_1	$f(x_1)$	∇y_1				
x_2	$f(x_2)$	∇y_2	$\nabla^2 y_2$			
x_3	$f(x_3)$	∇y_3	$\nabla^2 y_3$	$\nabla^3 y_3$		
x_4	$f(x_4)$	∇y_4	$\nabla^2 y_4$	$\nabla^3 y_4$	$\nabla^4 y_4$	
…	…	…	…	…	…	…

例 5.4 绘制 $f(x)=7x^3+1$ 在 $x=-2,-1,0,1,2$ 处的 1～4 阶向前差分表和 1～4 阶向后差分表。

解 $f(x)=7x^3+1$ 在 $x=-2,-1,0,1,2$ 处的 1～4 阶向前差分表如表 5.7 所示。

表 5.7 $f(x)=7x^3+1$ 的 1～4 阶向前差分表

序号 k	x_k	$f(x_k)$	$\Delta^1 y_k$	$\Delta^2 y_k$	$\Delta^3 y_k$	$\Delta^4 y_k$
0	−2	−55	49	−42	42	0
1	−1	−6	7	0	42	
2	0	1	7	42		
3	1	8	49			
4	2	57				

$f(x)=7x^3+1$ 在 $x=-2,-1,0,1,2$ 处的 1～4 阶向后差分表如表 5.8 所示。

表 5.8 $f(x)=7x^3+1$ 的 1～4 阶向后差分表

序号 k	x_k	$f(x_k)$	$\nabla^1 y_k$	$\nabla^2 y_k$	$\nabla^3 y_k$	$\nabla^4 y_k$
0	−2	−55				
1	−1	−6	49			
2	0	1	7	−42		
3	1	8	7	0	42	
4	2	57	49	42	42	0

5.4.3 差分的性质

差分有以下性质：

性质 1 对相同插值节点构造的向前差分表各项和向后差分表各项按位置对应相等，对应关系式为 $\Delta^k y_i=\nabla^k y_{i+k}$，或者表示为 $\nabla^k y_i=\Delta^k y_{i-k}$。

例如：$\Delta^n y_0=\nabla^n y_n$。

说明：向前差分和向后差分相互转换时，上标（即差分的阶次）相同，下标不同，2 个下标之差等于上标。即把向前差分写成同阶向后差分时，要把下标加上差分的阶次；把向后差分写成同阶向前差分时，要把下标减去差分的阶次。

在例 5.4 中，可以看到向前差分表各项与向后差分表各项按位置对应相等。

证明 用数学归纳法。

① 考查 0 阶差分。

按定义 5.5 可知，0 阶向前差分 $\Delta^0 y_i=y_i$，0 阶向后差分 $\nabla^0 y_i=y_i$。

则 $\Delta^0 y_i=\nabla^0 y_i$。

显然此时性质 1 成立。

再考查 1 阶差分。

1 阶向前差分 $\Delta^1 y_i=\Delta^0 y_{i+1}-\Delta^0 y_i=y_{i+1}-y_i$，1 阶向后差分 $\nabla^1 y_{i+1}=\nabla^0 y_{i+1}-\nabla^0 y_i=y_{i+1}-y_i$。

故

$$\nabla^1 y_{i+1}=\Delta^1 y_i$$

所以此时性质 1 成立。

② 假设对于 k 阶差分，性质 1 成立，下面证明对于 $k+1$ 阶差分，性质 1 成立。

因为对于 k 阶差分，性质 1 成立，则

$$\Delta^k y_{i+1}=\nabla^k y_{i+k+1}, \quad \Delta^k y_i=\nabla^k y_{i+k}$$

所以由定义 5.5 可知，对于 $k+1$ 阶差分有 $\Delta^{k+1} y_i=\Delta^k y_{i+1}-\Delta^k y_i=\nabla^k y_{i+k+1}-\nabla^k y_{i+k}=\nabla^{k+1} y_{i+k+1}$。

因此对于 $k+1$ 阶差分，性质 1 成立。

③ 由①、②得，性质 1 成立。

证毕。

性质 2 对相同插值节点构造的差分和差商有以下关系式：

$$f[x_i,x_{i+1},\cdots,x_{i+n}]=\frac{\Delta^n y_i}{n!h^n}=\frac{\nabla^n y_{i+n}}{n!h^n}$$

证明 由性质 1，$\frac{\Delta^n y_i}{n!h^n}=\frac{\nabla^n y_{i+n}}{n!h^n}$。

下面用数学归纳法证明 $f[x_i,x_{i+1},\cdots,x_{i+n}]=\frac{\Delta^n y_i}{n!h^n}$。

① 考查 0 阶差商和差分。

0 阶向前差分 $\Delta^0 y_i=y_i$，0 阶差商 $f[x_i]=f(x_i)=y_i$，因此此时性质 2 成立。

再考查 1 阶差商和差分。

1 阶向前差分 $\Delta^1 y_i=\Delta^0 y_{i+1}-\Delta^0 y_i=y_{i+1}-y_i$，1 阶差商 $f[x_i,x_{i+1}]=\frac{f(x_i)-f(x_{i+1})}{x_i-x_{i+1}}=$

$\frac{y_i-y_{i+1}}{-h}=\frac{y_{i+1}-y_i}{h}=\frac{\Delta^1 y_i}{h}$，因此此时性质 2 成立。

② 假设对于 k 阶差商和差分，性质 2 成立，下面证明对于 $k+1$ 阶差商和差分，性质 2 成立。

因为对于 k 阶差商和差分，性质 2 成立，所以

$$f[x_i,x_{i+1},\cdots,x_{i+k}]=\frac{\Delta^k y_i}{k!h^k},\quad f[x_{i+1},x_{i+2},\cdots,x_{i+k+1}]=\frac{\Delta^k y_{i+1}}{k!h^k}$$

因此 $k+1$ 阶差商

$$\begin{aligned}f[x_i,x_{i+1},\cdots,x_{i+k+1}]&=\frac{f[x_i,x_{i+1},\cdots,x_{i+k}]-f[x_{i+1},x_{i+2},\cdots,x_{i+k+1}]}{x_i-x_{i+k+1}}\\&=\frac{\frac{\Delta^k y_i}{k!h^k}-\frac{\Delta^k y_{i+1}}{k!h^k}}{-(k+1)h}=\frac{\frac{\Delta^k y_{i+1}}{k!h^k}-\frac{\Delta^k y_i}{k!h^k}}{(k+1)h}\\&=\frac{\Delta^k y_{i+1}-\Delta^k y_i}{(k+1)hk!h^k}=\frac{\Delta^{k+1} y_i}{(k+1)!h^{k+1}}\end{aligned}$$

故对于 $k+1$ 阶差商和差分，性质 2 成立。

③ 由①、②得，性质 2 成立。

证毕。

由性质 1(向前差分与向后差分的关系)和性质 2(差分与差商的关系)及差商的性质可以得到以下推论。

推论 1 如果对 m 阶代数多项式求 n 阶差分，且 $n>m$，那么结果恒为 0；如果对其他类型的函数求差分，那么可能求多少次差分，结果也不会恒为 0。

证明略。

在例 5.4 中，可以看到对 3 次多项式求 4 阶差分，结果为 0。

推论 2 $y=f(x)$ 在 $x_i,x_{i+1},\cdots,x_{i+n}$ 处的 n 阶差分也可以定义为

$$\Delta^n y_i=\nabla^n y_{i+n}=\sum_{s=0}^{n}(-1)^s C_n^s y_{n+i-s}$$

换言之，如果令 $j=i+n$，那么 $y=f(x)$ 在 $x_{j-n},x_{j-n+1},\cdots,x_j$ 处的 n 阶差分也可以定

义为

$$\nabla^n y_j = \Delta^n y_{j-n} = \sum_{s=0}^{n} (-1)^s C_n^s y_{j-s}$$

例如，$\Delta^n y_0 = \nabla^n y_n = \sum_{s=0}^{n} (-1)^s C_n^s y_{n-s}$。

证明 ① 这里考查的是等距节点插值，由差商的性质2得

$$\begin{aligned}
& f[x_i, x_{i+1}, \cdots, x_{i+n}] \\
&= \sum_{p=i}^{i+n} \left(f(x_p) \prod_{\substack{q=i \\ q\neq p}}^{i+n} \frac{1}{(x_p - x_q)} \right) \\
&= \sum_{p=i}^{i+n} \frac{y_p}{(x_p - x_i)\cdots(x_p - x_{p-1})(x_p - x_{p+1})\cdots(x_p - x_{i+n})} \\
&= \sum_{p=i}^{i+n} \frac{y_p}{((p-i)h)((p-i-1)h)\cdots(h)(-h)(-2h)\cdots(-(i+n-p)h)} \\
&= \sum_{p=i}^{i+n} \frac{y_p}{(p-i)!(n-(p-i))!(-1)^{(n-(p-i))} h^n}
\end{aligned}$$

② 由差分的性质2(差分与差商的关系)得

$$f[x_i, x_{i+1}, \cdots, x_{i+n}] = \frac{\Delta^n y_i}{n! h^n}$$

③ 由①、②得

$$\sum_{p=i}^{i+n} \frac{y_p}{(p-i)!(n-(p-i))!(-1)^{(n-(p-i))} h^n} = \frac{\Delta^n y_i}{n! h^n}$$

故

$$\begin{aligned}
\Delta^n y_i &= \sum_{p=i}^{i+n} (-1)^{(n-(p-i))} \frac{n!}{(p-i)!(n-(p-i))!} y_p \\
&= \sum_{p=i}^{i+n} (-1)^{(n-(p-i))} C_n^{(p-i)} y_p
\end{aligned}$$

④ 令 $s=n+i-p$，故

$$\Delta^n y_i = \sum_{s=n}^{0} (-1)^s C_n^{(n-s)} y_{n+i-s} = \sum_{s=0}^{n} (-1)^s C_n^s y_{n+i-s}$$

⑤ 令 $j=i+n$，故

$$\nabla^n y_j = \Delta^n y_{j-n} = \Delta^n y_i = \sum_{s=0}^{n} (-1)^s C_n^s y_{n+i-s} = \sum_{s=0}^{n} (-1)^s C_n^s y_{j-s}$$

证毕。

推论3 对 $f(x)$ 做等距节点插值，设插值节点为 $x_i, x_{i+1}, \cdots, x_{i+n}$，如果 $f(x)$ 在 $[x_i, x_{i+n}]$ 上存在 n 阶导数，那么至少有1点 $\xi \in [x_i, x_{i+n}]$ 满足 $\Delta^n y_i = h^n f^{(n)}(\xi)$。这是 n 阶向前差分与 n 阶导数的关系式。

证明 ① 由差商的性质3得

$$f[x_i, x_{i+1}, \cdots, x_{i+n}] = \frac{f^{(n)}(\xi)}{n!} \quad \xi \in [x_i, x_{i+n}]$$

② 由差分的性质 2(差分与差商的关系)得

$$f[x_i,x_{i+1},\cdots,x_{i+n}]=\frac{\Delta^n y_i}{n!h^n}$$

③ 由①、②得

$$\frac{\Delta^n y_i}{n!h^n}=\frac{f^{(n)}(\xi)}{n!}$$

故

$$\Delta^n y_i=h^n f^{(n)}(\xi)\quad \xi\in[x_i,x_{i+n}]$$

证毕。

5.4.4 牛顿差分插值函数及其余项

在做等距节点插值时,牛顿插值简化为牛顿差分插值。牛顿差分插值公式有牛顿向前差分公式(前插公式)和牛顿向后差分公式(后插公式),下面分别进行讨论。

由定义 5.4,设插值节点位于 $x=x_0,x_1,\cdots,x_n$ 处,插值节点满足 $x_i-x_{i-1}=h(i=1,2,\cdots,n)$,步长 $h>0$,那么 $x_i=x_0+i\times h(i=0,1,2,\cdots,n)$,且 $x_0<x_1<\cdots<x_n$。

(1) 若插值点 $x=x_0+th$,插值节点为 $(x_0,y_0),(x_1,y_1),\cdots,(x_n,y_n)$,则 n 次牛顿前插公式的一般形式为

$$N_n(x)=N_n(x_0+th)=y_0+t\Delta y_0+\frac{t(t-1)}{2!}\Delta^2 y_0+\frac{t(t-1)(t-2)}{3!}\Delta^3 y_0+\cdots+\frac{t(t-1)(t-2)\cdots(t-(n-1))}{n!}\Delta^n y_0$$

余项函数 $R_n(x)=R_n(x_0+th)=\dfrac{t(t-1)(t-2)\cdots(t-n)}{(n+1)!}h^{n+1}f^{(n+1)}(\xi)$

证明 ① 因为 $x=x_0+th,x_i=x_0+ih(i=0,1,2,\cdots,n)$,所以 $x-x_i=(t-i)h$

② 由差分的性质 2 得

$$f[x_0,x_1,\cdots,x_n]=\frac{\Delta^n y_0}{n!h^n}$$

③ 由差商的性质 3 得

$$f[x,x_0,x_1,\cdots,x_n]=\frac{f^{(n+1)}(\xi)}{(n+1)!}$$

当 $x\in[a,b]$时,$\xi\in[a,b]$,且 ξ 与 x 有关。

④ 由①、②、③得,在做等距节点插值时,n 次牛顿插值函数可以简化为

$$\begin{aligned}N_n(x)&=f[x_0]+f[x_0,x_1](x-x_0)+f[x_0,x_1,x_2](x-x_0)(x-x_1)+\cdots\\&\quad+f[x_0,x_1,\cdots,x_n](x-x_0)(x-x_1)\cdots(x-x_{n-1})\\&=y_0+t\Delta y_0+\frac{t(t-1)}{2!}\Delta^2 y_0+\cdots+\frac{t(t-1)(t-2)\cdots(t-(n-1))}{n!}\Delta^n y_0\end{aligned}$$

牛顿插值余项函数也可以简化为

$$\begin{aligned}R_n(x)&=f[x,x_0,x_1,\cdots,x_n](x-x_0)(x-x_1)(x-x_2)\cdots(x-x_n)\\&=\frac{t(t-1)(t-2)\cdots(t-n)}{(n+1)!}h^{n+1}f^{(n+1)}(\xi)\end{aligned}$$

证毕。

(2) 若插值点 $x=x_n+th$,插值节点为$(x_0,y_0),(x_1,y_1),\cdots,(x_n,y_n)$,则 n 次牛顿后插公式的一般形式为

$$N_n(x)=N_n(x_n+th)=y_n+t\nabla y_n+\frac{t(t+1)}{2!}\nabla^2 y_n+\frac{t(t+1)(t+2)}{3!}\nabla^3 y_n+\cdots$$
$$+\frac{t(t+1)(t+2)\cdots(t+(n-1))}{n!}\nabla^n y_n$$

余项函数 $R_n(x)=R_n(x_n+th)=\dfrac{t(t+1)(t+2)\cdots(t+n)}{(n+1)!}h^{n+1}f^{(n+1)}(\xi)$

证明 ① 因为 $x=x_n+th=x_0+(n+t)h, x_i=x_0+ih(i=0,1,2,\cdots,n)$,所以

$$x-x_i=(n+t-i)h$$

② 由差分的性质2得

$$f[x_i,x_{i+1},\cdots,x_n]=\frac{\nabla^{n-i}y_n}{(n-i)!h^{n-i}}$$

③ 由差商的性质3得

$$f[x,x_0,x_1,\cdots,x_n]=\frac{f^{(n+1)}(\xi)}{(n+1)!}$$

当 $x\in[a,b]$时,$\xi\in[a,b]$,且 ξ 与 x 有关。

④ 把牛顿插值的插值节点序号变反,牛顿插值函数可以改写为

$$N_n(x)=f[x_n]+f[x_{n-1},x_n](x-x_n)+f[x_{n-2},x_{n-1},x_n](x-x_n)(x-x_{n-1})$$
$$+\cdots+f[x_n,x_{n-1},\cdots,x_0](x-x_n)(x-x_{n-1})\cdots(x-x_1)$$

⑤ 把①、②、③代入④,则 n 次牛顿插值函数可以简化为

$$N_n(x)=y_n+t\nabla y_n+\frac{t(t+1)}{2!}\nabla^2 y_n+\cdots+\frac{t(t+1)(t+2)\cdots(t+(n-1))}{n!}\nabla^n y_n$$

牛顿插值余项函数也可以简化为

$$R_n(x)=f[x,x_0,x_1,\cdots,x_n](x-x_0)(x-x_1)(x-x_2)\cdots(x-x_n)$$
$$=\frac{t(t+1)(t+2)\cdots(t+n)}{(n+1)!}h^{n+1}f^{(n+1)}(\xi)$$

证毕。

牛顿前插公式和牛顿后插公式都是代数插值公式。因为代数插值是存在且唯一的,所以对于同一个等距节点插值问题,牛顿向前插分插值、牛顿向后插分插值与其他代数插值(如拉格朗日插值和牛顿插值)求得的结果是相同的。当插值的阶次过高时,可能出现龙格现象,误差急剧地增大。

在内插时,插值点 $x\in[a,b]$。对应地,牛顿前插公式中的 $t\in[0,n]$,牛顿后插公式中的 $t\in[-n,0]$。牛顿前插公式只用到向前差分表各列的首项,因此牛顿前插公式又称为表首公式;牛顿后插公式只用到向后差分表各列的末项,因此牛顿后插公式又称为表末公式。

例 5.5 对函数 $f(x)$ 做等距节点插值,插值节点为$(-1,-11)$、$(1,-3)$、$(3,5)$、$(5,61)$,分别用牛顿向前插分插值和牛顿向后插分插值计算 $f(2)$的近似值。

解 令插值节点 $(x_0,y_0)=(-1,-11),(x_1,y_1)=(1,-3),(x_2,y_2)=(3,5)$,

$(x_3, y_3) = (5, 61)$,步长 $h=2$,插值点位于 $x=2$ 处。

(1) 用牛顿向前差分插值计算 $f(2)$ 的近似值。

① 构造 $f(x)$ 在 $x=-1,1,3,5$ 处的 1～3 阶向前差分表(见表 5.9)。

表 5.9 $f(x)$ 的向前差分表

序号 k	x_k	$f(x_k)$	$\Delta^1 y_k$	$\Delta^2 y_k$	$\Delta^3 y_k$
0	−1	−11	8	0	48
1	1	−3	8	48	
2	3	5	56		
3	5	61			

② 令插值点 $x=x_0+th$,故

$$t = 1.5$$

③ 由牛顿前插公式得

$$N_3(x_0+1.5h) = -11+1.5\times 8+\frac{1.5\times(1.5-1)}{2!}\times 0 + \frac{1.5\times(1.5-1)\times(1.5-2)}{3!}\times 48 = -2$$

故

$$f(2)\approx -2$$

(2) 用牛顿向后插分插值计算 $f(2)$ 的近似值。

① 构造 $f(x)$ 在 $x=-1,1,3,5$ 处的 1～3 阶向后差分表(见表 5.10)。

表 5.10 $f(x)$ 的向后差分表

序号 k	x_k	$f(x_k)$	$\nabla^1 y_k$	$\nabla^2 y_k$	$\nabla^3 y_k$
0	−1	−11			
1	1	−3	8		
2	3	5	8	0	
3	5	61	56	48	48

② 令插值点 $x=x_n+th$,故

$$t = -1.5$$

③ 由牛顿后插公式得

$$N_3(x_3-1.5h) = 61+(-1.5)\times 56+\frac{(-1.5)\times(-1.5+1)}{2!}\times 48$$

$$
+\frac{(-1.5)\times(-1.5+1)\times(-1.5+2)}{3!}\times 48
$$

$$
=-2
$$

故

$$
f(2)\approx -2
$$

在例 5.5 中，牛顿向前插分插值与牛顿向后插分插值求得的结果一致。

5.4.5　牛顿差分插值的算法和程序

(1) n 次牛顿向前差分插值(保留完整的向前差分表)

下面的程序中，先计算出向前差分表，存入二维数组 $f[i][j]$，再求插值点$(_x,_y)$。在代入插值公式时，采用了秦九韶算法，遇到重复的乘法就提出公因子：

$$
\begin{aligned}
N_n(x) &= N_n(x_0+th) = y_0 + t\Delta y_0 + \frac{t(t-1)}{2!}\Delta^2 y_0 + \frac{t(t-1)(t-2)}{3!}\Delta^3 y_0 \\
&\quad + \cdots + \frac{t(t-1)(t-2)\cdots(t-(n-1))}{n!}\Delta^n y_0 \\
&= y_0 + t\left(\Delta y_0 + \frac{t-1}{2}\left(\Delta^2 y_0 + \frac{t-2}{3}\left(\cdots + \frac{t-(n-3)}{n-2}\left(\Delta^{n-2} y_0\right.\right.\right.\right. \\
&\quad \left.\left.\left.\left. + \frac{t-(n-2)}{n-1}\left(\Delta^{n-1} y_0 + \frac{t-(n-1)}{n}\Delta^n y_0\right)\right)\cdots\right)\right)\right)
\end{aligned}
$$

算法 5.4　n 次牛顿向前差分插值的算法(保留完整的向前差分表)。

步骤	说明
输入插值节点的个数 n，插值点 _x 。	
输入步长 h，第 1 个插值节点的横坐标 x0 。	
依次输入各插值节点的纵坐标 f[n][0] 。	
t=(_x-x0)/h;	
for(j=1;j<=n-1;j++)	① 构造向前差分表
for(i=0;i<=n-j-1;i++)	
f[i][j]=f[i+1][j-1]-f[i][j-1];	
_y=f[0][n-1];	② 牛顿向前差分插值
for(j=n-2;j>=0;j--)	
_y=f[0][j]+(t-j)/(j+1)*_y;	
输出插值点 (_x, _y) 。	

程序 5.4　n 次牛顿向前差分插值对应的程序(保留完整的向前差分表)。

```
#include <stdio.h>
#define MAXSIZE 50
void input(double *px0,double *ph,double f[MAXSIZE][MAXSIZE],long n);
void main(void)
{
    double x0,h,f[MAXSIZE][MAXSIZE],_x,_y,t;
    long n,i,j;
```

```
    printf("\n 请输入插值节点的个数:");
    scanf("%ld",&n);
    input(&x0,&h,f,n);
    printf("\n 请输入插值点:");
    scanf("%lf",&_x);
    t=(_x-x0)/h;
    for(j=1;j<=n-1;j++)
        for(i=0;i<=n-j-1;i++)
            f[i][j]=f[i+1][j-1]-f[i][j-1];
    _y=f[0][n-1];
    for(j=n-2;j>=0;j--)
        _y=f[0][j]+(t-j)/(j+1)*_y;
    printf("\n 插值点(x,y)=(%lf,%lf)。",_x,_y);
}
void input(double *px0,double *ph,double f[MAXSIZE][MAXSIZE],long n)
{
    long i;
    printf("\n 请输入步长 h:");
    scanf("%lf",ph);
    printf("\n 请输入 x[0]:");
    scanf("%lf",px0);
    printf("\n 请输入插值节点纵坐标:");
    for(i=0;i<=n-1;i++)
    {
        printf("\nx[%ld]=%lf,y[%ld]=",i,*px0+*ph*i,i);
        scanf("%lf",&f[i][0]);
    }
}
```

(2) n 次牛顿向后差分插值(保留完整的向后差分表)

下面的程序中,先计算出向后差分表,存入二维数组 $f[i][j]$,再求插值点$(_x,_y)$。在代入插值公式时,采用了秦九韶算法,遇到重复的乘法就提出公因子:

$$N_n(x)=N_n(x_n+th)=y_n+t\nabla y_n+\frac{t(t+1)}{2!}\nabla^2 y_n+\frac{t(t+1)(t+2)}{3!}\nabla^3 y_n$$

$$+\cdots+\frac{t(t+1)(t+2)\cdots(t+(n-1))}{n!}\nabla^n y_n$$

$$=y_n+t\left(\nabla y_n+\frac{t+1}{2}\left(\nabla^2 y_n+\frac{t+2}{3}\left(\cdots+\frac{t+(n-3)}{n-2}\left(\nabla^{n-2} y_n\right.\right.\right.\right.$$

$$\left.\left.\left.\left.+\frac{t+(n-2)}{n-1}\left(\nabla^{n-1} y_n+\frac{t+(n-1)}{n}\nabla^n y_n\right)\right)\cdots\right)\right)\right)$$

算法 5.5 n 次牛顿向后差分插值的算法(保留完整的向后差分表)。

算法步骤	说明
输入插值节点的个数 n，插值点 _x 。	
输入步长 h，第 1 个插值节点的横坐标 x0 。	
依次输入各插值节点的纵坐标 f[n][0] 。	
t=(_x−x0)/h−n+1;	
for(j=1;j<=n−1;j++)	① 构造向后差分表
for(i=j;i<=n−1;i++)	
f[i][j]=f[i][j−1]−f[i−1][j−1];	
_y=f[n−1][n−1];	② 牛顿向后差分插值
for(j=n−2;j>=0;j−−)	
_y=f[n−1][j]+(t+j)/(j+1)*_y;	
输出插值点 (_x,_y) 。	

程序 5.5　*n* 次牛顿向后差分插值对应的程序(保留完整的向后差分表)。

```
#include <stdio.h>
#define MAXSIZE 50
void input(double * px0,double * ph,double f[MAXSIZE][MAXSIZE],long n);
void main(void)
{
    double x0,h,f[MAXSIZE][MAXSIZE],_x,_y,t;
    long n,i,j;
    printf("\n 请输入插值节点的个数:");
    scanf("%ld",&n);
    input(&x0,&h,f,n);
    printf("\n 请输入插值点:");
    scanf("%lf",&_x);
    t=(_x-x0)/h-n+1;
    for(j=1;j<=n-1;j++)
        for(i=j;i<=n-1;i++)
            f[i][j]=f[i][j-1]-f[i-1][j-1];
    _y=f[n-1][n-1];
    for(j=n-2;j>=0;j--)
        _y=f[n-1][j]+(t+j)/(j+1) * _y;
    printf("\n 插值点(x,y)=(%lf,%lf)。",_x,_y);
}
void input(double * px0,double * ph,double f[MAXSIZE][MAXSIZE],long n)
{
    long i;
    printf("\n 请输入步长 h:");
    scanf("%lf",ph);
    printf("\n 请输入 x[0]:");
    scanf("%lf",px0);
    printf("\n 请输入插值节点纵坐标:");
```

```
    for(i=0;i<=n-1;i++)
    {
        printf("\nx[%ld]=%lf,y[%ld]=",i,*px0+*ph*i,i);
        scanf("%lf",&f[i][0]);
    }
}
```

(3) n 次牛顿向前差分插值(不保留完整的向前差分表)

牛顿前差公式中,只引用了向前差分表各列最上面的一个向前差分,因此生成向前差分表时可以不存储牛顿前差公式中没有出现的向前差分,使空间复杂度从 $O(n^2)$ 降为 $O(n)$。这样做的代价,是增加插值节点时,不能避免重复的计算,需要重新生成一张向前差分表。

用一维数组 $f[n]$ 存放三角矩阵向前差分表,$f[0]$ 存放向前差分表 0 阶向前差分(即函数值)中最上面的 1 项,$f[1]$ 存放 1 阶向前差分中最上面的 1 项……,$f[i]$ 存放 i 阶向前差分中最上面的一项,依次类推。

因为计算新的 $f[i]$(高 1 阶向前差分)需要用到旧的 $f[i]$(低 1 阶向前差分)和 $f[i-1]$,所以必须在新的 $f[i]$ 覆盖旧的 $f[i]$ 之前,求出新的 $f[i+1]$。也就是说,在求某一阶向前差分时,必须从下往上计算这一阶的向前差分。

算法 5.6 n 次牛顿向前差分插值的算法(不保留完整的向前差分表)。

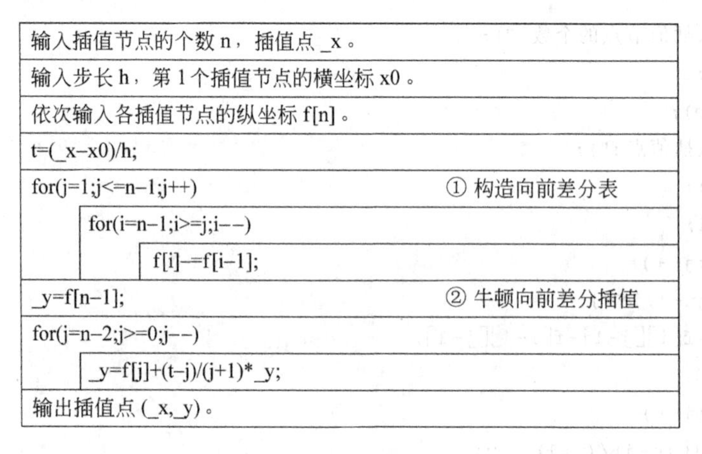

程序 5.6 n 次牛顿向前差分插值对应的程序(不保留完整的向前差分表)。

```
#include <stdio.h>
#define MAXSIZE 50
void input(double *px0,double *ph,double f[MAXSIZE],long n);
void main(void)
{
    double x0,h,f[MAXSIZE],_x,_y,t;
    long n,i,j;
    printf("\n请输入插值节点的个数:");
    scanf("%ld",&n);
```

```
        input(&x0,&h,f,n);
        printf("\n 请输入插值点：");
        scanf("%lf",&_x);
        t=(_x-x0)/h;
        for(j=1;j<=n-1;j++)
            for(i=n-1;i>=j;i--)
                f[i]-=f[i-1];
        _y=f[n-1];
        for(j=n-2;j>=0;j--)
            _y=f[j]+(t-j)/(j+1) * _y;
        printf("\n 插值点(x,y)=(%lf,%lf)。",_x,_y);
}
void input(double * px0,double * ph,double f[MAXSIZE],long n)
{
        long i;
        printf("\n 请输入步长 h:");
        scanf("%lf",ph);
        printf("\n 请输入 x[0]:");
        scanf("%lf",px0);
        printf("\n 请输入插值节点纵坐标:");
        for(i=0;i<=n-1;i++)
        {
            printf("\nx[%ld]=%lf,y[%ld]=",i,* px0+ * ph * i,i);
            scanf("%lf",&f[i]);
        }
}
```

(4) n 次牛顿向后差分插值(不保留完整的向后差分表)

牛顿后差公式中，只引用了向后差分表各列最下面的一个向后差分，因此生成向后差分表时可以不存储牛顿后差公式中没有出现的向后差分，使空间复杂度从 $O(n^2)$ 降为 $O(n)$。这样做的代价，是增加插值节点时，不能避免重复的计算，需要重新生成一张向后差分表。

用一维数组 $f[n]$ 存放三角矩阵向后差分表，$f[0]$ 存放向后差分表 0 阶向后差分(即函数值)中最下面的 1 项，$f[1]$ 存放 1 阶向后差分中最下面的 1 项……，$f[i]$ 存放 i 阶向后差分中最下面的 1 项，依次类推。

因为计算新的 $f[i]$(高 1 阶向后差分)需要用到旧的 $f[i]$(低 1 阶向后差分)和 $f[i+1]$，所以必须在新的 $f[i]$ 覆盖旧的 $f[i]$ 之前，求出新的 $f[i-1]$。也就是说，在求某一阶向后差分时，必须从上往下计算这一阶的向后差分。

算法 5.7 n 次牛顿向后差分插值的算法(不保留完整的向后差分表)。

输入插值节点的个数 n，插值点 _x。	
输入步长 h，第 1 个插值节点的横坐标 x0。	
依次输入各插值节点的纵坐标 f[n]。	
t=(_x−x0)/h−n+1;	
for(j=1;j<=n−1;j++)	① 构造向后差分表
for(i=0;i<=n−j−1;i++)	
f[i]=f[i+1]−f[i];	
_y=f[0];	② 牛顿向后差分插值
for(j=n−2;j>=0;j−−)	
_y=f[n−j−1]+(t+j)/(j+1)*_y;	
输出插值点 (_x,_y)。	

程序 5.7　n 次牛顿向后差分插值对应的程序(不保留完整的向后差分表)。

```
#include <stdio.h>
#define MAXSIZE 50
void input(double * px0,double * ph,double f[MAXSIZE],long n);
void main(void)
{
    double x0,h,f[MAXSIZE],_x,_y,t;
    long n,i,j;
    printf("\n 请输入插值节点的个数:");
    scanf("%ld",&n);
    input(&x0,&h,f,n);
    printf("\n 请输入插值点:");
    scanf("%lf",&_x);
    t=(_x-x0)/h-n+1;
    for(j=1;j<=n-1;j++)
        for(i=0;i<=n-j-1;i++)
            f[i]=f[i+1]-f[i];
    _y=f[0];
    for(j=n-2;j>=0;j--)
        _y=f[n-j-1]+(t+j)/(j+1) * _y;
    printf("\n 插值点(x,y)=(%lf,%lf)。",_x,_y);
}
void input(double * px0,double * ph,double f[MAXSIZE],long n)
{
    long i;
    printf("\n 请输入步长 h:");
    scanf("%lf",ph);
    printf("\n 请输入 x[0]:");
    scanf("%lf",px0);
    printf("\n 请输入插值节点纵坐标:");
    for(i=0;i<=n-1;i++)
```

```
    {
        printf("\nx[%ld]=%lf,y[%ld]=",i,*px0+*ph*i,i);
        scanf("%lf",&f[i]);
    }
}
```

5.5　埃尔米特插值

5.5.1　埃尔米特插值简介

某些插值问题不仅给出了插值节点的坐标位置，还给出了某些插值节点处的若干阶导数值。它不仅要求插值曲线经过插值节点，还要求插值曲线在插值节点处的各阶导数值与给出的各阶导数值相等。满足这种要求的多项式插值称为埃尔米特(Hermite)插值。本节只讨论带 1 阶导数的埃尔米特插值。

定义 5.6　若存在不超过 $2n+1$ 次的多项式函数 $H(x)$，使 $H(x)$ 与被插函数 $f(x)$ 在插值节点 $x=x_0,x_1,\cdots,x_n$(设 $x_0<x_1<\cdots<x_n$)处的函数值和 1 阶导数值相等，即

$$H(x_i)=f(x_i) \text{ 且 } H'(x_i)=f'(x_i) \quad i=0,1,2,\cdots,n$$

则称 $H(x)$ 为带 1 阶导数的埃尔米特插值函数，称这种插值为带 1 阶导数的埃尔米特插值。

埃尔米特插值可以限制插值曲线在插值节点处切线的方向，使插值曲线能够在端点处与其他曲线光滑衔接。例如，在图 5.8(a)、(b)中各画出了两个物体某截面的外轮廓线，实线 AB、$A'B'$ 为插值曲线，A、B、A'、B' 为插值节点，虚线箭头指出了切线方向。在图 5.8(a)中指定了各插值节点处的 1 阶导数，使插值曲线 AB 与 $A'B'$ 在 A、A' 处能够光滑衔接。在图 5.8(b)中没有给出插值节点的导数值，使插值曲线 AB 与 $A'B'$ 在 A、A' 处衔接时出现棱角。

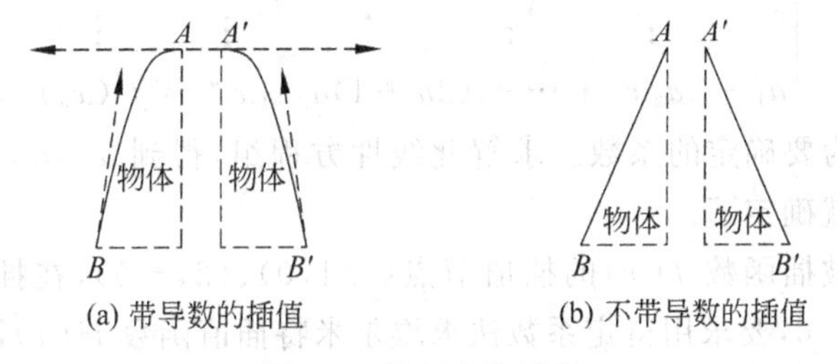

图 5.8　埃尔米特插值

带 1 阶导数的埃尔米特插值函数是唯一的。

证明　用反证法。

① 假设两个不同的 $2n+1$ 次多项式函数 $H(x)$ 和 $\tilde{H}(x)$ 都满足定义 5.6，故

$$H(x_i)=\tilde{H}(x_i)=f(x_i),\quad H'(x_i)=\tilde{H}'(x_i)=f'(x_i) \quad i=0,1,2,\cdots,n$$

② 令 $\varphi(x)=\tilde{H}(x)-H(x)$，则

$$\varphi(x_i)=H(x_i)-\tilde{H}(x_i)=0,\quad \varphi'(x_i)=H'(x_i)-\tilde{H}'(x_i)=0 \quad i=0,1,2,\cdots,n$$

所以 $\varphi(x)=0$ 在每个插值节点($x=x_0,x_1,\cdots,x_n$)处都有二重根，即 $\varphi(x)=0$ 有 $2n+2$ 个根。

③ 因为 $H(x)$ 和 $\tilde{H}(x)$ 为 $2n+1$ 次多项式，所以 $\varphi(x)$ 为不超过 $2n+1$ 次的多项式。

④ 由②、③得 $\varphi(x)\equiv 0$，则 $H(x)$ 与 $\tilde{H}(x)$ 相同，与假设 $H(x)$ 和 $\tilde{H}(x)$ 不同矛盾。

因此带 1 阶导数的埃尔米特插值函数是唯一的。

证毕。

由埃尔米特插值的定义，可以由待定系数法求解埃尔米特插值函数 $H(x)$。由定义 5.6，得到下列 $2n+2$ 阶线性方程组：

$$\begin{cases} H(x_0) = f(x_0) \\ H(x_1) = f(x_1) \\ \vdots \quad\quad \vdots \\ H(x_n) = f(x_n) \\ H'(x_0) = f'(x_0) \\ H'(x_1) = f'(x_1) \\ \vdots \quad\quad \vdots \\ H'(x_n) = f'(x_n) \end{cases}$$

设 $H(x)=a_0+a_1x+a_2x^2+\cdots+a_{2n+1}x^{2n+1}$，则此线性方程组的具体形式为

$$\begin{cases} a_0+a_1x_0+a_2x_0^2+\cdots+a_{2n+1}x_0^{2n+1} = f(x_0) \\ a_0+a_1x_1+a_2x_1^2+\cdots+a_{2n+1}x_1^{2n+1} = f(x_1) \\ \vdots \quad \vdots \quad \vdots \quad \vdots \quad \vdots \quad \vdots \\ a_0+a_1x_n+a_2x_n^2+\cdots+a_{2n+1}x_n^{2n+1} = f(x_n) \\ a_1+2a_2x_0+\cdots+(2n+1)a_{2n+1}x_0^{2n} = f'(x_0) \\ a_1+2a_2x_1+\cdots+(2n+1)a_{2n+1}x_1^{2n} = f'(x_1) \\ \vdots \quad \vdots \quad \vdots \quad \vdots \quad \vdots \\ a_1+2a_2x_1+\cdots+(2n+1)a_{2n+1}x_n^{2n} = f'(x_n) \end{cases}$$

其中 $a_0,a_1,\cdots,a_n$ 为要确定的系数。求解此线性方程组，得到 $a_0,a_1,\cdots,a_n$，这样埃尔米特插值函数 $H(x)$ 就确定了。

例 5.6 已知被插函数 $f(x)$ 的插值节点 $(-1,0)$、$(2,-5)$，在插值节点处的导数：$f'(-1)=3$，$f'(2)=0$，要求用待定系数法求埃尔米特插值函数 $H(x)$，并计算 $H(1)$。

解 设 $H(x)=a_0+a_1x+a_2x^2+a_3x^3$，$H'(x)=a_1+2a_2x+3a_3x^2$，把 $f(-1)=0$，$f(2)=-5$，$f'(-1)=3$，$f'(2)=0$，代入上式，得

$$\begin{cases} a_0+a_1(-1)+a_2(-1)^2+a_3(-1)^3 = 0 \\ a_0+a_1(2)+a_2(2)^2+a_3(2)^3 = -5 \\ a_1+2a_2(-1)+3a_3(-1)^2 = 3 \\ a_1+2a_2(2)+3a_3(2)^2 = 0 \end{cases}$$

求解此线性方程组，得 $a_0=\frac{1}{27}$，$a_1=-2\frac{2}{9}$，$a_2=-1\frac{5}{9}$，$a_3=\frac{19}{27}$，则

$$H(x)=\frac{1}{27}-2\frac{2}{9}x-1\frac{5}{9}x^2+\frac{19}{27}x^3$$

故

$$H(1)=-3\frac{1}{27}$$

5.5.2　2点3次埃尔米特插值

2点3次埃尔米特插值是一种使用广泛的插值方法。仅有2个插值节点的带1阶导数的埃尔米特插值函数是1个3次代数多项式函数，因此又称为2点3次埃尔米特插值。

设插值节点在 $x=x_0,x_1$ 处，对被插函数 $f(x)$ 的2点3次埃尔米特插值函数的一般形式为

$$\begin{aligned}H(x)&=h_0(x)f(x_0)+h_1(x)f(x_1)+\bar{h}_0(x)f'(x_0)+\bar{h}_1(x)f'(x_1)\\&=\left(1+2\cdot\frac{x-x_0}{x_1-x_0}\right)\left(\frac{x-x_1}{x_0-x_1}\right)^2f(x_0)+\left(1+2\cdot\frac{x-x_1}{x_0-x_1}\right)\\&\quad\cdot\left(\frac{x-x_0}{x_1-x_0}\right)^2f(x_1)+(x-x_0)\left(\frac{x-x_1}{x_0-x_1}\right)^2f'(x_0)\\&\quad+(x-x_1)\left(\frac{x-x_0}{x_1-x_0}\right)^2f'(x_1)\end{aligned}$$

证明　① 显然，$H(x)$为3次多项式。

② 显然，辅助函数 $h_0(x)$、$h_1(x)$、$\bar{h}_0(x)$、$\bar{h}_1(x)$满足表5.11。

表5.11　在插值节点处各辅助函数的值

	在 $x=x_0$ 处	在 $x=x_1$ 处		在 $x=x_0$ 处	在 $x=x_1$ 处
$h_0(x)$的值	1	0	$\bar{h}_0(x)$的值	0	0
$h_1(x)$的值	0	1	$\bar{h}_1(x)$的值	0	0

故 $H(x_0)=f(x_0)$，$H(x_1)=f(x_1)$，即 $H(x)$经过插值节点(x_0,y_0)和(x_1,y_1)。

③ 对上述辅助函数 $h_0(x)$、$h_1(x)$、$\bar{h}_0(x)$、$\bar{h}_1(x)$求1阶导数如下所示：

$$\begin{aligned}h'_0(x)&=\left(\left(1+2\cdot\frac{x-x_0}{x_1-x_0}\right)\left(\frac{x-x_1}{x_0-x_1}\right)^2\right)'\\&=\left(1+2\cdot\frac{x-x_0}{x_1-x_0}\right)\cdot 2\cdot\frac{x-x_1}{x_0-x_1}\cdot\frac{1}{x_0-x_1}+2\cdot\frac{1}{x_1-x_0}\cdot\left(\frac{x-x_1}{x_0-x_1}\right)^2\\&=2\cdot\frac{x-x_1}{(x_1-x_0)^3}\cdot((x_1-x_0)+2(x-x_0)+(x-x_1))\\&=2\cdot\frac{x-x_1}{(x_1-x_0)^3}\cdot(3x-3x_0)\\&=6\cdot\frac{(x-x_0)(x-x_1)}{(x_1-x_0)^3}\end{aligned}$$

所以当 $x_0\neq x_1$ 时，在 $x=x_0$、x_1 处，$h'_0(x)$为0。

类似地，可以证明 $h'_0(x)$、$h'_1(x)$、$\bar{h}'_0(x)$、$\bar{h}'_1(x)$满足表5.12。

表 5.12 在插值节点处各辅助函数 1 阶导数的值

	在 $x=x_0$ 处	在 $x=x_1$ 处		在 $x=x_0$ 处	在 $x=x_1$ 处
$h_0'(x)$的值	0	0	$\bar{h}_0'(x)$的值	1	0
$h_1'(x)$的值	0	0	$\bar{h}_1'(x)$的值	0	1

且

$$H'(x) = h'_0(x)f(x_0) + h'_1(x)f(x_1) + \bar{h}'_0(x)f'(x_0) + \bar{h}'_1(x)f'(x_1)$$

故

$$H'(x_0) = f'(x_0), H(x_1) = f'(x_1)$$

④ 由上得到 $H(x)$是满足插值条件的 3 次代数多项式函数。

因为带 1 阶导数的埃尔米特插值函数是唯一的，所以 $H(x)$是满足插值条件的 2 点 3 次埃尔米特插值函数。

例 5.7 已知被插函数 $f(x)$的插值节点$(-1,0)$、$(2,-5)$，在插值节点处的导数 $f'(-1)=3$，$f'(2)=0$，要求用埃尔米特插值法计算 $f(1)$的近似值。

解 令插值节点 $x_0=-1$，$x_1=2$，则 $f(x_0)=0$，$f(x_1)=-5$，$f'(x_0)=3$，$f'(x_1)=0$，插值点位于 $x=1$ 处。由 2 点 3 次埃尔米特插值函数的一般形式得

$$\begin{aligned}H(1) &= \left(1+2\times\frac{1+1}{2+1}\right)\left(\frac{1-2}{-1-2}\right)^2\times 0+\left(1+2\times\frac{1-2}{-1-2}\right)\left(\frac{1+1}{2+1}\right)^2 \\ &\quad \times(-5)+(1+1)\left(\frac{1-2}{-1-2}\right)^2\times 3+(1-2)\left(\frac{1+1}{2+1}\right)^2\times 0 \\ &= -3\frac{1}{27}\end{aligned}$$

故

$$f(1) \approx -3\frac{1}{27}$$

例 5.7(埃尔米特插值法)与例 5.6(待定系数法)求得的结果一致。

5.5.3 带 1 阶导数的埃尔米特插值

上述 2 点 3 次埃尔米特插值可以推广到 $n+1$ 个插值节点的带 1 阶导数的埃尔米特插值。设插值节点在 $x=x_0,x_1,\cdots,x_n$,处，对被插函数 $f(x)$的带 1 阶导数埃尔米特插值函数的一般形式为

$$H(x) = \sum_{i=0}^{n} h_i(x)f(x_i) + \sum_{i=0}^{n} \bar{h}_i(x)f'(x_i)$$

其中辅助函数 $h_i(x)=(1-2l_i'(x_i)(x-x_i))l_i^2(x)$，$\bar{h}_i(x)=(x-x_i)l_i^2(x)$，$l_i(x)$为拉格朗日插值基函数，即

$$l_i(x) = \prod_{\substack{j=0\\ j\neq i}}^{n}\frac{x-x_j}{x_i-x_j} = \frac{(x-x_0)\cdots(x-x_{i-1})(x-x_{i+1})\cdots(x-x_n)}{(x_i-x_0)\cdots(x_i-x_{i-1})(x_i-x_{i+1})\cdots(x_i-x_n)}$$

$$i = 0,1,2,\cdots,n$$

构造此公式的过程如下：

(1) 仿照 n 次拉格朗日插值函数的构造方法，如果函数 $H(x)$ 可以写为

$$H(x)=\sum_{i=0}^{n}h_i(x)f(x_i)+\sum_{i=0}^{n}\bar{h}_i(x)f'(x_i)$$

$$=h_i(x)f(x_i)+\sum_{\substack{j=0\\ j\neq i}}^{n}h_j(x)f(x_j)+\bar{h}_i(x)f'(x_i)+\sum_{\substack{j=0\\ j\neq i}}^{n}\bar{h}_j(x)f'(x_j)$$

而且辅助函数 $h_i(x)$、$\bar{h}_i(x)$ 是不超过 $2n+1$ 次的多项式，$h_i(x)$、$\bar{h}_i(x)$ 的函数值满足表5.13，1阶导数值满足表5.14。

表5.13　在插值节点处各辅助函数的值

	在 $x=x_i$ 处	在 $x=x_0,x_1,\cdots,x_{i-1},x_{i+1},\cdots,x_n$ 处(x 在 x_i 之外的插值节点处)
$h_i(x)$ 的值	1	0
$\bar{h}_i(x)$ 的值	0	0

表5.14　在插值节点处各辅助函数1阶导数的值

	在 $x=x_i$ 处	在 $x=x_0,x_1,\cdots,x_{i-1},x_{i+1},\cdots,x_n$ 处(x 在 x_i 之外的插值节点处)
$h_i'(x)$ 的值	0	0
$\bar{h}_i'(x)$ 的值	1	0

那么 $H(x_i)=f(x_i)$，$H'(x_i)=f'(x_i)$，$H(x)$ 是满足插值条件的带1阶导数的埃尔米特插值函数。

(2) 下面构造不超过 $2n+1$ 次的多项式函数 $h_i(x)$、$\bar{h}_i(x)$，使它们的函数值满足表5.13，1阶导数值满足表5.14。

① 由表5.13、表5.14可知，在 $x=x_0,x_1,\cdots,x_{i-1},x_{i+1},\cdots,x_n$ 处，$h_i(x)$、$\bar{h}_i(x)$ 的函数值和1阶导数值为0，故 $h_i(x)$、$\bar{h}_i(x)$ 含有因子 $(x-x_0)^2\cdots(x-x_{i-1})^2(x-x_{i+1})^2\cdots(x-x_n)^2$。

又因为表5.13、表5.14中各项取值的规律与 $l_i^2(x)$ 取值的规律接近(见表5.15)，且 $l_i^2(x)$ 是常数与因子 $(x-x_0)^2\cdots(x-x_{i-1})^2(x-x_{i+1})^2\cdots(x-x_n)^2$ 的积，因此可以把因子 $(x-x_0)^2\cdots(x-x_{i-1})^2(x-x_{i+1})^2\cdots(x-x_n)^2$ 替换为因子 $l_i^2(x)$。

表5.15　在插值节点处拉格朗日插值基函数 $l_i(x)$ 取值的规律

	在 $x=x_i$ 处	在 $x=x_0,x_1,\cdots,x_{i-1},x_{i+1},\cdots,x_n$ 处(x 在 x_i 之外的插值节点处)
$l_i(x)$ 的值	1	0
$l_i^2(x)$ 的值	1	0
$(l_i^2(x))'$ 的值	$2l_i(x)l_i'(x)$	0

② 因为 $l_i^2(x)$ 是 x 的 $2n$ 次多项式，$h_i(x)$、$\bar{h}_i(x)$ 是 x 的 $2n+1$ 次多项式，所以可以设 $h_i(x)=(ax+b)l_i^2(x)$，$\bar{h}_i(x)=c(x+d)l_i^2(x)$，$a$、$b$、$c$、$d$ 是待确定的常系数。

比较表5.15与表5.13、表5.14，a、b 的值应该使 $h_i(x)$ 满足表5.16，c、d 的值应该使 $\bar{h}_i(x)$ 满足表5.17。

表 5.16 a、b 的值的作用

	在 $x=x_i$ 处
$h_i(x)$的值	1
$h_i'(x)$的值	0

表 5.17 c、d 的值的作用

	在 $x=x_i$ 处
$\bar{h}_i(x)$的值	0
$\bar{h}_i'(x)$的值	1

(3) 确定常系数 a、b、c、d，使 $h_i(x)$满足表 5.16，$\bar{h}_i(x)$满足表 5.17。

① 确定常系数 a、b。

(a) 由表 5.16 得

在 $x=x_i$ 处，$h_i(x)=(ax+b)l_i^2(x)=1$，又因为在 $x=x_i$ 处，$l_i(x)=1$，故

$$ax_i+b=1$$

(b) 对 $h_i(x)$求 1 阶导数：

$$h'_i(x)=((ax+b)l_i^2(x))'=al_i^2(x)+2(ax+b)l_i(x)l'_i(x)$$

由表 5.16 得

在 $x=x_i$ 处，$h_i'(x)=al_i^2(x)+2(ax+b)l_i(x)l_i'(x)=0$，又因为在 $x=x_i$ 处，$ax_i+b=1$，$l_i(x)=1$，则

$$a+2l'_i(x_i)=0$$

故

$$a=-2l'_i(x_i)$$

(c) 把 $a=-2l_i'(x_i)$代入(a)的等式：$ax_i+b=1$，故

$$b=1+2l'_i(x_i)x_i$$

(d) 把 a、b 的值回代：

$$h_i(x)=(ax+b)l_i^2(x)=(1-2l'_i(x_i)(x-x_i))l_i^2(x)$$

② 确定常系数 c、d。

(a) 由表 5.17 得

在 $x=x_i$ 处，$\bar{h}_i(x)=c(x+d)l_i^2(x)=0$，故 $\bar{h}_i(x)$含有因子$(x-x_i)$。又因为 $l_i(x)$不含因子$(x-x_i)$，在 $x=x_i$ 处，$l_i(x)=1$，故

$$d=-x_i$$

(b) 对 $\bar{h}_i(x)$求 1 阶导数：

$$\bar{h}'_i(x)=(c(x-x_i)l_i^2(x))'=cl_i^2(x)+c(x-x_i)2l_i(x)l'_i(x)$$

由表 5.17 得

在 $x=x_i$ 处，$\bar{h}'_i(x)=cl_i^2(x)+c(x-x_i)2l_i(x)l'_i(x)=1$，又因为在 $x=x_i$ 处，$(x-x_i)=0$，$l_i(x)=1$，故

$$c=1$$

(c) 把 c、d 的值回代：

$$\bar{h}_i(x)=c(x+d)l_i^2(x)=(x-x_i)l_i^2(x)$$

(4) 由(1)、(2)、(3)得，带 1 阶导数埃尔米特插值函数的一般形式成立。

定理 5.4　设插值区间为$[a,b]$,被插函数为 $f(x)$,对 $n+1$ 个插值节点做带 1 阶导数埃尔米特插值,若在$[a,b]$内 $f(x)$存在 $2n+2$ 阶导数,则:

余项函数 $R(x)$=被插函数 $f(x)$−插值函数 $H(x)=\dfrac{f^{(2n+2)}(\xi)}{(2n+2)!}W_{n+1}^2(x)$

其中 $W_n(x)=\prod\limits_{i=0}^{n}(x-x_i)=(x-x_0)(x-x_1)(x-x_2)\cdots(x-x_n)$,当 $x\in[a,b]$时,$\xi\in[a,b]$,且 ξ 与 x 有关。

定理 5.4 的证明与定理 5.1 拉格朗日插值余项函数的证明类似,这里不再证明。

5.5.4　埃尔米特插值的算法和程序

设共有 n 个插值节点,此程序按照下面的公式进行计算:

$$H(x)=\sum_{i=0}^{n-1}((1-2l'_i(x_i)(x-x_i))l_i^2(x)f(x_i)+(x-x_i)l_i^2(x)f'(x_i))$$

其中 $l_i(x)=\prod\limits_{\substack{j=0\\j\neq i}}^{n}\dfrac{x-x_j}{x_i-x_j}=\dfrac{(x-x_0)\cdots(x-x_{i-1})(x-x_{i+1})\cdots(x-x_n)}{(x_i-x_0)\cdots(x_i-x_{i-1})(x_i-x_{i+1})\cdots(x_i-x_n)}$,故

$$l'_i(x)=\sum_{\substack{j=0\\j\neq i}}^{n-1}\frac{\prod\limits_{\substack{k=0\\k\neq i,j}}^{n-1}(x-x_k)}{\prod\limits_{\substack{k=0\\k\neq i}}^{n-1}(x_i-x_k)}$$

因此

$$l'_i(x_i)=\sum_{\substack{j=0\\j\neq i}}^{n-1}\frac{1}{x_i-x_j}$$

算法 5.8　n 个插值节点带 1 阶导数的埃尔米特插值的算法。

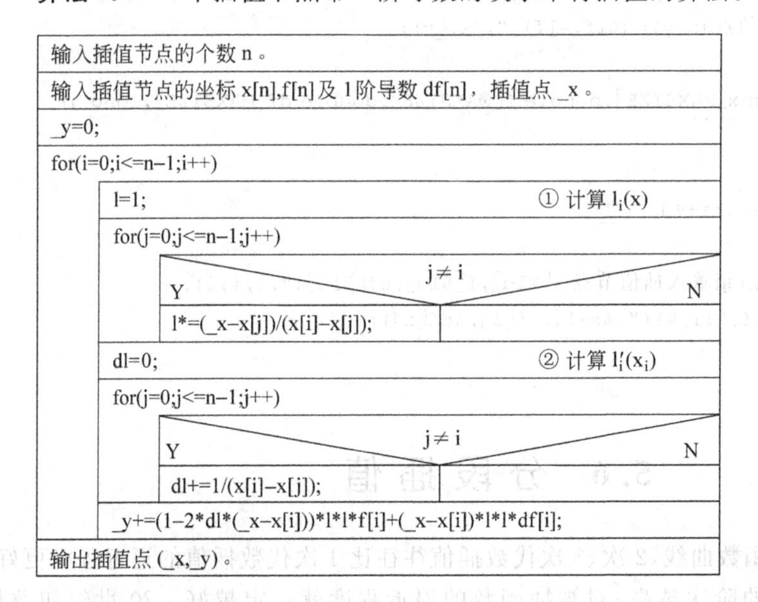

程序5.8 n 个插值节点带1阶导数的埃尔米特插值的程序

```
#include <stdio.h>
#define MAXSIZE 50
void input(double x[MAXSIZE],double f[MAXSIZE],double df[MAXSIZE],long n);
void main(void)
{
    double x[MAXSIZE],f[MAXSIZE],df[MAXSIZE],_x,_y,l,dl;
    long n,i,j;
    printf("\n 请输入插值节点的个数：");
    scanf("%ld",&n);
    input(x,f,df,n);
    printf("\n 请输入插值点：");
    scanf("%lf",&_x);
    _y=0;
    for(i=0;i<=n-1;i++)
    {
        l=1;
        for(j=0;j<=n-1;j++)
            if(j!=i)
                l*=(_x-x[j])/(x[i]-x[j]);
        dl=0;
        for(j=0;j<=n-1;j++)
            if(j!=i)
                    dl+=1/(x[i]-x[j]);
        _y+=(1-2*dl*(_x-x[i]))*l*l*f[i]+(_x-x[i])*l*l*df[i];
    }
    printf("\n 插值点(x,y)=(%lf,%lf)。",_x,_y);
}
void input(double x[MAXSIZE],double f[MAXSIZE],double df[MAXSIZE],long n)
{
    long i;
    for(i=0;i<=n-1;i++)
    {
        printf("\n 请输入插值节点 x[%ld],f[%ld],df[%ld]:",i,i,i);
        scanf("%lf,%lf,%lf",&x[i],&f[i],&df[i]);
    }
}
```

5.6 分段插值

对于平滑的被插函数曲线，2次、3次代数插值往往比1次代数插值的逼近程度更好，但并不是说代数插值的阶次越高，对被插函数的逼近程度就一定越好。20世纪初龙格

(Runge)给出了一个例子：

被插函数 $f(x)=\frac{1}{1+x^2}$，$x\in[-5,5]$。在$[-5,5]$上取 $n+1$ 个等距插值节点，做 n 次代数插值，设插值函数为 $L_n(x)$，当 $n\to\infty$ 时，在 $x\in[-3.63,3.63]$ 内，$L_n(x)$收敛于 $f(x)$，在 $x\in[-3.63,3.63]$外，$L_n(x)$发散。如图 5.9 所示，阶次 $n=10$ 时，在$x\in[-3.63,3.63]$外，插值函数 $L_{10}(x)$的偏差已经很大。像这种代数插值阶次过高导致的插值节点之间逼近很差的现象称为龙格现象。

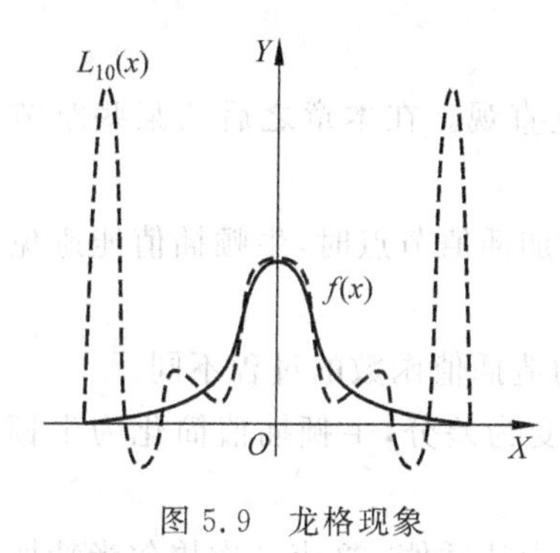

图 5.9　龙格现象

如果被插函数是代数多项式函数，那么阶次足够高的代数插值函数的余项为 0；如果被插函数不是代数多项式函数，那么为了减小误差而盲目地增加代数插值函数的阶次是不合适的。因此，很少使用超过 6 次的代数插值。当插值节点较多时，一般采用分段插值。

分段插值是指把插值区间分为若干个子区间，在每个子区间上用较低阶次的代数插值函数逼近被插函数。常见的分段插值有分段线性插值和分段 3 次埃尔米特插值等。

分段线性插值是指每两个相邻的插值节点构成 1 个子区间，在每个子区间上做 1 次代数插值。插值函数的图形是一些首尾相连的直线段形成的折线，直线段的端点为插值节点。分段线性插值的几何意义是用这一条折线逼近被插函数曲线。

定理 5.5　设插值区间为$[a,b]$，被插函数为 $f(x)$，$f''(x)$在$[a,b]$上存在，$n+1$ 个插值节点(x_0,y_0)，(x_1,y_1)，…，(x_n,y_n)满足 $a=x_0<x_1<\cdots<x_n=b$，则分段线性插值函数 $L_n(x)$的余项函数 $R(x)=f(x)-L_n(x)$满足：

$$|R(x)|\leqslant\frac{h^2M}{8}\text{，其中 } h=\max_{0\leqslant i\leqslant n-1}|x_{i+1}-x_i|,M=\max_{a\leqslant x\leqslant b}|f''(x)|$$

证明略。

由定理 5.5 可知，当最大子区间长度 $h\to0$ 时，插值函数 $L_n(x)$收敛于被插函数$f(x)$。

分段 3 次埃尔米特插值是一种光滑的分段插值。在每个插值节点处不仅给出了坐标，还给出了被插函数的 1 阶导数值。每两个相邻的插值节点构成一个子区间，在每个子区间上做 2 点 3 次埃尔米特插值，在插值节点处插值函数曲线与被插函数曲线相切。

定理 5.6　设插值区间为$[a,b]$，被插函数为 $f(x)$，$f^{(4)}(x)$在$[a,b]$上存在，$n+1$ 个插值节点(x_0,y_0)，(x_1,y_1)，…，(x_n,y_n)满足 $a=x_0<x_1<\cdots<x_n=b$，则分段 3 次埃尔米特插值函数 $H_n(x)$的余项函数 $R(x)=f(x)-H_n(x)$满足：

$$|R(x)|\leqslant\frac{h^4M}{384}\text{，其中 } h=\max_{0\leqslant i\leqslant n-1}|x_{i+1}-x_i|,M=\max_{a\leqslant x\leqslant b}|f^{(4)}(x)|$$

证明略。

由定理 5.6 可知，当最大子区间长度 $h\to0$ 时，插值函数 $H_n(x)$收敛于被插函数 $f(x)$。

本章小结

本章介绍了以下代数插值方法:

1. 拉格朗日插值法。拉格朗日插值公式的含义比较直观。在本章之后的某些章节还会用到它。

2. 牛顿插值法。实现牛顿插值需要用到差商。当增加插值节点时,牛顿插值能避免重复的计算。

牛顿插值函数与拉格朗日插值函数是一致的,只是构造插值函数的过程不同。

3. 牛顿差分插值法。在做等距节点插值时,差商演变为差分,牛顿插值简化为牛顿差分插值。

4. 埃尔米特插值法。本章只讨论带1阶导数的埃尔米特插值。2点3次埃尔米特插值比较常用。

5. 分段代数插值法。它用于较大区间、较高精度的代数插值。

本章内容是第6章数值积分的基础。

习 题 5

1. 已知 $f(x)$上的3个点为 $f(-2)=7, f(2)=3, f(4)=4$,分别用拉格朗日插值法和牛顿插值法计算 $f(1)$的值。

2. 令 $f(x)=\sqrt[3]{x}$,取插值节点为 $f(1.331)=1.1, f(1.728)=1.2, f(2.197)=1.3$,分别用拉格朗日插值法和牛顿插值法计算$\sqrt[3]{2}$的近似值。

3. 已知 $f(x)$上的3个点:$f(-1)=32, f(1)=8, f(3)=16$,分别用牛顿向前插分插值法和牛顿向后插分插值法计算 $f(0)$的值。

4. 令 $f(x)=\sin(x)$,取插值节点为 $f(0.7)\approx 0.6442, f(0.8)\approx 0.7174, f(0.9)\approx 0.7833$,分别用牛顿向前插分插值法和牛顿向后插分插值法计算 $\sin(0.75)$的近似值。

5. 已知被插函数 $f(x)$的插值节点(3,2)、(5,5),在插值节点处的导数为 $f'(3)=8$, $f'(5)=1$,要求分别用待定系数法和2点3次埃尔米特插值公式计算 $f(4)$的近似值。

6. 令 $f(x)=\ln(x)$,则 $f'(x)=\dfrac{1}{x}$,做埃尔米特插值:$f(2)\approx 0.6931, f'(2)=0.5$, $f(4)\approx 1.386, f'(4)=0.25$,分别用待定系数法和2点3次埃尔米特插值公式计算 $\ln(3)$的近似值。

7. 求一个次数不高于3的多项式 $H_3(x)$,满足下列插值条件:

$$H_3(1)=2,\quad H_3(2)=4,\quad H_3(3)=12,\quad H'_3(2)=3$$

8. 设 $x_0, x_1, \cdots, x_n$ 为 $n+1$ 个互异的插值节点,$l_i(x)$为拉格朗日插值基函数,求证:

(1) $\sum_{i=0}^{n} l_i(x) \equiv 1$

(2) $\sum_{i=0}^{n} x_i^k l_i(x) \equiv x^k, k = 0,1,\cdots,n$

(3) $\sum_{i=0}^{n} (x_i - x)^k l_i(x) \equiv 0, k = 1,2,\cdots,n$

9. 证明 n 阶差商具有以下性质：

(1) 若 $f(x)=C \cdot g(x)$，其中 C 为常数，则 $f[x_0,x_1,\cdots,x_n]=C \cdot g[x_0,x_1,\cdots,x_n]$。

(2) 若 $f(x)=p(x)+q(x)$，则 $f[x_0,x_1,\cdots,x_n]=p[x_0,x_1,\cdots,x_n]+q[x_0,x_1,\cdots,x_n]$。

(3) 若 $f(x) = p(x) \cdot q(x)$，则 $f[x_0,x_1,\cdots,x_n] = \sum_{k=0}^{n} p[x_0,x_1,\cdots,x_k] \cdot q[x_k,x_{k+1},\cdots,x_n]$。

10. 证明差分具有以下性质：

(1) $\Delta(f_i g_i) = f_i \Delta g_i + g_{i+1} \Delta f_i$

(2) $\Delta\left(\frac{f_i}{g_i}\right) = \frac{g_i \Delta f_i - f_i \Delta g_i}{g_i g_{i+1}}$

(3) $\sum_{i=0}^{n-1} \Delta^2 f_i = \Delta f_n - \Delta f_0$

第 6 章 数值积分

CHAPTER

6.1 基础知识

6.1.1 问题的提出

计算连续函数 $f(x)$ 在区间 $[a,b]$ 上的定积分，可以用牛顿-莱布尼兹(Newton-Leibnitz)公式：

$$\int_a^b f(x)\mathrm{d}x = F(b) - F(a)$$

其中 $F(x)$ 是 $f(x)$ 在区间 $[a,b]$ 上的一个原函数。定积分的几何意义如图 6.1 所示，$f(x)$ 在区间 $[a,b]$ 上的定积分，是介于 X 轴、函数 $f(x)$ 的图形以及 2 条直线 $x=a$、$x=b$ 之间各部分面积的代数和。图 6.1 中，面积①、④为正，面积②、③为负，$\int_a^b f(x)\mathrm{d}x$ 等于面积①、②、③、④的和。

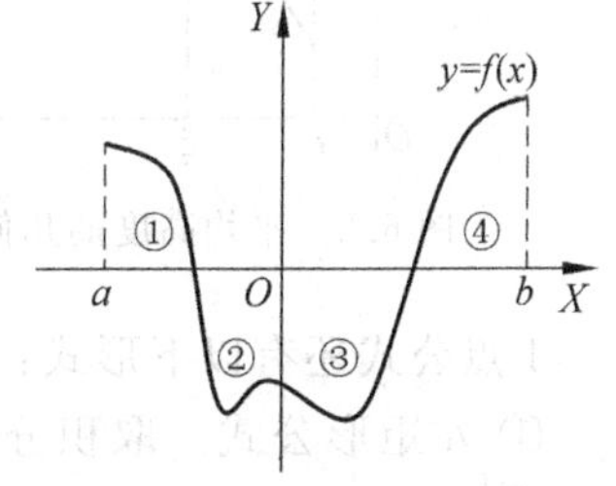

图 6.1 定积分的几何含义

在某些情况下，不适合用牛顿-莱布尼兹公式求定积分：

情况一：通过观测等方法得到 $f(x)$ 上某些离散的点，不知道或不存在 $f(x)$ 的具体解析表达式。

情况二：$f(x)$ 的原函数 $F(x)$ 不能用有限形式表示，如 $f(x)=\mathrm{e}^{-x^2}$。

情况三：求原函数 $F(x)$ 比较麻烦，但利用计算机等工具，用数值积分的方法求解比较方便。数值积分方法求得的结果虽然有误差，但可以控制在要求的误差范围之内。实际工程问题一般不需要理论上无误差的精确解，能得到误差满足要求的近似解就可以了。

数值积分的主要思想，是避开求 $f(x)$ 的原函数 $F(x)$，只由 $f(x)$ 上若干离散的点，用对应的数值积分算法，来求 $f(x)$ 在 $[a,b]$ 上定积分的近似值。

6.1.2 数值积分公式

由定积分中值定理,在积分区间$[a,b]$上至少存在1个点ξ,使

$$\int_a^b f(x)\mathrm{d}x = (b-a)f(\xi)$$

$f(\xi)$为$f(x)$在区间$[a,b]$上的平均高度,如图6.2所示。

如果知道了平均高度$f(\xi)$,就能求出积分$\int_a^b f(x)\mathrm{d}x$。现在的问题是,如何由$f(x)$上若干个点$f(x_i)$,$(i=0,1,2,\cdots,n)$,构造1个表达式,替代定积分中值定理中的平均高度$f(\xi)$。

1. 中矩形公式

取积分区间$[a,b]$的中点$x=\frac{a+b}{2}$近似地代替ξ,用$f\left(\frac{a+b}{2}\right)$取代平均高度$f(\xi)$,如图6.3所示。显然,中矩形公式为

$$I=(b-a)f\left(\frac{a+b}{2}\right)$$

中矩形公式是1点公式,又是开公式(求积节点不包含积分区间的端点)。

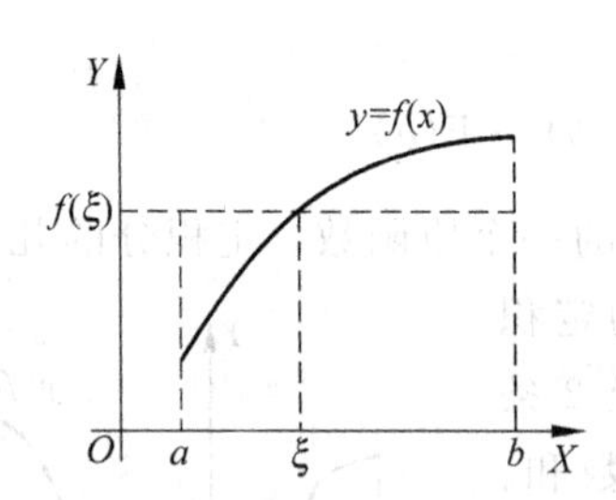

图6.2 平均高度的几何含义

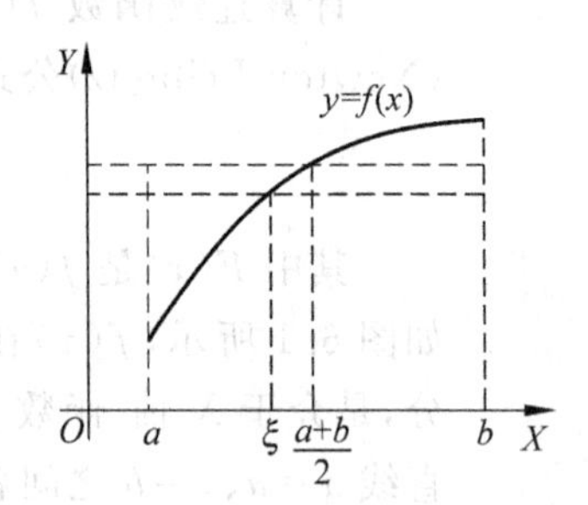

图6.3 中矩形公式的几何含义

1点公式还有以下形式:

① 左矩形公式。取积分区间$[a,b]$的端点$x=a$近似地代替ξ,用$f(a)$取代平均高度$f(\xi)$。左矩形公式为$I=(b-a)f(a)$。

② 右矩形公式。取积分区间$[a,b]$的端点$x=b$近似地代替ξ,用$f(b)$取代平均高度$f(\xi)$。右矩形公式为$I=(b-a)f(b)$。

①、②是半开半闭公式(求积节点仅包含积分区间1侧的端点)。一般情况下,左矩形公式、右矩形公式的精度比中矩形公式低。

2. 梯形公式

取$f(a)$、$f(b)$的平均值$\frac{f(a)+f(b)}{2}$近似地代替平均高度$f(\xi)$。显然,梯形公式为

$$I=(b-a)\frac{f(a)+f(b)}{2}$$

它的几何含义,是把区间$[a,b]$内的曲线段$f(x)$,用过$(a,f(a))$、$(b,f(b))$的直线段代替。定积分$\int_a^b f(x)\mathrm{d}x$近似为X轴、过$(a,f(a))$、$(b,f(b))$的直线段、直线$x=a$、$x=b$

围成的梯形面积,如图6.4所示。

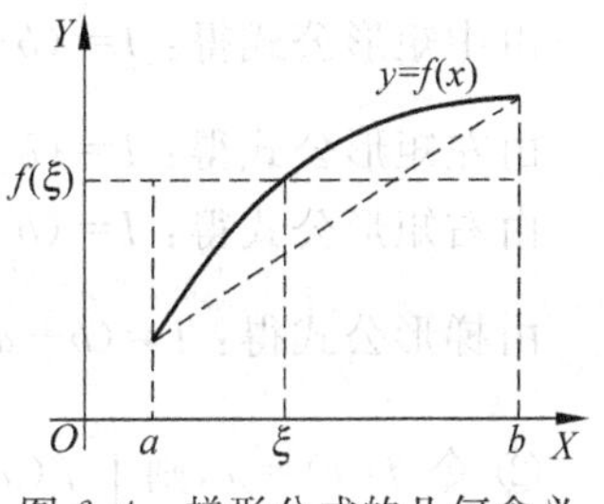

图6.4　梯形公式的几何含义

梯形公式是2点公式,又是闭公式(求积节点包含积分区间的端点)。一般情况下,梯形公式的精度比中矩形公式高。

将上述方法扩展,数值积分方法就是在积分区间$[a,b]$上选取若干节点$x_0,x_1,\cdots,x_n$,用$f(x_0),f(x_1),\cdots,f(x_n)$的线性组合作为积分的近似值。数值积分公式的一般形式为

$$\int_a^b f(x)\mathrm{d}x \approx \sum_{i=0}^{n} A_i f(x_i),\quad R[f]=\int_a^b f(x)\mathrm{d}x-\sum_{i=0}^{n} A_i f(x_i)$$

式中,x_i称为求积节点;A_i称为求积系数;$R[f]$为数值积分公式的余项。

A_i是与求积节点对应的常数,它不依赖被积函数$f(x)$的具体形式。这一类求积方法避开了求$f(x)$的原函数$F(x)$,易于用计算机实现,因此又称为机械求积。

6.1.3　代数精度

代数精度是间接地反映某一数值积分公式对被积函数逼近能力的一个参数。

定义6.1　如果求积公式$\int_a^b f(x)\mathrm{d}x \approx \sum_{i=0}^{n} A_i f(x_i)$对所有不超过$m$次的代数多项式函数$f(x)$都能精确成立($R[f]=\int_a^b f(x)\mathrm{d}x-\sum_{i=0}^{n} A_i f(x_i)=0$),而对$m+1$次的代数多项式函数$f(x)$至少有1个不能精确成立,则称此求积公式具有$m$次代数精度。

由定义6.1可以推出:

(1) 若被积函数$f(x)$为n次代数多项式函数,求积公式有m次代数精度,且$m\geqslant n$,则求得的积分值误差为0。

(2) 若被积函数$f(x)$不是代数多项式函数,那么不能保证有限次代数精度的数值积分公式的余项为0。过高阶次代数精度的数值积分有时会出现很大误差,因此不建议使用代数精度超过6次的数值积分公式。当积分区间$[a,b]$较大时,可以采用复化求积公式等方法来减小误差。

定理6.1　求积公式$\int_a^b f(x)\mathrm{d}x \approx \sum_{i=0}^{n} A_i f(x_i)$具有$m$次代数精度的充要条件是当被积函数$f(x)=x^r, r=0,1,2,\cdots,m$时,精确成立$\left(R[f]=\int_a^b f(x)\mathrm{d}x-\sum_{i=0}^{n} A_i f(x_i)=0\right)$,当被积函数$f(x)=x^{m+1}$时,不能精确成立($R[f]\neq 0$)。

证明略。

由定理6.1可知,中矩形公式和梯形公式具有1次代数精度,左矩形公式和右矩形公式具有0次代数精度。

证明　① 令$f(x)=1$,则$\int_a^b f(x)\mathrm{d}x=\int_a^b 1\mathrm{d}x=b-a$。

由中矩形公式得：$I=(b-a)f\left(\frac{a+b}{2}\right)=b-a$，结果误差为0。

由左矩形公式得：$I=(b-a)f(a)=b-a$，结果误差为0。

由右矩形公式得：$I=(b-a)f(b)=b-a$，结果误差为0。

由梯形公式得：$I=(b-a)\frac{f(a)+f(b)}{2}=b-a$，结果误差为0。

② 令 $f(x)=x$，则 $\int_a^b f(x)\mathrm{d}x=\int_a^b x\mathrm{d}x=\frac{b^2-a^2}{2}$。

由中矩形公式得：$I=(b-a)f\left(\frac{a+b}{2}\right)=(b-a)\frac{a+b}{2}=\frac{b^2-a^2}{2}$，结果误差为0。

由左矩形公式得：$I=(b-a)f(a)=(b-a)a$，误差不为0。

由右矩形公式得：$I=(b-a)f(b)=(b-a)b$，误差不为0。

由梯形公式得：$I=(b-a)\frac{f(a)+f(b)}{2}=(b-a)\frac{a+b}{2}=\frac{b^2-a^2}{2}$，结果误差为0。

③ 令 $f(x)=x^2$，则 $\int_a^b f(x)\mathrm{d}x=\int_a^b x^2\mathrm{d}x=\left[\frac{x^3}{3}\right]_a^b=\frac{b^3-a^3}{3}$。

由中矩形公式得：$I=(b-a)f\left(\frac{a+b}{2}\right)=(b-a)\left(\frac{a+b}{2}\right)^2$，误差不为0。

由梯形公式得：$I=(b-a)\frac{f(a)+f(b)}{2}=(b-a)\frac{a^2+b^2}{2}$，误差不为0。

④ 由定理6.1可知，中矩形公式和梯形公式具有1次代数精度，左矩形公式和右矩形公式具有0次代数精度。

证毕。

推论 求积公式 $\int_a^b f(x)\mathrm{d}x\approx\sum_{i=0}^{n}A_i f(x_i)$ 至少具有0次代数精度的充要条件是：

$$\sum_{i=0}^{n}A_i=b-a$$

证明 由定理6.1可知，求积公式 $\int_a^b f(x)\mathrm{d}x\approx\sum_{i=0}^{n}A_i f(x_i)$ 至少具有0次代数精度的充要条件是：当被积函数 $f(x)=1$ 时，$\int_a^b f(x)\mathrm{d}x=\sum_{i=0}^{n}A_i f(x_i)$，即

$$\sum_{i=0}^{n}A_i=\sum_{i=0}^{n}A_i f(x_i)=\int_a^b f(x)\mathrm{d}x=\int_a^b 1\mathrm{d}x=b-a$$

证毕。

定理6.2 对于任意给定的 $n+1$ 个互异求积节点 $x_i(i=0,1,2,\cdots,n)$，总存在唯一的一组求积系数 $A_i(i=0,1,2,\cdots,n)$，使数值积分公式 $\int_a^b f(x)\mathrm{d}x\approx\sum_{i=0}^{n}A_i f(x_i)$ 至少具有 n 次代数精度。

下面简要证明定理6.2。

证明 由定理6.1可知，数值积分公式 $\int_a^b f(x)\mathrm{d}x\approx\sum_{i=0}^{n}A_i f(x_i)$ 至少具有 n 次代数

精度的充要条件是当 $f(x)=x^r(r=0,1,2,\cdots,n)$ 时，$\int_a^b f(x)\mathrm{d}x=\sum_{i=0}^{n}A_i f(x_i)$。此充要条件可以写成下面的线性方程组：

$$\begin{cases} A_0+A_1+A_2+\cdots+A_n=\int_a^b 1\mathrm{d}x=b-a \\ A_0x_0+A_1x_1+A_2x_2+\cdots+A_nx_n=\int_a^b x\,\mathrm{d}x=\dfrac{b^2-a^2}{2} \\ \vdots \quad \vdots \quad \vdots \quad \vdots \quad \vdots \quad \vdots \\ A_0x_0^n+A_1x_1^n+A_2x_2^n+\cdots+A_nx_n^n=\int_a^b x^n\mathrm{d}x=\dfrac{b^{n+1}-a^{n+1}}{n+1} \end{cases}$$

其中 $A_0,A_1,\cdots,A_n$ 为未知的变元，则此线性方程组的系数行列式为范德蒙德行列式：

$$\begin{vmatrix} 1 & 1 & 1 & \cdots & 1 \\ x_0 & x_1 & x_2 & \cdots & x_n \\ & \vdots & & \vdots & \\ x_0^n & x_1^n & x_2^n & \cdots & x_n^n \end{vmatrix}=\prod_{1\leqslant j<i\leqslant n}(x_i-x_j)\neq 0$$

由克莱姆法则可知，$A_0,A_1,\cdots,A_n$ 存在且唯一，故定理 6.2 成立。

证毕。

6.1.4　插值型求积公式

插值与数值积分有密切联系。可以先对求积节点做插值，再对插值函数求积分，如果插值函数与被积函数足够接近，就可以把插值函数的积分近似为被积函数的积分。代数插值函数具有存在唯一性，易构造，易求积分，易用计算机实现，因此本章用第 5 章的方法构造代数插值函数。

对于任意给定的 $n+1$ 个互异求积节点 $x_i(i=0,1,2,\cdots,n)$，拉格朗日插值多项式为

$$L_n(x)=\sum_{i=0}^{n}l_i(x)f(x_i)$$

式中拉格朗日插值基函数 $l_i(x)=\prod_{\substack{j=0\\j\neq i}}^{n}\dfrac{x-x_j}{x_i-x_j}$。

然后用插值函数 $L_n(x)$ 代替被积函数 $f(x)$ 求积分：

$$\int_a^b f(x)\mathrm{d}x\approx\int_a^b L_n(x)\mathrm{d}x=\int_a^b\sum_{i=0}^{n}l_i(x)f(x_i)\mathrm{d}x=\sum_{i=0}^{n}\int_a^b l_i(x)\mathrm{d}xf(x_i)$$

式中 $\int_a^b l_i(x)\mathrm{d}x$ 是与求积节点 x_i 对应的常数，不依赖被积函数 $f(x)$ 的具体形式，像这样构造出的求积公式称为插值型求积公式，它的余项函数为

$$R[f]=\int_a^b f(x)\mathrm{d}x-\int_a^b L_n(x)\mathrm{d}x=\int_a^b(f(x)-L_n(x))\mathrm{d}x$$

$$=\int_a^b\frac{f^{(n+1)}(\xi)}{(n+1)!}\prod_{i=0}^{n}(x-x_i)\mathrm{d}x$$

当 $x\in[a,b]$ 时，$\xi\in[a,b]$，且 ξ 与 x 有关。

显然，插值型求积公式是一种数值积分公式，它的求积系数 $A_i=\int_a^b l_i(x)\mathrm{d}x$。

定理 6.3 对于任意给定的 $n+1$ 个互异求积节点 $x_i(i=0,1,2,\cdots,n)$，数值积分公式 $\int_a^b f(x)\mathrm{d}x \approx \sum_{i=0}^{n} A_i f(x_i)$ 是插值型求积公式的充要条件，此数值积分公式至少具有 n 次代数精度。

证明 ① 先证必要性。

插值型求积是指用经过求积节点的代数插值函数代替被积函数 $f(x)$ 来求积分，不妨设此代数插值函数为拉格朗日插值函数 $L_n(x)$。

当被积函数 $f(x)$ 是不超过 n 次的代数多项式函数时，由代数插值的存在唯一性可知：

$$L_n(x)\equiv f(x) \quad 即\ L_n(x)-f(x)\equiv 0$$

则

$$R[f]=\int_a^b f(x)\mathrm{d}x-\sum_{i=0}^{n}A_i f(x_i)=\int_a^b f(x)\mathrm{d}x-\int_a^b L_n(x)\mathrm{d}x\equiv 0$$

所以此数值积分公式至少具有 n 次代数精度。

② 再证充分性。

设数值积分公式 $\int_a^b f(x)\mathrm{d}x \approx \sum_{i=0}^{n} A_i f(x_i)$ 至少具有 n 次代数精度，再设经过求积节点的拉格朗日插值函数为 $L_n(x)=\sum_{i=0}^{n} l_i(x)f(x_i)$，式中拉格朗日插值基函数 $l_i(x)=\prod_{\substack{j=0\\ j\neq i}}^{n}\frac{x-x_j}{x_i-x_j}$。

因为 $l_i(x)$ 为 n 次的代数多项式函数，故 $l_i(x)$ 为被积函数时，数值积分公式 $\int_a^b f(x)\mathrm{d}x \approx \sum_{i=0}^{n} A_i f(x_i)$ 精确成立，即

$$\int_a^b l_i(x)\mathrm{d}x=\sum_{j=0}^{n}A_j l_i(x_j)$$

又因为拉格朗日插值基函数 $l_i(x)$ 有以下性质：

$$l_i(x)=\begin{cases}1 & 当\ x=x_i\ 时\\ 0 & 当\ x=x_j\ 时(j=0,1,2,\cdots,i-1,i+1,\cdots,n,即\ j\neq i)\end{cases}$$

所以求积系数 $A_i=\int_a^b l_i(x)\mathrm{d}x$，代入数值积分公式得

$$\int_a^b f(x)\mathrm{d}x \approx \sum_{i=0}^{n}A_i f(x_i)=\sum_{i=0}^{n}\int_a^b l_i(x)\mathrm{d}x f(x_i)=\int_a^b L_n(x)\mathrm{d}x$$

故此数值积分公式是插值型求积公式。

③ 由①、②得，定理 6.3 成立。

证毕。

显然，定理 6.3 与定理 6.2 中求积系数 A_i 的存在唯一性一致。

推论 如果数值积分公式$\int_a^b f(x)\mathrm{d}x \approx \sum_{i=0}^{n} A_i f(x_i)$，$(n=1,2,\cdots)$是插值型求积公式，那么$\sum_{i=0}^{n} A_i = b-a$。

证明 由定理6.3可知，$\int_a^b f(x)\mathrm{d}x \approx \sum_{i=0}^{n} A_i f(x_i)$，$(n=0,1,2,\cdots)$至少具有0次代数精度。

则由定理6.1推论，$\sum_{i=0}^{n} A_i = b-a$成立。

6.2 牛顿-柯特斯公式

6.2.1 牛顿-柯特斯公式的推导

牛顿-柯特斯(Newton-Cotes)公式，简称为N-C公式，是一种等距节点的代数插值型求积公式。设积分区间为$[a,b]$，已知$n+1$个求积节点$x_0,x_1,\cdots,x_n(x_0<x_1<\cdots<x_n)$，这些求积节点把积分区间$n$等分，步长$h=\frac{b-a}{n}$，即$x_0=a, x_n=b, x_i=a+i\times h(i=0,1,2,\cdots,n)$，则牛顿-柯特斯公式的一般形式为

$$\int_a^b f(x)\mathrm{d}x \approx (b-a)\sum_{i=0}^{n}(C_i^{(n)} f(x_i)),\quad C_i^{(n)} = \frac{(-1)^{n-i}}{ni!(n-i)!}\int_0^n \prod_{\substack{j=0\\j\neq i}}^{n}(s-j)\mathrm{d}s$$

其中$C_i^{(n)}$称为柯特斯系数。

与数值积分公式的一般形式对应：

$$\int_a^b f(x)\mathrm{d}x \approx \sum_{i=0}^{n} A_i f(x_i) = (b-a)\sum_{i=0}^{n}(C_i^{(n)} f(x_i))$$

其中求积系数$A_i=(b-a)C_i^{(n)}$，$(i=0,1,2,\cdots,n)$。

推导：① 由6.1.4节可知，可以用拉格朗日插值法来构造插值型求积公式：

$$\int_a^b f(x)\mathrm{d}x \approx \int_a^b L_n(x)\mathrm{d}x = \sum_{i=0}^{n}\int_a^b l_i(x)\mathrm{d}x f(x_i)$$

式中拉格朗日插值基函数$l_i(x) = \prod_{\substack{j=0\\j\neq i}}^{n}\frac{x-x_j}{x_i-x_j}$

② 因为等距节点插值，$x_i=a+i\times h(i=0,1,2,\cdots,n)$，不妨设$x=a+s\times h$，所以

$$l_i(x) = \prod_{\substack{j=0\\j\neq i}}^{n}\frac{s-j}{i-j}$$

由表6.1知，$\prod_{j=0}^{i-1}\frac{1}{i-j}=\frac{1}{i!}$，$\prod_{j=i+1}^{n}\frac{1}{i-j}=\frac{(-1)^{n-i}}{(n-i)!}$，则

$$l_i(x) = \prod_{\substack{j=0\\j\neq i}}^{n}\frac{s-j}{i-j} = \frac{(-1)^{n-i}}{i!(n-i)!}\left(\prod_{\substack{j=0\\j\neq i}}^{n}(s-j)\right)$$

表 6.1 等距节点插值时 $l_i(x)$ 的化简

	$\frac{1}{i-j}$的值		$\frac{1}{i-j}$的值
当 $j=0$ 时	$\frac{1}{i}$	当 $j=i+1$ 时	$\frac{1}{-1}$
当 $j=1$ 时	$\frac{1}{i-1}$	当 $j=i+2$ 时	$\frac{1}{-2}$
……	……	……	……
当 $j=i-1$ 时	$\frac{1}{1}$	当 $j=n$ 时	$\frac{1}{-(n-i)}$

所以由定积分换元公式,有

$$\int_a^b l_i(x)\mathrm{d}x = \int_a^b \prod_{\substack{j=0\\j\neq i}}^{n} \frac{x-x_j}{x_i-x_j}\mathrm{d}x = \int_0^n \frac{(-1)^{n-i}}{i!(n-i)!}\left(\prod_{\substack{j=0\\j\neq i}}^{n}(s-j)\right)(a+sh)'\mathrm{d}s$$

又因为

$$(a+sh)' = h = \frac{b-a}{n}$$

所以

$$\begin{aligned}\int_a^b l_i(x)\mathrm{d}x &= \int_0^n \frac{(-1)^{n-i}}{i!(n-i)!}\left(\prod_{\substack{j=0\\j\neq i}}^{n}(s-j)\right)\frac{b-a}{n}\mathrm{d}s\\ &= (b-a)\frac{(-1)^{n-i}}{ni!(n-i)!}\int_0^n \prod_{\substack{j=0\\j\neq i}}^{n}(s-j)\mathrm{d}s\end{aligned}$$

③ 把②代入①得:

$$\begin{aligned}\int_a^b f(x)\mathrm{d}x &\approx \sum_{i=0}^{n}\int_a^b l_i(x)\mathrm{d}x f(x_i) = \sum_{i=0}^{n}(b-a)\frac{(-1)^{n-i}}{ni!(n-i)!}\int_0^n \prod_{\substack{j=0\\j\neq i}}^{n}(s-j)\mathrm{d}s f(x_i)\\ &= (b-a)\sum_{i=0}^{n}\frac{(-1)^{n-i}}{ni!(n-i)!}\int_0^n \prod_{\substack{j=0\\j\neq i}}^{n}(s-j)\mathrm{d}s f(x_i)\end{aligned}$$

与牛顿-柯特斯公式的一般形式一致。

证毕。

6.2.2 柯特斯系数

由柯特斯系数的定义:$C_i^{(n)} = \frac{(-1)^{n-i}}{ni!(n-i)!}\int_0^n \prod_{\substack{j=0\\j\neq i}}^{n}(s-j)\mathrm{d}s$ 可以知道,柯特斯系数仅由 n,i 决定,它是与被积函数 $f(x)$ 具体形式无关的常数。例如,共有 2 个求积节点时,对应 $f(x_0)$ 的柯特斯系数为

$$C_0^{(1)} = \frac{(-1)^{1-0}}{1\times 0!\times(1-0)!}\int_0^1 \prod_{\substack{j=0\\j\neq 0}}^{1}(s-j)\mathrm{d}s = -\int_0^1(s-1)\mathrm{d}s$$

$$=-\left[\frac{1}{2}s^2-s\right]_0^1=-\left[\frac{1}{2}-1\right]=\frac{1}{2}$$

表 6.2 列出了 $n=1,2,\cdots,10$ 时的柯特斯系数。

表 6.2　柯特斯系数表

n	$C_i^{(n)}$										
	$i=0$	$i=1$	$i=2$	$i=3$	$i=4$	$i=5$	$i=6$	$i=7$	$i=8$	$i=9$	$i=10$
1	$\frac{1}{2}$	$\frac{1}{2}$									
2	$\frac{1}{6}$	$\frac{2}{3}$	$\frac{1}{6}$								
3	$\frac{1}{8}$	$\frac{3}{8}$	$\frac{3}{8}$	$\frac{1}{8}$							
4	$\frac{7}{90}$	$\frac{16}{45}$	$\frac{2}{15}$	$\frac{16}{45}$	$\frac{7}{90}$						
5	$\frac{19}{288}$	$\frac{25}{96}$	$\frac{25}{144}$	$\frac{25}{144}$	$\frac{25}{96}$	$\frac{19}{288}$					
6	$\frac{41}{840}$	$\frac{9}{35}$	$\frac{9}{280}$	$\frac{34}{105}$	$\frac{9}{280}$	$\frac{9}{35}$	$\frac{41}{840}$				
7	$\frac{751}{17\,280}$	$\frac{3577}{17\,280}$	$\frac{1323}{17\,280}$	$\frac{2989}{17\,280}$	$\frac{2989}{17\,280}$	$\frac{1323}{17\,280}$	$\frac{3577}{17\,280}$	$\frac{751}{17\,280}$			
8	$\frac{989}{28\,350}$	$\frac{5888}{28\,350}$	$\frac{-928}{28\,350}$	$\frac{10\,496}{28\,350}$	$\frac{-4540}{28\,350}$	$\frac{10\,496}{28\,350}$	$\frac{-928}{28\,350}$	$\frac{5888}{28\,350}$	$\frac{989}{28\,350}$		
9	$\frac{2857}{89\,600}$	$\frac{15\,741}{89\,600}$	$\frac{1080}{89\,600}$	$\frac{19\,344}{89\,600}$	$\frac{5778}{89\,600}$	$\frac{5778}{89\,600}$	$\frac{19\,344}{89\,600}$	$\frac{1080}{89\,600}$	$\frac{15\,741}{89\,600}$	$\frac{2857}{89\,600}$	
10	$\frac{16\,067}{598\,752}$	$\frac{106\,300}{598\,752}$	$\frac{-48\,525}{598\,752}$	$\frac{272\,400}{598\,752}$	$\frac{-260\,550}{598\,752}$	$\frac{427\,368}{598\,752}$	$\frac{-260\,550}{598\,752}$	$\frac{272\,400}{598\,752}$	$\frac{-48\,525}{598\,752}$	$\frac{106\,300}{598\,752}$	$\frac{16\,067}{598\,752}$

由柯特斯系数表可以写出对应的各阶牛顿-柯特斯公式。

(1) $n=1$ 时，共有 2 个求积节点，对应的代数插值曲线为经过这 2 个求积节点的直线。从几何意义上能够看出，$n=1$ 时的牛顿-柯特斯公式就是梯形公式(又称为 2 点公式)。

由表 6.2 可知，$C_0^{(1)}=\frac{1}{2}$，$C_1^{(1)}=\frac{1}{2}$。把它们代入牛顿-柯特斯公式的一般形式：

$$\int_a^b f(x)\mathrm{d}x\approx(b-a)\left(\frac{f(x_0)}{2}+\frac{f(x_1)}{2}\right)=(b-a)\frac{f(a)+f(b)}{2}$$

此公式与梯形公式一致。

(2) $n=2$ 时，共有 3 个求积节点，对应的代数插值曲线为经过这 3 个求积节点的抛物线。

由表 6.2 可知，$C_0^{(2)}=\frac{1}{6}$，$C_1^{(2)}=\frac{2}{3}$，$C_2^{(2)}=\frac{1}{6}$。把它们代入牛顿-柯特斯公式的一般形式：

$$\int_a^b f(x)\mathrm{d}x\approx(b-a)\left(\frac{f(x_0)}{6}+\frac{2f(x_1)}{3}+\frac{f(x_2)}{6}\right)$$

$$=\frac{b-a}{6}\left(f(a)+4f\left(\frac{a+b}{2}\right)+f(b)\right)$$

此公式称为辛普生(Simpson)公式，又称为抛物线求积公式或3点公式。

(3) $n=3$ 时，共有4个求积节点。由表6.2可知，$C_0^{(3)}=\frac{1}{8}$，$C_1^{(3)}=\frac{3}{8}$，$C_2^{(3)}=\frac{3}{8}$，$C_0^{(4)}=\frac{1}{8}$。把它们代入牛顿-柯特斯公式的一般形式：

$$\int_a^b f(x)\mathrm{d}x \approx (b-a)\left(\frac{f(x_0)}{8}+\frac{3f(x_1)}{8}+\frac{3f(x_2)}{8}+\frac{f(x_3)}{8}\right)$$

$$=\frac{b-a}{8}(f(x_0)+3f(x_1)+3f(x_2)+f(x_3))$$

此公式称为辛普生$\frac{3}{8}$法则。

(4) $n=4$ 时，共有5个求积节点。由表6.2可知，$C_0^{(4)}=\frac{7}{90}$，$C_1^{(4)}=\frac{16}{45}$，$C_2^{(4)}=\frac{2}{15}$，$C_3^{(4)}=\frac{16}{45}$，$C_4^{(4)}=\frac{7}{90}$。把它们代入牛顿-柯特斯公式的一般形式：

$$\int_a^b f(x)\mathrm{d}x \approx (b-a)\left(\frac{7}{90}f(x_0)+\frac{16}{45}f(x_1)+\frac{2}{15}f(x_2)+\frac{16}{45}f(x_3)+\frac{7}{90}f(x_4)\right)$$

$$=\frac{b-a}{90}(7f(x_0)+32f(x_1)+12f(x_2)+32f(x_3)+7f(x_4))$$

其中，$x_i=a+i\cdot h,(i=0,1,2,3,4)$，$h=\frac{b-a}{n}$。

此公式称为柯特斯(Cotes)公式(又称为5点公式)。

柯特斯系数有以下性质：

性质1 $\sum_{i=0}^{n} C_i^{(n)}=1$

证明 因为牛顿-柯特斯公式 $\int_a^b f(x)\mathrm{d}x \approx (b-a)\sum_{i=0}^{n}(C_i^{(n)}f(x_i))$ 是一种插值型求积公式。

所以由定理6.3的推论得出，$\sum_{i=0}^{n}A_i=b-a$。

又因为牛顿-柯特斯公式的求积系数 $A_i=(b-a)C_i^{(n)}$。

则

$$\sum_{i=0}^{n}A_i=\sum_{i=0}^{n}((b-a)C_i^{(n)})=(b-a)\sum_{i=0}^{n}C_i^{(n)}=b-a$$

故

$$\sum_{i=0}^{n}C_i^{(n)}=1$$

证毕。

性质 1 有明显的几何意义。如图 6.2 所示，可以把$\int_a^b f(x)\mathrm{d}x$对应的曲边梯形“压”成面积相等的矩形，矩形的高为 $f(x)$ 在区间$[a,b]$上的平均高度 $f(\xi)$，$\xi\in$ 积分区 间$[a,b]$。平均高度 $f(\xi)$ 的公式表示为$\int_a^b f(x)\mathrm{d}x=(b-a)f(\xi)$。把此公式与牛顿-柯特斯公式$\int_a^b f(x)\mathrm{d}x\approx(b-a)\sum_{i=0}^{n}(C_i^{(n)}f(x_i))$比较，得$\sum_{i=0}^{n}(C_i^{(n)}f(x_i))\approx f(\xi)$。这就是说，平均高度 $f(\xi)$ 近似为 $f(x_0),f(x_1),\cdots,f(x_n)$ 的加权平均值，$C_i^{(n)}$ 为求积节点$(x_i,f(x_i))$对积分结果的“贡献”。例如，在抛物线求积公式中，内部节点对应的权较大，则它对计算结果的影响较大。

性质 2　$C_i^{(n)}=C_{n-i}^{(n)}$

证明　① 由柯特斯系数的定义：$C_i^{(n)}=\dfrac{(-1)^{n-i}}{ni!(n-i)!}\displaystyle\int_0^n\prod_{\substack{j=0\\j\neq i}}^{n}(s-j)\mathrm{d}s$

$$C_{n-i}^{(n)}=\frac{(-1)^{n-(n-i)}}{n(n-i)!(n-(n-i))!}\int_0^n\prod_{\substack{j=0\\j\neq n-i}}^{n}(s-j)\mathrm{d}s$$

$$=\frac{(-1)^{i}}{ni!(n-i)!}\int_0^n\prod_{\substack{j=0\\j\neq n-i}}^{n}(s-j)\mathrm{d}s$$

② 下面证明$\displaystyle\int_0^n\prod_{\substack{j=0\\j\neq n-i}}^{n}(s-j)\mathrm{d}s=(-1)^n\int_0^n\prod_{\substack{j=0\\j\neq i}}^{n}(s-j)\mathrm{d}s$ 。

令 $q=n-s$，故 $s=n-q$，所以 $j=0,1,2,\cdots,n$ 时，$(s-j)$与$-(q-j)$顺序相反，一一对应，如表 6.3 所示。

表 6.3　$(s-j)$与$-(q-j)$逆序对应

$j=0$ 时	$(s-0)=((n-q)-0)=-(q-n)$
$j=1$ 时	$(s-1)=((n-q)-1)=-(q-(n-1))$
……	……
$j=(n-i)$时	$(s-(n-i))=(n-q)-(n-i)=-(q-i)$
……	……
$j=(n-1)$时	$(s-(n-1))=(n-q)-(n-1)=-(q-1)$
$j=n$ 时	$(s-n)=((n-q)-n)=-(q-0)$

$$\prod_{j=0}^{n}(s-j)=\prod_{j=0}^{n}(-(q-j))$$

$$\prod_{\substack{j=0\\j\neq n-i}}^{n}(s-j)=\prod_{\substack{j=0\\j\neq i}}^{n}(-(q-j))=(-1)^n\prod_{\substack{j=0\\j\neq i}}^{n}(q-j)$$

$$\int_0^n \prod_{\substack{j=0\\ j\neq n-i}}^{n}(s-j)\mathrm{d}s=\int_n^0 (n-q)'(-1)^n\prod_{\substack{j=0\\ j\neq i}}^{n}(q-j)\mathrm{d}q=(-1)^n\int_0^n\prod_{\substack{j=0\\ j\neq i}}^{n}(q-j)\mathrm{d}q$$

$$=(-1)^n\int_0^n\prod_{\substack{j=0\\ j\neq i}}^{n}(s-j)\mathrm{d}s$$

③ 把②代入①：

$$C_{n-i}^{(n)}=\frac{(-1)^i}{ni!(n-i)!}\int_0^n\prod_{\substack{j=0\\ j\neq n-i}}^{n}(s-j)\mathrm{d}s=\frac{(-1)^i}{ni!(n-i)!}(-1)^n\int_0^n\prod_{\substack{j=0\\ j\neq i}}^{n}(s-j)\mathrm{d}s$$

$$=\frac{(-1)^{n+i}}{ni!(n-i)!}\int_0^n\prod_{\substack{j=0\\ j\neq i}}^{n}(s-j)\mathrm{d}s=\frac{(-1)^{n-i}}{ni!(n-i)!}\int_0^n\prod_{\substack{j=0\\ j\neq i}}^{n}(s-j)\mathrm{d}s=C_i^{(n)}$$

证毕。

性质 2 的几何含义如图 6.5 所示。以积分区间$[a,b]$的中心线 $x=\frac{a+b}{2}$为轴，水平翻转被积函数 $f(x)$，作为新的被积函数，用牛顿-柯特斯公式求积分，与翻转前用相同方法求积分相比较，求积节点一一对应，求得的积分值相等。

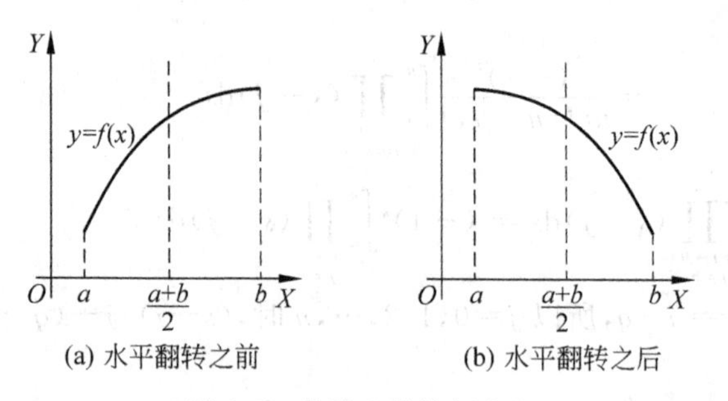

图 6.5 性质 2 的几何含义

6.2.3 牛顿-柯特斯公式的代数精度

牛顿-柯特斯公式是一种插值型求积公式。n 阶牛顿-柯特斯公式为

$$I_n=(b-a)\sum_{i=0}^{n}(C_i^{(n)}f(x_i))$$

由定理 6.3 可知，n 阶牛顿-柯特斯公式至少具有 n 次代数精度。

1 阶牛顿-柯特斯公式就是梯形公式。在 6.1.3 小节中已经验证梯形公式具有 1 次代数精度，与定理 6.3 一致。

2 阶牛顿-柯特斯公式为辛普生公式：

$$I_2=\frac{b-a}{6}\left(f(a)+4f\left(\frac{a+b}{2}\right)+f(b)\right)$$

下面验证辛普生公式的代数精度。

(1) 令 $f(x)=1$，则$\int_a^b f(x)\mathrm{d}x=\int_a^b 1\mathrm{d}x=b-a$

由辛普生公式得：$I_2=\frac{b-a}{6}(1+4\times1+1)=b-a$，结果误差为0。

(2) 令 $f(x)=x$，则 $\int_a^b f(x)\mathrm{d}x=\int_a^b x\mathrm{d}x=\frac{b^2-a^2}{2}$

由辛普生公式得：$I_2=\frac{b-a}{6}\left(a+4\times\left(\frac{a+b}{2}\right)+b\right)=\frac{b-a}{6}\frac{3(a+b)}{2}=\frac{b^2-a^2}{2}$，结果误差为0。

(3) 令 $f(x)=x^2$，则 $\int_a^b f(x)\mathrm{d}x=\int_a^b x^2\mathrm{d}x=\left[\frac{x^3}{3}\right]_a^b=\frac{b^3-a^3}{3}$

由辛普生公式得：$I_2=\frac{b-a}{6}\left(a^2+4\times\left(\frac{a+b}{2}\right)^2+b^2\right)=\frac{b-a}{6}2(a^2+ab+b^2)=\frac{b^3-a^3}{3}$，结果误差为0。

(4) 令 $f(x)=x^3$，则 $\int_a^b f(x)\mathrm{d}x=\int_a^b x^3\mathrm{d}x=\left[\frac{x^4}{4}\right]_a^b=\frac{b^4-a^4}{4}$

由辛普生公式得：

$$\begin{aligned}
I_2&=\frac{b-a}{6}\left(a^3+4\times\left(\frac{a+b}{2}\right)^3+b^3\right)\\
&=\frac{b-a}{6}\left(\frac{(a+b)^3}{2}+(a+b)(a^2-ab+b^2)\right)\\
&=\frac{b-a}{6}\frac{(a+b)((a+b)^2+2(a^2-ab+b^2))}{2}\\
&=\frac{(b^2-a^2)(3(a^2+b^2))}{12}\\
&=\frac{b^4-a^4}{4}
\end{aligned}$$

结果误差为0。

(5) 令 $f(x)=x^4$，则 $\int_a^b f(x)\mathrm{d}x=\int_a^b x^4\mathrm{d}x=\left[\frac{x^5}{5}\right]_a^b=\frac{b^5-a^5}{5}$

由辛普生公式得：$I_2=\frac{b-a}{6}\left(a^4+4\times\left(\frac{a+b}{2}\right)^4+b^4\right)=\frac{(b-a)(4a^4+4b^4+(a+b)^4)}{24}$，误差不为0。

(6) 由定理6.1可知，2阶牛顿-柯特斯公式具有3次代数精度，比定理6.3中的代数精度要高。

定理6.4 牛顿-柯特斯公式 $I_n=(b-a)\sum_{i=0}^{n}(C_i^{(n)}f(x_i))$ 的阶次 n 为奇数时，此求积公式至少具有 n 次代数精度；阶次 n 为偶数时，此求积公式至少具有 $n+1$ 次代数精度。

证明 由定理6.3可知，当阶次 n 为奇数时，定理6.4显然成立。下面只证明当阶次 n 为偶数时，定理6.4成立。

① 由6.1.4节可知，插值型求积公式的余项函数为

$$R[f]=\int_a^b f(x)\mathrm{d}x-\int_a^b L_n(x)\mathrm{d}x=\int_a^b\frac{f^{(n+1)}(\xi)}{(n+1)!}\prod_{i=0}^{n}(x-x_i)\mathrm{d}x$$

当 $x\in[a,b]$时，$\xi\in[a,b]$，且 ξ 与 x 有关。

由定理 6.1 可知，如果当阶次 n 为偶数，$f(x)=x^{n+1}$时，$R[f]=0$，那么求积公式至少具有 $n+1$ 次代数精度，定理 6.4 成立。

② 因为牛顿-柯特斯公式是一种等距节点的代数插值型求积公式，$x_i=a+i\times h$ $(i=0,1,2,\cdots,n)$，不妨设 $x=a+s\times h$，故

$$\prod_{i=0}^{n}(x-x_i)=h^{n+1}\prod_{i=0}^{n}(s-i)$$

③ 当 $f(x)=x^{n+1}$时，$f^{(n+1)}(x)=(n+1)!$ 故

$$f^{(n+1)}(\xi)=(n+1)!$$

④ 把②、③代入①，得

$$R[f]=\int_a^b\frac{f^{(n+1)}(\xi)}{(n+1)!}\prod_{i=0}^{n}(x-x_i)\mathrm{d}x=\int_0^n\frac{(n+1)!}{(n+1)!}h^{n+1}\prod_{i=0}^{n}(s-i)(a+sh)'\mathrm{d}s$$

$$=h^{n+2}\int_0^n\prod_{i=0}^{n}(s-i)\mathrm{d}s$$

⑤ 令 $t=s-\frac{n}{2}$，则 $s=t+\frac{n}{2}$，因为 n 为偶数，则$\frac{n}{2}$为整数，所以

$$\prod_{i=0}^{n}(s-i)=\prod_{i=0}^{n}\left(t+\frac{n}{2}-i\right)=\prod_{i=-n/2}^{n/2}(t+i)=\prod_{i=-n/2}^{n/2}(t-i)$$

⑥ 把⑤代入④得：

$$R[f]=h^{n+2}\int_0^n\prod_{i=0}^{n}(s-i)\mathrm{d}s=h^{n+2}\int_{-n/2}^{n/2}\prod_{i=-n/2}^{n/2}(t+i)\left(t+\frac{n}{2}\right)'\mathrm{d}t$$

$$=h^{n+2}\int_{-n/2}^{n/2}\prod_{i=-n/2}^{n/2}(t+i)\mathrm{d}t$$

令函数 $G(t)=\prod_{i=-n/2}^{n/2}(t+i)$，则

$$R[f]=h^{n+2}\int_{-n/2}^{n/2}G(t)\mathrm{d}t$$

⑦ 由⑤、⑥得知，$G(-t)=\prod_{i=-n/2}^{n/2}(-t+i)=(-1)^{n+1}\prod_{i=-n/2}^{n/2}(t-i)=-\prod_{i=-n/2}^{n/2}(t+i)=-G(t)$，

所以 $G(t)$为奇函数，因此

$$\int_{-n/2}^{n/2}G(t)\mathrm{d}t=0$$

因此当阶次 n 为偶数，$f(x)=x^{n+1}$时，$R[f]=0$。

故定理 6.4 成立。

证毕。

6.2.4 牛顿-柯特斯公式的余项

由 6.1.4 节可知，n 阶牛顿-柯特斯公式的余项函数(即截断误差)为

$$R[f]=\int_a^b \frac{f^{(n+1)}(\xi)}{(n+1)!}\prod_{i=0}^{n}(x-x_i)\mathrm{d}x$$

当 $x\in[a,b]$时，$\xi\in[a,b]$，且 ξ 与 x 有关。

下面给出几种常用低阶牛顿-柯特斯公式余项函数的一般形式。

1. 梯形公式的余项函数

定理 6.5 如果被积函数 $f(x)$在积分区间$[a,b]$上有连续的 2 阶导数，那么梯形公式的余项函数 $R_1[f]=-\frac{f''(\eta)}{12}(b-a)^3$，其中 $\eta\in[a,b]$。

证明定理 6.5 用到第一积分中值定理的扩展定理：若函数 $f(x)$和 $g(x)$在区间$[a,b]$上连续，且 $g(x)$在$[a,b]$上不变号，则至少存在一点 $c\in[a,b]$，使 $\int_a^b f(x)g(x)\mathrm{d}x=f(c)\int_a^b g(x)\mathrm{d}x$。

下面证明定理 6.5。

证明 由 n 阶牛顿-柯特斯公式的余项函数，梯形公式的余项函数为

$$R_1[f]=\int_a^b \frac{f''(\xi)}{2!}(x-a)(x-b)\mathrm{d}x$$

因为$(x-a)(x-b)$在$[a,b]$上不变号，所以由第一积分中值定理的扩展定理，$R_1[f]=\frac{f''(\eta)}{2}\int_a^b(x-a)(x-b)\mathrm{d}x$，其中 $\eta\in[a,b]$。

又因为

$$\int_a^b(x-a)(x-b)\mathrm{d}x=-\frac{(b-a)^3}{6}$$

所以

$$R_1[f]=-\frac{f''(\eta)}{12}(b-a)^3\quad \eta\in[a,b]$$

证毕。

2. 辛普生公式的余项函数

定理 6.6 如果被积函数 $f(x)$在积分区间$[a,b]$上有连续的 4 阶导数，那么辛普生公式的余项函数 $R_2[f]=-\frac{f^{(4)}(\eta)}{2880}(b-a)^5$，其中 $\eta\in[a,b]$。

由 n 阶牛顿-柯特斯公式的余项函数，辛普生公式的余项函数为

$$R_2[f]=\int_a^b \frac{f'''(\xi)}{3!}(x-a)\left(x-\frac{a+b}{2}\right)(x-b)\mathrm{d}x$$

因为$(x-a)\left(x-\frac{a+b}{2}\right)(x-b)$在$[a,b]$上正负号发生变化，所以不能直接使用第一积分中值定理的扩展定理。一个证明定理 6.6 的方法是使用带 1 阶导数的埃尔米特插值，这里用到定理 6.7。

定理 6.7 设插值区间为$[a,b]$，被插函数为 $f(x)$，构造埃尔米特插值函数 $H(x)$的

插值条件为 $H(a)=f(a)$,$H(b)=f(b)$,$H\left(\frac{a+b}{2}\right)=f\left(\frac{a+b}{2}\right)$,$H'\left(\frac{a+b}{2}\right)=f'\left(\frac{a+b}{2}\right)$,若在$[a,b]$内 $f(x)$存在连续的 4 阶导数,则

余项函数 $R_H(x)=f(x)-H(x)=\frac{f^{(4)}(\xi)}{4!}(x-a)\left(x-\frac{a+b}{2}\right)^2(x-b)$

当 $x\in[a,b]$时,$\xi\in[a,b]$,且 ξ 与 x 有关。

证明 ① 由插值条件可知,余项函数 $R_H(x)$必含有因子$(x-a)$、$\left(x-\frac{a+b}{2}\right)^2$、$(x-b)$。不妨设 $R_H(x)=g(x)(x-a)\left(x-\frac{a+b}{2}\right)^2(x-b)$,$g(x)$为待定函数。

② 对$[a,b]$内任意一点 x,构造辅助函数为

$$\varphi(t)=f(t)-H(t)-g(x)(t-a)\left(t-\frac{a+b}{2}\right)^2(t-b)$$

故 $t=x$ 时,$\varphi(t)$为 0。另外,$\varphi(a)=0$,$\varphi(b)=0$,$\varphi\left(\frac{a+b}{2}\right)=0$,$\varphi'\left(\frac{a+b}{2}\right)=0$,即 $\varphi(t)$在$[a,b]$内至少有 5 个零点。

反复应用罗尔定理,可以知道至少有 1 点 ξ,$\xi\in[a,b]$,使 $\varphi^{(4)}(\xi)$为 0。

③ 因为 $H(t)$为不超过 3 次的埃尔米特插值多项式,所以 $H^{(4)}(t)$为 0。

又因为 $g(x)(t-a)\left(t-\frac{a+b}{2}\right)^2(t-b)$为 t 的 4 次多项式,所以 $g(x)(t-a)\cdot\left(t-\frac{a+b}{2}\right)^2(t-b)$对 t 求 4 阶导数的结果为 $4!\,g(x)$。

④ 把③代入②,得

$$\varphi^{(4)}(\xi)=f^{(4)}(\xi)-4!g(x)=0$$

$$g(x)=\frac{f^{(4)}(\xi)}{4!}$$

则 $R_H(x)=\frac{f^{(4)}(\xi)}{4!}(x-a)\left(x-\frac{a+b}{2}\right)^2(x-b)$成立。

证毕。

下面用定理 6.7 证明定理 6.6。

证明 ① 以被积函数 $f(x)$为被插函数,构造不超过 3 次的埃尔米特插值函数 $H(x)$,插值条件为

$$H(a)=f(a),H(b)=f(b),\quad H\left(\frac{a+b}{2}\right)=f\left(\frac{a+b}{2}\right)$$

$$H'\left(\frac{a+b}{2}\right)=f'\left(\frac{a+b}{2}\right)$$

故由定理 6.7 可知,插值余项

$$R_H(x)=f(x)-H(x)=\frac{f^{(4)}(\xi)}{4!}(x-a)\left(x-\frac{a+b}{2}\right)^2(x-b)$$

当 $x\in[a,b]$时,$\xi\in[a,b]$,且 ξ 与 x 有关。

② 由定理 6.4 可知，辛普生公式 $\int_a^b f(x)\mathrm{d}x \approx (b-a)\left(\frac{f(x_0)}{6}+\frac{2f(x_1)}{3}+\frac{f(x_2)}{6}\right)$ 至少具有 3 次代数精度，$H(x)$为不超过 3 次的代数多项式，因此对于 $H(x)$，辛普生公式精确成立，即

$$\int_a^b H(x)\mathrm{d}x = (b-a)\left(\frac{f(x_0)}{6}+\frac{2f(x_1)}{3}+\frac{f(x_2)}{6}\right)$$

则辛普生公式的余项函数为

$$\begin{aligned} R_2[f] &= \int_a^b f(x)\mathrm{d}x - (b-a)\left(\frac{f(x_0)}{6}+\frac{2f(x_1)}{3}+\frac{f(x_2)}{6}\right) \\ &= \int_a^b f(x)\mathrm{d}x - \int_a^b H(x)\mathrm{d}x = \int_a^b (f(x)-H(x))\mathrm{d}x = \int_a^b R_H(x)\mathrm{d}x \\ &= \int_a^b \frac{f^{(4)}(\xi)}{4!}(x-a)\left(x-\frac{a+b}{2}\right)^2(x-b)\mathrm{d}x \end{aligned}$$

因为$(x-a)\left(x-\frac{a+b}{2}\right)^2(x-b)$在$[a,b]$上不变号，所以由第一积分中值定理的扩展定理得

$$\begin{aligned} R_2[f] &= \frac{f^{(4)}(\eta)}{4!}\int_a^b (x-a)\left(x-\frac{a+b}{2}\right)^2(x-b)\mathrm{d}x \\ &= -\frac{f^{(4)}(\eta)}{2880}(b-a)^5 \quad \eta\in[a,b] \end{aligned}$$

证毕。

3. 柯特斯公式的余项函数

定理 6.8 如果被积函数 $f(x)$在积分区间$[a,b]$上有连续的 6 阶导数，那么柯特斯公式的余项函数 $R_4[f]=-\frac{2(b-a)}{945}\left(\frac{b-a}{4}\right)^6 f^{(6)}(\eta)$，其中 $\eta\in[a,b]$。

证明略。

6.2.5 牛顿-柯特斯公式的稳定性

在实际应用中，求积节点不可避免地带有误差。一个稳定的算法能够有效地控制误差的传播。假设在求积节点 $x=x_i$ 处，精确值记为 $f(x_i)$，近似值记为 $\tilde{f}(x_i)$，$i=0,1,2,\cdots,n$，下面给出数值积分公式 $I_n(f)=\sum_{i=0}^{n}A_i f(x_i)$ 的稳定性的定义。

定义 6.2 对于任意 $\varepsilon>0$，若存在 $\delta>0$，只要 $|f(x_i)-\tilde{f}(x_i)|\leqslant\delta$，$(i=0,1,2,\cdots,n)$，就有 $|I_n(f)-I_n(\tilde{f})|\leqslant\varepsilon$ 成立，则称求积公式 $I_n(f)=\sum_{i=0}^{n}A_i f(x_i)$ 是稳定的。

定理 6.9 若求积公式 $I_n(f)=\sum_{i=0}^{n}A_i f(x_i)$ 至少具有 0 次代数精度，而且求积系数 $A_i>0$，$(i=0,1,2,\cdots,n)$，则此求积公式是稳定的。

证明 ① $|I_n(f)-I_n(\tilde{f})| = \left|\sum_{i=0}^{n}A_i f(x_i) - \sum_{i=0}^{n}A_i\tilde{f}(x_i)\right|$

$$= \left| \sum_{i=0}^{n} A_i (f(x_i) - \tilde{f}(x_i)) \right|$$

$$\leqslant \sum_{i=0}^{n} | A_i | | f(x_i) - \tilde{f}(x_i) |$$

② 因为求积公式 $I_n(f) = \sum_{i=0}^{n} A_i f(x_i)$ 至少具有 0 次代数精度。

所以由定理 6.1 的推论得知，$\sum_{i=0}^{n} A_i = b - a$。

又因为 $A_i > 0$，所以

$$\sum_{i=0}^{n} | A_i | = \sum_{i=0}^{n} A_i = b - a$$

③ 设 $\delta \geqslant | f(x_i) - \tilde{f}(x_i) |$，则

$$| I_n(f) - I_n(\tilde{f}) | \leqslant \sum_{i=0}^{n} | A_i | | f(x_i) - \tilde{f}(x_i) | \leqslant \sum_{i=0}^{n} | A_i | \delta = \delta(b-a)$$

对于任意 $\varepsilon > 0$，若取 $\delta = \dfrac{\varepsilon}{b-a}$，则 $| I_n(f) - I_n(\tilde{f}) | \leqslant \varepsilon$ 成立。

故此求积公式是稳定的。

证毕。

由表 6.2 知，1～7 阶牛顿-柯特斯公式的求积系数 $A_i = (b-a)C_i^{(n)} > 0$，$(i=0,1,2,\cdots,n)$，因此牛顿-柯特斯公式在阶次不大于 7 时是稳定的。当阶次大于 7 时，某些求积系数为负，这时不能保证公式的稳定性。对于较大积分区间、复杂被积函数、较高精度要求的数值积分问题，不应选择高阶牛顿-柯特斯公式，应该使用复化求积公式。

6.2.6 牛顿-柯特斯公式求积的算法和程序

下面的程序用牛顿-柯特斯公式 $\int_a^b f(x)\mathrm{d}x \approx (b-a)\sum_{i=0}^{n}(C_i^{(n)} f(x_i))$ 来求积分。

(1) 7 阶以上的牛顿-柯特斯公式不能保证稳定，这里只实现了 1～7 阶牛顿-柯特斯公式求积。

(2) 程序只存储了半张柯特斯系数表，利用柯特斯系数的对称性求另一半柯特斯系数表。

(3) 柯特斯系数表的各项都可以化为整数除以整数的形式，而且每一行各项的分母为相同的整数。程序中二维数组各行的 0 列 $c[i][0]$ 存储本行（i 行）各项共同的整数分母，其他各列存储柯特斯系数对应整数分子，分子与分母的比值为对应的柯特斯系数。

算法 6.1 1～7 阶牛顿-柯特斯公式求积的算法。

<table>
<tr><td colspan="2">初始化 1~7阶柯特斯系数表 c[][](半张表，各行第一列为本行共同的整数分母)。</td></tr>
<tr><td colspan="2">输入积分区间边界 a,b 和求积节点的个数 n 。</td></tr>
<tr><td colspan="2">输入各求积节点纵坐标 f[n] 。</td></tr>
<tr><td colspan="2">integral=0;</td></tr>
<tr><td colspan="2">for(i=0;i<n/2;i++)
　　integral+=(f[i]+f[n–i–1])*c[n–2][i+1]/c[n–2][0];</td></tr>
<tr><td colspan="2">n是奇数吗？
Y　　　　　　　　　　　　　　　　　　　　N</td></tr>
<tr><td>integral+=f[n/2]*c[n–2][n/2+1]/c[n–2][0];</td><td></td></tr>
<tr><td colspan="2">integral*=b–a;</td></tr>
<tr><td colspan="2">输出积分结果 integral 。</td></tr>
</table>

程序 6.1 1～7 阶牛顿-柯特斯公式求积的程序。

```
#include <stdio.h>
#define MAXSIZE 7
void input(double f[MAXSIZE+1],double a,double b,long n);
void main(void)
{
    long c[MAXSIZE][MAXSIZE/2+2]={{2,1},{6,1,4},
    {8,1,3},{90,7,32,12},{288,19,75,50},
    {840,41,216,27,272},{17280,751,3577,1323,2989}};
    double a,b,f[MAXSIZE+1],integral;
    long n,i;
    printf("\n请输入积分区间边界 a,b: ");
    scanf("%lf,%lf",&a,&b);
    printf("\n请输入求积节点的个数(2～8): ");
    scanf("%ld",&n);
    input(f,a,b,n);
    integral=0;
    for(i=0;i<n/2;i++)
        integral+=(f[i]+f[n-i-1])*c[n-2][i+1]/c[n-2][0];
    if(n%2)
        integral+=f[n/2]*c[n-2][n/2+1]/c[n-2][0];
    integral*=b-a;
    printf("\n积分值=%lf",integral);
}
void input(double f[MAXSIZE+1],double a,double b,long n)
{
    long i;
    double h;
    h=(b-a)/(n-1);
    printf("\n请输入求积节点纵坐标:");
    for(i=0;i<=n-1;i++)
    {
```

```
        printf("\nx[%ld]=%lf,f[%ld]=",i,a+i*h,i);
        scanf("%lf",&f[i]);
    }
}
```

6.3 复化求积公式

6.3.1 问题的提出

对于较大积分区间、复杂被积函数、较高精度要求的数值积分问题，需要较多的求积节点。如果采用高阶插值型求积公式，当被积函数 $f(x)$ 不是多项式函数时，求积过程可能不稳定，因此这时只能采用复化求积。

复化求积的主要思想：把积分区间 $[a,b]$ 分成若干个小子区间，使被积函数 $f(x)$ 在每个小子区间内足够平滑，然后用低阶数值积分公式求 $f(x)$ 在每个小子区间内的积分，再对所有小子区间的积分结果求和，就得到 $f(x)$ 在 $[a,b]$ 上的积分。

本节重点讨论等距节点复化牛顿-柯特斯公式求积：把积分区间 $[a,b]$ 等分为 m 个小子区间，每个小子区间都被 $n+1$ 个求积节点（含小子区间端点）n 等分，用 n 阶牛顿-柯特斯公式求每个小子区间内的积分，再对 m 个小子区间的积分结果求和，就得到在 $[a,b]$ 上的积分。

6.3.2 等距节点复化梯形公式

定理 6.10 把积分区间 $[a,b]$ 等分为 m 个小子区间，令步长 $h=\frac{b-a}{m}$，求积节点 $x_i=a+i\times h, i=0,1,2,\cdots,m$，等距节点复化梯形公式为

$$T_m=\frac{h}{2}\left(f(a)+2\sum_{j=1}^{m-1}f(x_j)+f(b)\right)$$

它的余项函数（即截断误差）为

$$R_m(f)=-\frac{h^2}{12}(b-a)f''(\eta)\quad \eta\in[a,b]$$

推导：① 用梯形公式求 $f(x)$ 在每个小子区间上的积分，然后再求和：

$$\int_a^b f(x)\mathrm{d}x=\sum_{j=0}^{m-1}\int_{x_j}^{x_{j+1}}f(x)\mathrm{d}x\approx\sum_{j=0}^{m-1}\frac{h(f(x_j)+f(x_{j+1}))}{2}$$

$$=\frac{h}{2}\left(f(a)+2\sum_{j=1}^{m-1}f(x_j)+f(b)\right)$$

② 等距节点复化梯形公式的余项为每个小子区间上积分余项之和：

$$R_m(f)=\sum_{j=0}^{m-1}\left(-\frac{f''(\eta_j)h^3}{12}\right)=-\frac{h^2}{12}(b-a)\frac{1}{m}\sum_{j=0}^{m-1}f''(\eta_j)\quad \eta_j\in[x_j,x_{j+1}]$$

③ 设 $f''(\eta_0),f''(\eta_1),\cdots,f''(\eta_{m-1})$ 中最小的1项为 $f''(\eta_p)$，最大的1项为 $f''(\eta_q)$。

$$f''(\eta_p)\leqslant\frac{1}{m}\sum_{j=0}^{m-1}f''(\eta_j)\leqslant f''(\eta_q)$$

由连续函数介值定理可知，在 η_p、η_q 之间至少存在 1 点 η，使 $f''(\eta)=\frac{1}{m}\sum_{j=0}^{m-1}f''(\eta_j)$ 。

又因为

$$\eta_p、\eta_q \in [a,b]$$

所以

$$\eta \in [a,b]$$

所以 $R_m(f)=-\frac{h^2}{12}(b-a)f''(\eta) \quad \eta\in[a,b]$

显然，等距节点复化梯形公式是收敛的。步长 $h\to 0$ 时，$R_m(f)\to 0$，收敛阶为 $O(h^2)$。下面给出等距节点复化梯形公式求积的算法和程序。

算法 6.2 等距节点复化梯形公式求积的算法。

输入积分区间边界 a,b 和求积节点的个数 n。
步长 h=(b–a)/(n–1)。
输入各求积节点纵坐标 f[n]。
integral=(f[0]+f[n–1])/2;
for(i=1;i<n–1;i++)   integral+=f[i];
integral*=h;
输出积分结果 integral。

程序 6.2 等距节点复化梯形公式求积的程序。

```
#include <stdio.h>
#define MAXSIZE 50
void input(double f[MAXSIZE],double a,double h,long n);
void main(void)
{
    double a,b,h,f[MAXSIZE],integral;
    long n,i;
    printf("\n 请输入积分区间边界 a,b: ");
    scanf("%lf,%lf",&a,&b);
    printf("\n 请输入求积节点的个数: ");
    scanf("%ld",&n);
    h=(b-a)/(n-1);
    input(f,a,h,n);
    integral=(f[0]+f[n-1])/2;
    for(i=1;i<n-1;i++)
        integral+=f[i];
    integral*=h;
    printf("\n 积分值=%lf",integral);
}
void input(double f[MAXSIZE],double a,double h,long n)
```

```
{
    long i;
    printf("\n请输入求积节点纵坐标:");
    for(i=0;i<=n-1;i++)
    {
        printf("\nx[%ld]=%lf,f[%ld]=",i,a+i*h,i);
        scanf("%lf",&f[i]);
    }
}
```

6.3.3 等距节点复化辛普生公式

等距节点复化辛普生公式求积是指把积分区间$[a,b]$等分为m个小子区间，每个小子区间取子区间的中点和2个端点为求积节点，用辛普生公式求积，再对m个小子区间的积分结果求和，就得到在$[a,b]$上的积分。

定理 6.11 求积节点共有$2m+1$个，记为$x_i=a+ih, i=0,1,2,\cdots,2m$，其中步长$h=\dfrac{b-a}{2m}$，等距节点复化辛普生公式为

$$S_m=\frac{h}{3}\left(f(a)+2\sum_{j=1}^{m-1}f(x_{2j})+f(b)+4\sum_{j=0}^{m-1}f(x_{2j+1})\right)$$

它的余项函数（即截断误差）为

$$R_m(f)=-\frac{h^4}{180}(b-a)f^{(4)}(\eta)\quad \eta\in[a,b]$$

推导：① $\displaystyle\int_a^b f(x)\mathrm{d}x=\sum_{j=0}^{m-1}\int_{x_{2j}}^{x_{2j+2}}f(x)\mathrm{d}x\approx\sum_{j=0}^{m-1}\frac{2h(f(x_{2j})+4f(x_{2j+1})+f(x_{2j+2}))}{6}$

$$=\frac{h}{3}\left(f(a)+2\sum_{j=1}^{m-1}f(x_{2j})+f(b)+4\sum_{j=0}^{m-1}f(x_{2j+1})\right)$$

② 等距节点复化辛普生公式的余项为每个小子区间上积分余项之和：

$$R_m(f)=\sum_{j=0}^{m-1}\left(-\frac{f^{(4)}(\eta_j)(2h)^5}{2880}\right)$$

$$=-\frac{h^4}{180}(b-a)\frac{1}{m}\sum_{j=0}^{m-1}f^{(4)}(\eta_j)\quad \eta_j\in[x_{2j},x_{2j+2}]$$

③ 与定理6.10的推导相似，由连续函数介值定理得，至少存在1点$\eta\in[a,b]$，使$f^{(4)}(\eta)=\dfrac{1}{m}\displaystyle\sum_{j=0}^{m-1}f^{(4)}(\eta_j)$。

故

$$R_m(f)=-\frac{h^4}{180}(b-a)f^{(4)}(\eta)\quad \eta\in[a,b]$$

显然，等距节点复化辛普生公式是收敛的。步长$h\to0$时，$R_m(f)\to0$，收敛阶为$O(h^4)$。下面给出等距节点复化辛普生公式求积的算法和程序。

算法 6.3　等距节点复化辛普生公式求积的算法。

输入积分区间边界 a,b 和求积节点的个数 n 。
步长 h=(b−a)/(n−1) 。
输入各求积节点纵坐标 f[n] 。
integral=f[0]+f[n−1];
s=0;
for(i=2;i<n−1;i+=2)
s+=f[i];
integral+=s*2;
s=0;
for(i=1;i<n−1;i+=2)
s+=f[i];
integral+=s*4;
integral*=h/3;
输出积分结果 integral 。

程序 6.3　等距节点复化辛普生公式求积的程序。

```
#include <stdio.h>
#define MAXSIZE 50
void input(double f[MAXSIZE],double a,double h,long n);
void main(void)
{
    double a,b,h,f[MAXSIZE],integral,s;
    long n,i;
    printf("\n请输入积分区间边界 a,b: ");
    scanf("%lf,%lf",&a,&b);
    printf("\n请输入求积节点的个数: ");
    scanf("%ld",&n);
    h=(b-a)/(n-1);
    input(f,a,h,n);
    integral=f[0]+f[n-1];
    s=0;
    for(i=2;i<n-1;i+=2)
        s+=f[i];
    integral+=s*2;
    s=0;
    for(i=1;i<n-1;i+=2)
        s+=f[i];
    integral+=s*4;
    integral*=h/3;
    printf("\n积分值=%lf",integral);
}
```

```
void input(double f[MAXSIZE],double a,double h,long n)
{
    long i;
    printf("\n 请输入求积节点纵坐标:");
    for(i=0;i<=n-1;i++)
    {
        printf("\nx[%ld]=%lf,f[%ld]=",i,a+i*h,i);
        scanf("%lf",&f[i]);
    }
}
```

6.3.4 等距节点复化柯特斯公式

与6.3.3节类似,等距节点复化柯特斯公式求积是指把积分区间$[a,b]$等分为m个小子区间,每个小子区间被2个端点和3个内部求积节点4等分,用柯特斯公式对每个小子区间求积,再对m个小子区间的积分结果求和,就得到在$[a,b]$上的积分。

定理6.12 求积节点共有$4m+1$个,记为$x_i=a+ih,i=0,1,2,\cdots,4m$,其中步长$h=\dfrac{b-a}{4m}$,等距节点复化柯特斯公式为

$$C_m=\frac{2h}{45}\Big(7(f(a)+f(b))+14\sum_{j=1}^{m-1}f(x_{4j})+32\sum_{j=0}^{m-1}(f(x_{4j+1})+f(x_{4j+3}))+12\sum_{j=0}^{m-1}f(x_{4j+2})\Big)$$

它的余项函数(即截断误差)为

$$R_m(f)=-\frac{2h^6}{945}(b-a)f^{(6)}(\eta)\quad \eta\in[a,b]$$

推导: ①
$$\begin{aligned}\int_a^b f(x)\mathrm{d}x&=\sum_{j=0}^{m-1}\int_{x_{4j}}^{x_{4j+4}}f(x)\mathrm{d}x\\&\approx\sum_{j=0}^{m-1}\Big(\frac{4h}{90}(7f(x_{4j})+32f(x_{4j+1})+12f(x_{4j+2})\\&\quad+32f(x_{4j+3})+7f(x_{4j+4}))\Big)\\&=\frac{2h}{45}\Big(7(f(a)+f(b))+14\sum_{j=1}^{m-1}f(x_{4j})\\&\quad+32\sum_{j=0}^{m-1}(f(x_{4j+1})+f(x_{4j+3}))+12\sum_{j=0}^{m-1}f(x_{4j+2})\Big)\end{aligned}$$

② 等距节点复化柯特斯公式的余项为每个小子区间上积分余项之和:

$$\begin{aligned}R_m(f)&=\sum_{j=0}^{m-1}\Big(-\frac{8h^7f^{(6)}(\eta_j)}{945}\Big)\\&=-\frac{2h^6}{945}(b-a)\frac{1}{m}\sum_{j=0}^{m-1}f^{(6)}(\eta_j)\quad \eta_j\in[x_{4j},x_{4j+4}]\end{aligned}$$

③ 与定理6.10的推导相似，由连续函数介值定理得，至少存在1点 $\eta\in[a,b]$，使 $f^{(6)}(\eta)=\frac{1}{m}\sum_{j=0}^{m-1}f^{(6)}(\eta_j)$。

故

$$R_m(f)=-\frac{2h^6}{945}(b-a)f^{(6)}(\eta)\quad \eta\in[a,b]$$

显然，等距节点复化柯特斯公式是收敛的。步长 $h\to 0$ 时，$R_m(f)\to 0$，收敛阶为 $O(h^6)$。

下面给出等距节点复化柯特斯公式求积的算法和程序。

算法 6.4 等距节点复化柯特斯公式求积的算法。

算法步骤
输入积分区间边界 a,b 和求积节点的个数 n。
步长 h=(b−a)/(n−1)。
输入各求积节点纵坐标 f[n]。
s=s1=s2=0;
for(i=4;i<n−1;i+=4)
s+=f[i];
for(i=0;i<n−1;i+=4)
s1+=f[i+1]+f[i+3];
s2+=f[i+2];
integral=7*(f[0]+f[n−1])+14*s+32*s1+12*s2;
integral*=2*h/45;
输出积分结果 integral。

程序 6.4 等距节点复化柯特斯公式求积的程序。

```
#include <stdio.h>
#define MAXSIZE 50
void input(double f[MAXSIZE],double a,double h,long n);
void main(void)
{
    double a,b,h,f[MAXSIZE],integral,s,s1,s2;
    long n,i;
    printf("\n 请输入积分区间边界 a,b: ");
    scanf("%lf,%lf",&a,&b);
    printf("\n 请输入求积节点的个数: ");
    scanf("%ld",&n);
    h=(b-a)/(n-1);
    input(f,a,h,n);
    s=s1=s2=0;
    for(i=4;i<n-1;i+=4)
        s+=f[i];
    for(i=0;i<n-1;i+=4)
    {
```

```
        s1+=f[i+1]+f[i+3];
        s2+=f[i+2];
    }
    integral=7*(f[0]+f[n-1])+14*s+32*s1+12*s2;
    integral*=2*h/45;
    printf("\n积分值=%lf",integral);
}
void input(double f[MAXSIZE],double a,double h,long n)
{
    long i;
    printf("\n请输入求积节点纵坐标:");
    for(i=0;i<=n-1;i++)
    {
        printf("\nx[%ld]=%lf,f[%ld]=",i,a+i*h,i);
        scanf("%lf",&f[i]);
    }
}
```

6.3.5 变步长求积公式

前面介绍的各种复化求积算法在求积过程中，步长固定不变，这类求积公式称为定步长求积公式。定步长求积在计算之前需要根据精度要求来确定步长，但是用余项公式估算误差时，需要对被积函数 $f(x)$ 求高阶导数，实际问题经常不能满足这一要求。除此之外，还需要找出积分区间 $[a,b]$ 内的 η，这也难以实现。如果用 $[a,b]$ 内导数的最大值代替 η 处的导数，可能会使估算出的误差过大。因此，实际应用中常常采用变步长求积。

变步长求积的主要思想：先用较大的步长计算积分，在此基础上用较小的步长重新积分，再用更小的步长重新积分……，反复地计算积分值，每次积分的步长都比上次积分的步长小。当步长 $h\to 0$ 时，等距节点复化求积公式的误差 $\to 0$，积分结果 $\to$ 精确值，相邻2次积分结果之差 $\to 0$。因此，相邻2次积分结果之差能够间接地反映积分结果的误差大小。一般情况下，当相邻2次积分结果之差的绝对值足够小时，可以近似地认为精度满足要求，积分过程结束。像这样在求积过程中，步长逐步改变的求积公式称为变步长求积公式。变步长求积在计算之前不需要知道多小的步长能满足精度要求，精度要求由相邻2次积分结果之差的大小来间接地控制。

常用的变步长求积公式是逐次分半梯形公式求积：先用梯形公式求 $f(x)$ 在积分区间 $[a,b]$ 上的积分，记为 T_1；取积分区间的中点，把原积分区间对分为2个小积分区间，用等距节点复化梯形公式求积，记为 T_2……，每次对分都使积分区间的个数增加1倍，把原积分区间的中点增加为新的求积节点，原求积节点在后面各次求积时仍为求积节点，这样可以避免一些重复的运算。

定理 6.13 由 T_n 递推出 T_{2n} 的逐次分半梯形公式为

$$T_{2n}=\frac{T_n}{2}+h_{2n}\sum_{k=0}^{n-1}f(x_{2k+1})$$

证明 对分后，步长由 h_n 变为 $h_{2n}\left(h_n=2h_{2n}=\dfrac{b-a}{n}\right)$。

求积节点的下标统一地按 $2n$ 个积分区间表示，即 $x_i=a+ih_{2n}$。

由定理 6.10 可得

$$T_n=\frac{2h_{2n}}{2}\left(f(a)+2\sum_{k=1}^{n-1}f(x_{2k})+f(b)\right)=h_{2n}\left(f(a)+2\sum_{k=1}^{n-1}f(x_{2k})+f(b)\right)$$

则

$$\begin{aligned}T_{2n}&=\frac{h_{2n}}{2}\left(f(a)+2\sum_{k=1}^{2n-1}f(x_k)+f(b)\right)\\&=\frac{h_{2n}}{2}\left(f(a)+2\sum_{k=1}^{n-1}f(x_{2k})+f(b)+2\sum_{k=0}^{n-1}f(x_{2k+1})\right)\\&=\frac{h_{2n}}{2}\left(f(a)+2\sum_{k=1}^{n-1}f(x_{2k})+f(b)\right)+h_{2n}\sum_{k=0}^{n-1}f(x_{2k+1})\\&=\frac{T_n}{2}+h_{2n}\sum_{k=0}^{n-1}f(x_{2k+1})\end{aligned}$$

证毕。

上式中下标为奇数的求积节点 $f(x_1),f(x_3),\cdots,f(x_{2n-1})$，是这一轮对分时新增的求积节点，下标为偶数的求积节点 $f(a),f(x_2),f(x_4),\cdots,f(b)$，是这一轮对分前原有的求积节点，在求 T_n 时已经计算过，因此求 T_{2n} 时不必重复计算。

下面给出等距节点复化梯形公式求积的算法和程序。

算法 6.5 逐次分半梯形公式求积的算法。

算法步骤
输入积分区间边界 a,b 和精度要求 ε。
步长 h=b−a，子区间个数 n=1。
首次积分 t2n=h*(f(a)+f(b))/2。
暂存 tn=t2n。
h/=2;t2n=0;
for(i=0;i<=n−1;i++)
x=a+h*(2*i+1);
t2n+=f(x);
t2n=tn/2+h*t2n;
n*=2;
|t2n−tn|>ε
输出积分结果 t2n。

程序 6.5 逐次分半梯形公式求积的程序。

```
#include <stdio.h>
#include <math.h>
double f(double x);
void main(void)
{
```

```
        double x,a,b,h,tn,t2n,epsilon;
        long n,i;
        printf("\n请输入积分区间边界a,b:");
        scanf("%lf,%lf",&a,&b);
        printf("\n请输入精度要求:");
        scanf("%lf",&epsilon);
        h=b-a;    n=1;
        t2n=h*(f(a)+f(b))/2;
        do{
            tn=t2n;
            h/=2;
            t2n=0;
            for(i=0;i<=n-1;i++)
            {
                x=a+h*(2*i+1);
                t2n+=f(x);
            }
            t2n=tn/2+h*t2n;
            n*=2;
        }while(fabs(t2n-tn)>epsilon);
        printf("\n积分值=%lf",t2n);
    }
    double f(double x)
    {
        return(…);              /*计算并返回函数值f(x)*/
    }
```

6.4 龙贝格求积

6.4.1 外推算法

某些数值的计算方法，是构造一个序列，去逼近精确解。例如，逐次分半梯形公式求积在逐次分半过程中，得到的积分值序列为 $T(b-a),T\left(\frac{b-a}{2}\right),\cdots,T\left(\frac{b-a}{2^k}\right),\cdots$，此序列会逐渐收敛于精确值 $T(0)$。有时可以在原序列的基础上构造一个新序列，使它能够更快地收敛于精确值。例如，序列 f 为 $f(h),f\left(\frac{h}{2}\right),f\left(\frac{h}{2^2}\right),\cdots$ 会逐渐逼近于 $f(0)$。由泰勒公式可得：

$$f(h)=f(0)+hf'(0)+\frac{h^2}{2!}f''(0)+\frac{h^3}{3!}f'''(0)+\cdots$$

$$f\left(\frac{h}{2}\right)=f(0)+\frac{h}{2}f'(0)+\frac{1}{2!}\left(\frac{h}{2}\right)^2f''(0)+\frac{1}{3!}\left(\frac{h}{2}\right)^3f'''(0)+\cdots$$

……

因此序列 f 的收敛阶为 $O(h)$。

在序列 f 基础上构造序列 f_1：$f_1(h)=2f\left(\frac{h}{2}\right)-f(h)$。

故

$$f_1(h)=f(0)-\frac{h^2}{4}f''(0)-\frac{h^3}{8}f'''(0)+\cdots$$

$$f_1\left(\frac{h}{2}\right)=f(0)-\frac{h^2}{16}f''(0)-\frac{h^3}{64}f'''(0)+\cdots$$

……

因此序列 f_1 的收敛阶为 $O(h^2)$，比序列 f 收敛更快。

在序列 f_1 基础上再构造序列 f_2：$f_2(h)=\dfrac{4f_1\left(\frac{h}{2}\right)-f_1(h)}{3}$。

故

$$f_2(h)=f(0)+\frac{h^3}{48}f'''(0)+\cdots$$

$$f_2\left(\frac{h}{2}\right)=f(0)+\frac{h^3}{384}f'''(0)+\cdots$$

……

因此序列 f_2 的收敛阶为 $O(h^3)$，比序列 f_1 收敛更快。

如上所述，这种对已有近似值线性组合以求更精确的近似值的加速收敛方法称为外推方法。

6.4.2 梯形加速公式

1. 梯形加速公式的推导

用外推方法可以对逐次分半复化求积进行加速。设逐次分半梯形公式求积在逐次分半的过程中，得到的积分值序列：$T_1,T_2,T_4,\cdots,T_{2^n},\cdots$。

由定理6.10可知，等距节点复化梯形公式的余项函数为 $R_m(f)=-\frac{h^2}{12}(b-a)f''(\eta)$，$\eta$ 使 $f''(\eta)=\frac{1}{m}\sum_{j=0}^{m-1}f''(\eta_j)$，其中 $\eta_j\in[x_j,x_{j+1}]$。

假设 T_m 对应的 $f''(\eta)$ 与 T_{2m} 对应的 $f''(\eta)$ 近似相等，则 T_m 与 T_{2m} 的余项满足：

$$R_m(f)\approx 4R_{2m}(f)$$

设积分精确值为 I，则上式可以写为

$$I-T_m\approx 4(I-T_{2m})$$

故

$$I\approx\frac{4T_{2m}-T_m}{3}$$

此公式称为梯形加速公式。

梯形加速公式是龙贝格积分的第1次外推。若 $R_{n,0}=T_{2^n}$，$n=0,1,2,3,\cdots$，用梯形加

速公式对 $R_{n,0}, R_{n+1,0}$ 加速后的结果记为 $R_{n,1}$，那么梯形加速公式可以记为

$$R_{n,1} = \frac{4R_{n+1,0} - R_{n,0}}{3} \quad n = 0,1,2,3,\cdots$$

2. 梯形加速公式与复化辛普生公式的关系

梯形加速公式的结果与复化辛普生公式求积结果相同。

下面分析梯形加速公式对 T_1、T_2 加速的效果。

由 6.1.2 节可知

$$T_1 = (b-a)\frac{f(a)+f(b)}{2}$$

由 6.3.2 节可知

$$T_2 = \frac{b-a}{4}\left(f(a) + 2f\left(\frac{a+b}{2}\right) + f(b)\right)$$

用梯形加速公式对 T_1、T_2 加速得：

$$\begin{aligned}\frac{4T_2 - T_1}{3} &= \frac{b-a}{3}\left(f(a) + 2f\left(\frac{a+b}{2}\right) + f(b)\right) - \frac{b-a}{3}\,\frac{f(a)+f(b)}{2} \\ &= \frac{b-a}{6}\left(f(a) + 4f\left(\frac{a+b}{2}\right) + f(b)\right)\end{aligned}$$

加速的效果与 6.2.2 节的辛普生公式相同。

下面再分析梯形加速公式对 T_m、T_{2m} 加速的效果。

令求积节点的下标统一地按 $2m$ 个积分区间表示，即

$$x_i = a + ih_{2m}, \quad h_{2m} = \frac{b-a}{2m}$$

由 6.3.2 节可知

$$\begin{aligned}T_m &= \frac{2h_{2m}}{2}\left(f(a) + 2\sum_{j=1}^{m-1} f(x_{2j}) + f(b)\right) \\ &= h_{2m}\left(f(a) + 2\sum_{j=1}^{m-1} f(x_{2j}) + f(b)\right)\end{aligned}$$

$$\begin{aligned}T_{2m} &= \frac{h_{2m}}{2}\left(f(a) + 2\sum_{j=1}^{2m-1} f(x_j) + f(b)\right) \\ &= \frac{h_{2m}}{2}\left(f(a) + 2\sum_{j=1}^{m-1} f(x_{2j}) + f(b) + 2\sum_{j=0}^{m-1} f(x_{2j+1})\right)\end{aligned}$$

用梯形加速公式对 T_m、T_{2m} 加速得

$$\begin{aligned}\frac{4T_{2m} - T_m}{3} &= \frac{2h_{2m}}{3}\left(f(a) + 2\sum_{j=1}^{m-1} f(x_{2j}) + f(b) + 2\sum_{j=0}^{m-1} f(x_{2j+1})\right) \\ &\quad - \frac{h_{2m}}{3}\left(f(a) + 2\sum_{j=1}^{m-1} f(x_{2j}) + f(b)\right) \\ &= \frac{h_{2m}}{3}\left(f(a) + 2\sum_{j=1}^{m-1} f(x_{2j}) + f(b) + 4\sum_{j=0}^{m-1} f(x_{2j+1})\right)\end{aligned}$$

加速的效果与 6.3.3 节的复化辛普生公式相同。

下面用复化梯形公式的余项公式证明梯形加速公式就是复化辛普生公式。

证明 设积分区间为$[a,b]$。

用逐次分半梯形公式依次求T_m和T_{2m}时，需要把m个子积分区间对分为$2m$个子积分区间，即$[x_{2i},x_{2i+2}]$被对分为$[x_{2i},x_{2i+1}]$和$[x_{2i+1},x_{2i+2}]$，$i=0,1,2,\cdots,m$。其中任一个子积分区间$[x_{2i},x_{2i+2}]$，被积函数$f(x)$都经过3个求积节点$x=x_{2i},x_{2i+1},x_{2i+2}$。

在任一子积分区间$[x_{2i},x_{2i+2}]$内，假设被积函数$f(x)$是经过3个求积节点x_{2i},x_{2i+1}，x_{2i+2}的不高于2次的代数多项式，那么在$[x_{2i},x_{2i+2}]$内$f''(x)$是与x无关的常数。

所以在$[x_{2i},x_{2i+2}]$内，T_m余项中的$f''(\eta)$与T_{2m}余项中的$f''(\eta)$相等。

代入6.3.2节的等距节点复化梯形公式的余项公式，在$[x_{2i},x_{2i+2}]$内T_m与T_{2m}的余项满足：

$$R_m(f)=4R_{2m}(f)$$

则在积分区间$[a,b]$内，T_m与T_{2m}的余项满足$R_m(f)=4R_{2m}(f)$。

由上述梯形加速公式的推导过程，设积分精确值为I，则上式可以写为

$$I-T_m=4(I-T_{2m})$$

所以此时梯形加速公式$I=\dfrac{4T_{2m}-T_m}{3}$精确成立，余项函数恒为0。

即梯形加速公式就是在任一子积分区间$[x_{2i},x_{2i+2}]$内，用经过3个求积节点x_{2i}、x_{2i+1}、x_{2i+2}的不高于2次的代数多项式代替被积函数来求积分。

因此对任意被积函数，梯形加速公式就是等距节点复化辛普生公式。

证毕。

由上所述，对$T_1,T_2,T_4,\cdots,T_{2^n},\cdots$，用梯形加速公式加速之后得到的序列也可以记为$S_1,S_2,S_4,\cdots,S_{2^n},\cdots$，等距节点复化辛普生公式与逐次分半梯形公式存在以下对应关系：

$$S_m=\frac{4T_{2m}-T_m}{3}$$

且等距节点复化辛普生公式与梯形加速公式存在以下对应关系：

$$R_{n,1}=S_{2^n}\quad n=0,1,2,3,\cdots$$

3. 梯形加速公式的几何含义

梯形加速公式可以写为

$$I\approx T_{2m}+\frac{T_{2m}-T_m}{3}$$

这可以理解为，梯形加速公式在T_{2m}的基础上，加上修正值$\dfrac{T_{2m}-T_m}{3}$。如果被积函数$f(x)$是不高于2次的多项式，那么修正之后正好得到精确结果。此余项函数满足$R_m=4R_{2m}$。如图6.6所示，R_1对应区域的面积是R_2对应面积的4倍。

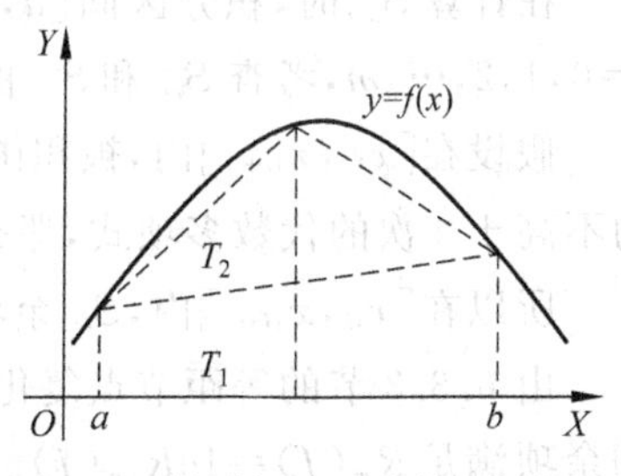

图6.6 梯形加速公式的几何含义

6.4.3 辛普生加速公式

1. 辛普生加速公式的推导

由6.4.2节可知,对 $T_1,T_2,T_4,\cdots,T_{2^n},\cdots$,进行第1次外推得到的结果为序列 $\{R_{n,1}\}_{n=0}^{\infty}$,此序列即等距节点复化辛普生公式的求积结果 $S_1,S_2,S_4,\cdots,S_{2^n},\cdots$。

由定理6.11得知,$2m+1$ 个求积节点的等距节点复化辛普生公式的余项函数为

$$R_m(f)=-\frac{h^4}{180}(b-a)f^{(4)}(\eta)\quad \eta\in[a,b],\text{步长 } h=\frac{b-a}{2m}$$

假设 S_m 对应的 $f^{(4)}(\eta)$ 与 S_{2m} 对应的 $f^{(4)}(\eta)$ 近似相等,则 S_m 与 S_{2m} 的余项满足

$$R_m(f)\approx 16R_{2m}(f)$$

设积分精确值为 I,则上式可以写为

$$I-S_m\approx 16(I-S_{2m})$$

$$I\approx\frac{16S_{2m}-S_m}{15}$$

此公式称为辛普生加速公式。

辛普生加速公式是龙贝格积分的第2次外推。在6.4.2节中,$R_{n,1}=S_{2^n}$,$n=0,1,2,3,\cdots$,用辛普生加速公式对 $R_{n,1}$,$R_{n+1,1}$ 加速后的结果记为 $R_{n,2}$,那么辛普生加速公式可以记为

$$R_{n,2}=\frac{16R_{n+1,1}-R_{n,1}}{15}\quad n=0,1,2,3,\cdots$$

2. 辛普生加速公式与复化柯特斯公式的关系

辛普生加速公式的积分结果与复化柯特斯公式求积结果相同,对应关系为

$$C_1=\frac{16S_2-S_1}{15},\quad C_m=\frac{16S_{2m}-S_m}{15}$$

$$R_{n,2}=C_{2^n}\quad n=0,1,2,3,\cdots$$

对 $S_1,S_2,S_4,\cdots,S_{2^n},\cdots$,用辛普生加速公式加速之后得到的序列也可以记为 $C_1,C_2,C_4,\cdots,C_{2^n},\cdots$,这里不再展开代入,感兴趣的读者可以自己验证。

下面由复化辛普生公式的余项公式来证明辛普生加速公式就是复化柯特斯公式。

证明 设积分区间为 $[a,b]$。

在计算 S_{2m} 时,积分区间 $[a,b]$ 被等分为 $4m$ 个子区间。任取一个区间 $[x_{4i},x_{4i+4}]$,$i=0,1,2,\cdots,m$,考查 S_m 和 S_{2m} 的余项。

假设在 $[x_{4i},x_{4i+4}]$ 内,被积函数 $f(x)$ 是经过5个求积节点 x_{4i}、x_{4i+1}、x_{4i+2}、x_{4i+3}、x_{4i+4} 的不高于4次的代数多项式,那么在 $[x_{4i},x_{4i+4}]$ 内 $f^{(4)}(x)$ 是与 x 无关的常数。

所以在 $[x_{4i},x_{4i+4}]$ 内,S_m 余项中的 $f^{(4)}(\eta)$ 与 S_{2m} 余项中的 $f^{(4)}(\eta)$ 相等。

由6.3.3节的等距节点复化辛普生公式的余项公式可知,在 $[x_{4i},x_{4i+4}]$ 内 S_m 与 S_{2m} 的余项满足 $R_m(f)=16R_{2m}(f)$。

设积分精确值为 I,则上式可以写为

$$I-S_m=16(I-S_{2m})$$

所以此时辛普生加速公式 $I=\frac{16S_{2m}-S_m}{15}$ 精确成立,余项函数恒为0。

则辛普生加速公式就是在任一区间 $[x_{4i},x_{4i+4}](i=0,1,2,\cdots,m)$ 内,用经过5个求积节点 x_{4i}、x_{4i+1}、x_{4i+2}、x_{4i+3}、x_{4i+4} 的不高于4次的代数多项式代替被积函数来求积分。

故对任意被积函数,辛普生加速公式就是等距节点复化柯特斯公式。

证毕。

3. 辛普生加速公式的几何含义

辛普生加速公式可以写为

$$I \approx S_{2m}+\frac{S_{2m}-S_m}{15}$$

这可以理解为,辛普生加速公式在 S_{2m} 的基础上,加上修正值 $\frac{S_{2m}-S_m}{15}$。如果被积函数 $f(x)$ 是不高于4次的多项式,那么修正之后正好得到精确结果。此时余项函数满足 $R_m=16R_{2m}$,也就是说,R_m 对应区域的面积是 R_{2m} 对应面积的16倍。

6.4.4 龙贝格求积的一般公式

由6.4.2节与6.4.3节可知,龙贝格积分的第1次外推(梯形加速公式)的一般公式为 $R_{n,1}=\frac{4R_{n+1,0}-R_{n,0}}{4-1}$,$(n=0,1,2,3,\cdots)$,第2次外推(辛普生加速公式)的一般公式为 $R_{n,2}=\frac{4^2R_{n+1,1}-R_{n,1}}{4^2-1}$,$(n=0,1,2,3,\cdots)$,类似地,第3次外推(柯特斯加速公式)的一般公式为 $R_{n,3}=\frac{4^3R_{n+1,2}-R_{n,2}}{4^3-1}$,$(n=0,1,2,3,\cdots)$……,第 m 次外推的一般公式为 $R_{n,m}=\frac{4^mR_{n+1,m-1}-R_{n,m-1}}{4^m-1}$,$(n=0,1,2,3,\cdots;m=0,1,2,3,\cdots,n)$,这是龙贝格求积的一般公式。可以用表格表示龙贝格求积的计算过程,如表6.4所示。

表6.4 T表(龙贝格求积过程)

加速前	第1次外推	第2次外推	第3次外推	……
$R_{0,0}=T_1$	$R_{0,1}=\frac{4R_{1,0}-R_{0,0}}{4-1}$	$R_{0,2}=\frac{4^2R_{1,1}-R_{0,1}}{4^2-1}$	$R_{0,3}=\frac{4^3R_{1,2}-R_{0,2}}{4^3-1}$	……
$R_{1,0}=T_2$	$R_{1,1}=\frac{4R_{2,0}-R_{1,0}}{4-1}$	$R_{1,2}=\frac{4^2R_{2,1}-R_{1,1}}{4^2-1}$	……	……
$R_{2,0}=T_4$	$R_{2,1}=\frac{4R_{3,0}-R_{2,0}}{4-1}$	……	$R_{n,3}=\frac{4^3R_{n+1,2}-R_{n,2}}{4^3-1}$	
$R_{3,0}=T_8$	……	$R_{n,2}=\frac{4^2R_{n+1,1}-R_{n,1}}{4^2-1}$		
……	$R_{n,1}=\frac{4R_{n+1,0}-R_{n,0}}{4-1}$			
$R_{n,0}=T_{2^n}$				

虽然梯形加速公式是复化辛普生公式，辛普生加速公式是复化柯特斯公式，但龙贝格求积一般公式并不是插值型求积公式，也不属于牛顿-柯特斯公式的范畴。例如，柯特斯加速公式对9个节点积分，但是可以验证，柯特斯加速公式具有7次代数精度，比复化9点公式的代数精度低。

1963年，F. L. Bauer，H. Rutishauser 和 E. Stiefel 指出，若 $f(x)$ 在 $[a,b]$ 上有界而且是 Riemann 可积的，那么表中的每一列和每一行都收敛到精确值 I。

6.4.5 龙贝格求积的算法和程序

下面的程序用二维数组 r[MAXSIZE][MAXSIZE] 存放 T 表，数组的大小 MAXSIZE 决定了最大外推次数。

算法 6.6 龙贝格求积的算法。

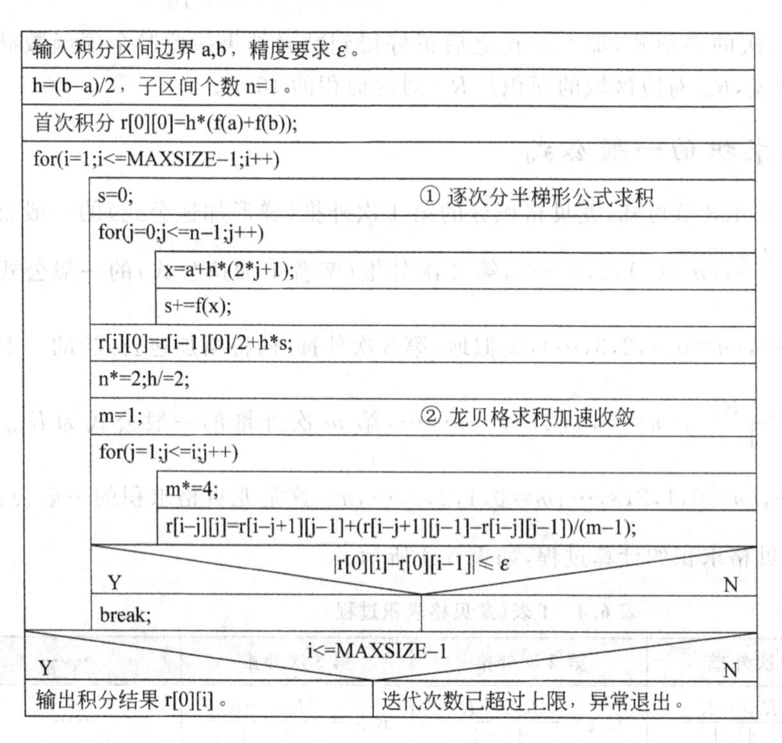

程序 6.6 龙贝格求积的程序。

```
#include <stdio.h>
#include <math.h>
#define MAXSIZE 50
double f(double x);
void main(void)
{
    double x,a,b,h,s,epsilon,r[MAXSIZE][MAXSIZE];
    long n,i,j,m;
    printf("\n 请输入积分区间边界 a,b:");
```

```
    scanf("%lf,%lf",&a,&b);
    printf("\n请输入精度要求:");
    scanf("%lf",&epsilon);
    h=(b-a)/2;    n=1;
    r[0][0]=h*(f(a)+f(b));
    for(i=1;i<=MAXSIZE-1;i++)
    {
        s=0;
        for(j=0;j<=n-1;j++)
        {
            x=a+h*(2*j+1);
            s+=f(x);
        }
        r[i][0]=r[i-1][0]/2+h*s;
        n*=2;h/=2;
        m=1;
        for(j=1;j<=i;j++)
        {
            m*=4;
            r[i-j][j]=r[i-j+1][j-1]+(r[i-j+1][j-1]-r[i-j][j-1])/(m-1);
        }
        if(fabs(r[0][i]-r[0][i-1])<=epsilon)
            break;
    }
    if(i<=MAXSIZE-1)
        printf("\n积分值=%lf",r[0][i]);
    else
        printf("\n迭代次数已超过上限,异常退出。");
}
double f(double x)
{
    return(…);                              /*计算并返回函数值f(x)*/
}
```

本章小结

本章介绍了数值积分的相关知识。

1. 数值积分的基础知识

数值积分、代数精度、插值型求积公式的概念和相关定理。

2. 牛顿-柯特斯公式

牛顿-柯特斯公式是等距节点代数插值型求积公式。阶次过低的牛顿-柯特斯公式误差较大。随着牛顿-柯特斯公式阶次的增加,代数精度会提高,但是阶次过高的牛顿-柯特斯公式可能不稳定。一般不使用阶次大于 7 的牛顿-柯特斯公式。较为重要的是梯形公式、辛普生公式和柯特斯公式。

3. 复化求积公式

当被积函数曲线比较复杂时,不能使用高阶牛顿-柯特斯公式,应该使用复化求积公式。本章介绍了等距节点复化梯形公式、等距节点复化辛普生公式和等距节点复化柯特斯公式,但更实用的是逐次分半梯形求积公式。

4. 龙贝格求积

龙贝格求积不是插值型求积公式。龙贝格求积是对逐次分半梯形公式求积加速的一种外推方法,收敛速度更快。龙贝格求积也是一种实用的数值积分方法。

习　题　6

1. 对于给定的求积公式:$\int_{-2h}^{2h} f(x)\mathrm{d}x \approx Af(-h)+Bf(0)+Cf(h)$,试确定 A、B、C,使此公式的代数精度尽可能地高,并指明所构造求积公式具有的代数精度。

2. 对于给定的数值积分公式:$\int_0^1 xf(x)\mathrm{d}x \approx Af(0)+Bf(1)+Cf'(0)+Df'(1)$,试确定公式中的参数 A、B、C、D,使此公式的代数精度尽可能地高,并指明所构造求积公式具有的代数精度。

3. 分别用梯形公式、辛普生公式、柯特斯公式计算定积分 $\int_1^2 \frac{1}{x}\mathrm{d}x$,观察各方法的误差大小。

4. 把积分区间[1,2]等分为 8 个小子区间,分别用复化梯形公式、复化辛普生公式、复化柯特斯公式计算定积分 $\int_1^2 \frac{1}{x}\mathrm{d}x$,观察各方法的误差大小。

5. 用逐次分半梯形公式计算定积分 $\int_0^1 \frac{2}{x+3}\mathrm{d}x$,要求误差不超过 10^{-4},指明需要的对分次数。

6. 用龙贝格积分法计算定积分 $\int_0^1 \frac{2}{x+3}\mathrm{d}x$,要求误差不超过 10^{-4},指明需要的外推次数。

7. 上机编程,用逐次分半梯形公式计算定积分 $\int_0^1 \mathrm{e}^x\mathrm{d}x$,要求误差不超过 10^{-4},输出需要的对分次数。

8. 上机编程,用龙贝格积分法计算定积分 $\int_0^1 \mathrm{e}^x\mathrm{d}x$,要求误差不超过 10^{-4},输出需要的外推次数。

9. 已知在积分区间$[a,b]$上 $f''(x)<0$,证明用梯形公式计算 $\int_a^b f(x)\mathrm{d}x$ 时,结果比精确值小。

10. 从地面发射一枚火箭，在开始的 50s 内，测量得到火箭的加速度如表 6.5 所示，试求此火箭在第 50s 时的速度。

表 6.5　测得火箭的加速度

时间(s)	0	10	20	30	40	50
加速度(m/s^2)	20	22	26	37	55	82

第 7 章 矩阵特征值与特征向量的计算

CHAPTER

7.1 引 言

在解决实际问题时，经常需要求矩阵的特征值和特征向量。例如，机械振动问题、电磁振荡问题、物理学中某些临界值的确定等问题，都归结为矩阵的特征值与特征向量的求解问题。

定义 7.1 对于 n 阶方阵 $\boldsymbol{A}$，数 λ_0，若存在非零列向量 $\boldsymbol{x}$，使 $\boldsymbol{A}\boldsymbol{x}=\lambda_0\boldsymbol{x}$，则称 λ_0 为 $\boldsymbol{A}$ 的特征值(特征根)，$\boldsymbol{x}$ 为 $\boldsymbol{A}$ 的属于 λ_0 的特征向量。

设非零列向量 $\boldsymbol{x}$ 是方阵 $\boldsymbol{A}$ 的属于特征值 λ_0 的特征向量，那么 $\boldsymbol{A}\boldsymbol{x}=\lambda_0\boldsymbol{x}$。则

$$\boldsymbol{A}\boldsymbol{x}-\lambda_0\boldsymbol{x}=0$$

$$(\boldsymbol{A}-\lambda_0\boldsymbol{E})\boldsymbol{x}=0$$

所以 $\boldsymbol{x}$ 是齐次线性方程组 $(\boldsymbol{A}-\lambda_0\boldsymbol{E})\boldsymbol{X}=0$ 的一个非零解向量。

又因为齐次线性方程组有非零解的充要条件是其系数行列式为 0，所以 $|\boldsymbol{A}-\lambda_0\boldsymbol{E}|=0$，即 λ_0 是方程 $|\boldsymbol{A}-\lambda_0\boldsymbol{E}|=0$ 的一个根。

定义 7.2 以 λ 为未知量的方程 $|\boldsymbol{A}-\lambda\boldsymbol{E}|=0$ 称为方阵 $\boldsymbol{A}$ 的特征方程，λ 的多项式 $|\boldsymbol{A}-\lambda\boldsymbol{E}|$ 称为方阵 $\boldsymbol{A}$ 的特征多项式，记为 $f(\lambda)$。

定理 7.1 λ_0 为方阵 $\boldsymbol{A}$ 的特征值，$\boldsymbol{x}$ 为 $\boldsymbol{A}$ 的属于 λ_0 的特征向量的充要条件是：λ_0 是 $\boldsymbol{A}$ 的特征方程 $|\boldsymbol{A}-\lambda\boldsymbol{E}|=0$ 的根，$\boldsymbol{x}$ 是齐次线性方程组 $(\boldsymbol{A}-\lambda_0\boldsymbol{E})\boldsymbol{X}=0$ 的非零解向量。

因此，可以按以下步骤求方阵 $\boldsymbol{A}$ 的特征值和特征向量：

(1) 计算 $\boldsymbol{A}$ 的特征多项式 $|\boldsymbol{A}-\lambda\boldsymbol{E}|$。

(2) 求出 $\boldsymbol{A}$ 的特征方程 $|\boldsymbol{A}-\lambda\boldsymbol{E}|=0$ 的全部根，这是 $\boldsymbol{A}$ 的全部特征值。

(3) 对 $\boldsymbol{A}$ 的每一个特征值 λ_i，求出 $(\boldsymbol{A}-\lambda_i\boldsymbol{E})\boldsymbol{X}=0$ 的一个基础解系 x_i，k_ix_i 是 $\boldsymbol{A}$ 的属于 λ_i 的全部特征向量，k_i 是任意非零常数。

例 7.1 已知 $\boldsymbol{A}=\begin{bmatrix}3 & 2\\4 & 1\end{bmatrix}$，求 $\boldsymbol{A}$ 的特征值和特征向量。

解 $f(\lambda)=|\boldsymbol{A}-\lambda\boldsymbol{E}|=\begin{vmatrix}3-\lambda & 2\\4 & 1-\lambda\end{vmatrix}=(3-\lambda)(1-\lambda)-4\times 2=\lambda^2-4\lambda-5=(\lambda-5)(\lambda+1)$

则 $\boldsymbol{A}$ 的全部特征值为 $\lambda_1=5,\lambda_2=-1$。

对 $\lambda_1=5$，求解 $(\boldsymbol{A}-\lambda_1\boldsymbol{E})\boldsymbol{X}=0$

$$\begin{bmatrix}-2 & 2\\4 & -4\end{bmatrix}\begin{bmatrix}x_1\\x_2\end{bmatrix}=\begin{bmatrix}0\\0\end{bmatrix}$$

解得其基础解系为 $\begin{bmatrix}1\\1\end{bmatrix}$，故 $\boldsymbol{A}$ 的属于 $\lambda_1=5$ 的全部特征向量为

$$\boldsymbol{k}_1\begin{bmatrix}1\\1\end{bmatrix}$$

对 $\lambda_2=-1$，求解 $(\boldsymbol{A}-\lambda_2\boldsymbol{E})\boldsymbol{X}=0$

$$\begin{bmatrix}4 & 2\\4 & 2\end{bmatrix}\begin{bmatrix}x_1\\x_2\end{bmatrix}=\begin{bmatrix}0\\0\end{bmatrix}$$

解得其基础解系为 $\begin{bmatrix}1\\-2\end{bmatrix}$，故 $\boldsymbol{A}$ 的属于 $\lambda_2=-1$ 的全部特征向量为

$$\boldsymbol{k}_2\begin{bmatrix}1\\-2\end{bmatrix}$$

对于高阶方阵用上述方法求特征值，运算量大，需要求解高阶代数方程，并且在计算机上实现也较为困难。本章介绍几种便于在计算机上实现的方法。

7.2 乘幂法

7.2.1 乘幂法的基本思想

有些实际问题不需要求出全部特征值，只需要求出按模最大特征值和按模最小特征值。乘幂法用来求按模最大特征值和与它对应的特征向量。按模最大特征值又称为主特征值，是指绝对值最大的特征值。乘幂法的特点是算法简单，易于在计算机上实现，特别适用于高阶稀疏方阵。乘幂法的收敛情况与特征值的分布有关。

设 n 阶方阵 $\boldsymbol{A}$ 的特征值为 $\lambda_1,\lambda_2,\cdots,\lambda_n$，主特征值为 λ_1 且满足

$$|\lambda_1|>|\lambda_2|\geqslant|\lambda_3|\geqslant\cdots\geqslant|\lambda_n|$$

对应的特征向量为 $\boldsymbol{x}_1,\boldsymbol{x}_2,\cdots,\boldsymbol{x}_n$ 且线性无关，那么用乘幂法求 n 阶方阵 $\boldsymbol{A}$ 的主特征值 λ_1 和属于 λ_1 的特征向量 $\boldsymbol{x}_1$ 的步骤如下：

任取 n 维非零向量 $\boldsymbol{v}^{(0)}=(\boldsymbol{v}_1^{(0)},\boldsymbol{v}_2^{(0)},\boldsymbol{v}_3^{(0)},\cdots,\boldsymbol{v}_n^{(0)})^{\mathrm{T}}$ 作为初始向量，反复计算：

① $\boldsymbol{v}^{(1)}=\boldsymbol{A}\boldsymbol{v}^{(0)}$，记为 $\boldsymbol{v}^{(1)}=(\boldsymbol{v}_1^{(1)},\boldsymbol{v}_2^{(1)},\boldsymbol{v}_3^{(1)},\cdots,\boldsymbol{v}_n^{(1)})^{\mathrm{T}}$，向量 $\left(\dfrac{\boldsymbol{v}_1^{(1)}}{\boldsymbol{v}_1^{(0)}},\dfrac{\boldsymbol{v}_2^{(1)}}{\boldsymbol{v}_2^{(0)}},\dfrac{\boldsymbol{v}_3^{(1)}}{\boldsymbol{v}_3^{(0)}},\cdots,\dfrac{\boldsymbol{v}_n^{(1)}}{\boldsymbol{v}_n^{(0)}}\right)^{\mathrm{T}}$

记为 $\boldsymbol{u}^{(0)}$，即 $\boldsymbol{u}^{(0)}=(\boldsymbol{u}_1^{(0)},\boldsymbol{u}_2^{(0)},\boldsymbol{u}_3^{(0)},\cdots,\boldsymbol{u}_n^{(0)})^{\mathrm{T}}$，且 $u_i^{(0)}=\dfrac{\boldsymbol{v}_i^{(1)}}{\boldsymbol{v}_i^{(0)}}$，$i=1,2,3,\cdots,n$。

② $\boldsymbol{v}^{(2)}=\boldsymbol{A}\boldsymbol{v}^{(1)}$，记为 $\boldsymbol{v}^{(2)}=(\boldsymbol{v}_1^{(2)},\boldsymbol{v}_2^{(2)},\boldsymbol{v}_3^{(2)},\cdots,\boldsymbol{v}_n^{(2)})^{\mathrm{T}}$，向量 $\left(\dfrac{\boldsymbol{v}_1^{(2)}}{\boldsymbol{v}_1^{(1)}},\dfrac{\boldsymbol{v}_2^{(2)}}{\boldsymbol{v}_2^{(1)}},\dfrac{\boldsymbol{v}_3^{(2)}}{\boldsymbol{v}_3^{(1)}},\cdots,\dfrac{\boldsymbol{v}_n^{(2)}}{\boldsymbol{v}_n^{(1)}}\right)^{\mathrm{T}}$ 记为 $\boldsymbol{u}^{(1)}$，即 $\boldsymbol{u}^{(1)}=(\boldsymbol{u}_1^{(1)},\boldsymbol{u}_2^{(1)},\boldsymbol{u}_3^{(1)},\cdots,\boldsymbol{u}_n^{(1)})^{\mathrm{T}}$，且 $\boldsymbol{u}_i^{(1)}=\dfrac{\boldsymbol{v}_i^{(2)}}{\boldsymbol{v}_i^{(1)}}$，$i=1,2,3,\cdots,n$。

③ 如此反复，第 k 步为

$\boldsymbol{v}^{(k)}=\boldsymbol{A}\boldsymbol{v}^{(k-1)}$，向量 $\left(\dfrac{\boldsymbol{v}_1^{(k)}}{\boldsymbol{v}_1^{(k-1)}},\dfrac{\boldsymbol{v}_2^{(k)}}{\boldsymbol{v}_2^{(k-1)}},\dfrac{\boldsymbol{v}_3^{(k)}}{\boldsymbol{v}_3^{(k-1)}},\cdots,\dfrac{\boldsymbol{v}_n^{(k)}}{\boldsymbol{v}_n^{(k-1)}}\right)^{\mathrm{T}}$ 记为 $\boldsymbol{u}^{(k-1)}$，即 $\boldsymbol{u}^{(k-1)}=(\boldsymbol{u}_1^{(k-1)},\boldsymbol{u}_2^{(k-1)},\boldsymbol{u}_3^{(k-1)},\cdots,\boldsymbol{u}_n^{(k-1)})^{\mathrm{T}}$，且 $\boldsymbol{u}_i^{(k-1)}=\dfrac{\boldsymbol{v}_i^{(k)}}{\boldsymbol{v}_i^{(k-1)}}$，$i=1,2,3,\cdots,n,k=1,2,3,\cdots$。

④ 当 $k\to\infty$ 时，$\boldsymbol{u}^{(k)}\to(\lambda_1,\lambda_1,\lambda_1,\cdots,\lambda_1)^{\mathrm{T}}$，即 $\boldsymbol{u}^{(k)}$ 的各分量都收敛于主特征值 λ_1：

$$\lim_{k\to\infty}\boldsymbol{u}_1^{(k)}=\lim_{k\to\infty}\boldsymbol{u}_2^{(k)}=\lim_{k\to\infty}\boldsymbol{u}_3^{(k)}=\cdots=\lim_{k\to\infty}\boldsymbol{u}_n^{(k)}=\lambda_1$$

并且当 $k\to\infty$ 时，向量 $\dfrac{\boldsymbol{v}^{(k)}}{\lambda_1^k}$ 越来越接近于属于 λ_1 的特征向量，即

$$\lim_{k\to\infty}\frac{\boldsymbol{v}^{(k)}}{\lambda_1^k}=a_1x_1$$

式中，a_1 为非零常数。

因为 a_1 和 λ_1^k 都是非零常数，所以随着 $k\to\infty$，向量 $\boldsymbol{v}^{(k)}$ 越来越接近于属于 λ_1 的特征向量。

⑤ 当 k 足够大时，取 $\boldsymbol{u}^{(k)}$ 的任一分量作为主特征值 λ_1 的近似值，$\boldsymbol{v}^{(k)}$ 近似地作为属于 λ_1 的特征向量。

下面是乘幂法的推导过程。

证明　① 因为特征向量 $\boldsymbol{x}_1,\boldsymbol{x}_2,\cdots,\boldsymbol{x}_n$ 线性无关，初始向量 $\boldsymbol{v}^{(0)}$ 为 n 维非零向量，所以 $\boldsymbol{v}^{(0)}$ 可以表示为 $\boldsymbol{x}_1,\boldsymbol{x}_2,\cdots,\boldsymbol{x}_n$ 的线性组合：

$$a_1\boldsymbol{x}_1+a_2\boldsymbol{x}_2+\cdots+a_n\boldsymbol{x}_n=\boldsymbol{v}^{(0)}\quad a_1,a_2,\cdots,a_n\text{ 为常数}$$

也就是说，$a_1\boldsymbol{x}_1+a_2\boldsymbol{x}_2+\cdots+a_n\boldsymbol{x}_n=\boldsymbol{v}^{(0)}$ 可以看作以 $a_1,a_2,\cdots,a_n$ 为变元的 n 元1次方程组：

$$\begin{bmatrix}x_{11}\\x_{21}\\\vdots\\x_{n1}\end{bmatrix}a_1+\begin{bmatrix}x_{12}\\x_{22}\\\vdots\\x_{n2}\end{bmatrix}a_2+\cdots+\begin{bmatrix}x_{1n}\\x_{2n}\\\vdots\\x_{nn}\end{bmatrix}a_n=\begin{bmatrix}\boldsymbol{v}_1^{(0)}\\\boldsymbol{v}_2^{(0)}\\\vdots\\\boldsymbol{v}_n^{(0)}\end{bmatrix}$$

即

$$\begin{cases}x_{11}a_1+x_{12}a_2+\cdots+x_{1n}a_n=\boldsymbol{v}_1^{(0)}\\x_{21}a_1+x_{22}a_2+\cdots+x_{2n}a_n=\boldsymbol{v}_2^{(0)}\\\cdots\qquad\qquad\qquad\cdots\\x_{n1}a_1+x_{n2}a_2+\cdots+x_{nn}a_n=\boldsymbol{v}_n^{(0)}\end{cases}$$

此方程组的解$(a_1,a_2,\cdots,a_n)^{\mathrm{T}}$必定存在且唯一。

② 由①得

$$\begin{aligned}\boldsymbol{v}^{(1)}&=\boldsymbol{A}\boldsymbol{v}^{(0)}=\boldsymbol{A}(a_1x_1+a_2x_2+\cdots+a_nx_n)\\&=\boldsymbol{A}a_1x_1+\boldsymbol{A}a_2x_2+\cdots+\boldsymbol{A}a_nx_n\\&=a_1(\boldsymbol{A}x_1)+a_2(\boldsymbol{A}x_2)+\cdots+a_n(\boldsymbol{A}x_n)\\&=a_1\lambda_1x_1+a_2\lambda_2x_2+\cdots+a_n\lambda_nx_n\end{aligned}$$

$\lambda_1,\lambda_2,\cdots,\lambda_n$为与$x_1,x_2,\cdots,x_n$对应的特征值。

③ 与②类似

$$\begin{aligned}\boldsymbol{v}^{(2)}&=\boldsymbol{A}\boldsymbol{v}^{(1)}=\boldsymbol{A}(a_1\lambda_1x_1+a_2\lambda_2x_2+\cdots+a_n\lambda_nx_n)\\&=\boldsymbol{A}a_1\lambda_1x_1+\boldsymbol{A}a_2\lambda_2x_2+\cdots+\boldsymbol{A}a_n\lambda_nx_n\\&=a_1\lambda_1(\boldsymbol{A}x_1)+a_2\lambda_2(\boldsymbol{A}x_2)+\cdots+a_n\lambda_n(\boldsymbol{A}x_n)\\&=a_1\lambda_1^2x_1+a_2\lambda_2^2x_2+\cdots+a_n\lambda_n^2x_n\end{aligned}$$

④ 重复上述过程，把$\boldsymbol{A}$用对应的特征值替换：

$$\begin{aligned}\boldsymbol{v}^{(k)}&=\boldsymbol{A}\boldsymbol{v}^{(k-1)}=a_1\lambda_1^kx_1+a_2\lambda_2^kx_2+\cdots+a_n\lambda_n^kx_n\\&=\lambda_1^k\left(a_1x_1+a_2\left(\frac{\lambda_2}{\lambda_1}\right)^kx_2+\cdots+a_n\left(\frac{\lambda_n}{\lambda_1}\right)^kx_n\right)\end{aligned}$$

因为

$$|\lambda_1|>|\lambda_i|\quad i=2,3,4,\cdots,n$$

所以

$$\left|\frac{\lambda_i}{\lambda_1}\right|<1\quad i=2,3,4,\cdots,n$$

因此

$$\lim_{k\to\infty}\left(\frac{\lambda_i}{\lambda_1}\right)^k=0\quad i=2,3,4,\cdots,n$$

⑤ 当$k\to\infty$时

$$\boldsymbol{v}^{(k)}=\lambda_1^k\left(a_1x_1+a_2\left(\frac{\lambda_2}{\lambda_1}\right)^kx_2+\cdots+a_n\left(\frac{\lambda_n}{\lambda_1}\right)^kx_n\right)\approx\lambda_1^ka_1x_1$$

因为$\lambda_1^ka_1$为常数，所以随着$k\to\infty$，向量$\boldsymbol{v}^{(k)}$越来越接近于属于λ_1的特征向量。

因为

$$\lim_{k\to\infty}\boldsymbol{v}^{(k)}=\lim_{k\to\infty}\lambda_1^ka_1x_1,\lim_{k\to\infty}\boldsymbol{v}^{(k-1)}=\lim_{k\to\infty}\lambda_1^{k-1}a_1x_1$$

所以

$$\lim_{k\to\infty}\boldsymbol{u}_i^{(k)}=\lim_{k\to\infty}\frac{\boldsymbol{v}_i^{(k)}}{\boldsymbol{v}_i^{(k-1)}}=\lim_{k\to\infty}\frac{\lambda_1^ka_1x_1}{\lambda_1^{k-1}a_1x_1}=\lambda_1\quad i=1,2,3,\cdots,n$$

即$\boldsymbol{u}^{(k)}$的各分量都收敛于主特征值λ_1。

证毕。

例 7.2 已知$\boldsymbol{A}=\begin{bmatrix}3&2\\4&1\end{bmatrix}$，用乘幂法求$\boldsymbol{A}$的主特征值及其对应的特征向量。

解　若取非零向量$\boldsymbol{v}^{(0)}=\begin{bmatrix}0\\1\end{bmatrix}$作为初始向量，反复计算$\boldsymbol{v}^{(k)}=\boldsymbol{A}\boldsymbol{v}^{(k-1)}$，$k=1,2,3,\cdots$。

$$\boldsymbol{v}^{(1)}=\boldsymbol{A}\boldsymbol{v}^{(0)}=\begin{bmatrix}3&2\\4&1\end{bmatrix}\begin{bmatrix}0\\1\end{bmatrix}=\begin{bmatrix}2\\1\end{bmatrix}$$

$$\boldsymbol{v}^{(2)}=\boldsymbol{A}\boldsymbol{v}^{(1)}=\begin{bmatrix}3&2\\4&1\end{bmatrix}\begin{bmatrix}2\\1\end{bmatrix}=\begin{bmatrix}8\\9\end{bmatrix}$$

$$\boldsymbol{v}^{(3)}=\boldsymbol{A}\boldsymbol{v}^{(2)}=\begin{bmatrix}3&2\\4&1\end{bmatrix}\begin{bmatrix}8\\9\end{bmatrix}=\begin{bmatrix}42\\41\end{bmatrix}$$

$$\boldsymbol{v}^{(4)}=\boldsymbol{A}\boldsymbol{v}^{(3)}=\begin{bmatrix}3&2\\4&1\end{bmatrix}\begin{bmatrix}42\\41\end{bmatrix}=\begin{bmatrix}208\\209\end{bmatrix}$$

$$\boldsymbol{v}^{(5)}=\boldsymbol{A}\boldsymbol{v}^{(4)}=\begin{bmatrix}3&2\\4&1\end{bmatrix}\begin{bmatrix}208\\209\end{bmatrix}=\begin{bmatrix}1042\\1041\end{bmatrix}$$

……

按公式$\boldsymbol{u}_i^{(k-1)}=\dfrac{\boldsymbol{v}_i^{(k)}}{\boldsymbol{v}_i^{(k-1)}}$，$(i=1,2,3,\cdots,n)$，反复计算$\boldsymbol{u}^{(k)}$，$k=1,2,3,\cdots$。

$$\boldsymbol{u}^{(0)}=(+\infty,1)^{\mathrm{T}}$$
$$\boldsymbol{u}^{(1)}=(4,9)^{\mathrm{T}}$$
$$\boldsymbol{u}^{(2)}\approx(5.25,4.56)^{\mathrm{T}}$$
$$\boldsymbol{u}^{(3)}\approx(4.95,5.10)^{\mathrm{T}}$$
$$\boldsymbol{u}^{(4)}\approx(5.01,4.98)^{\mathrm{T}}$$

……

由上述计算可以看到，随着$k\to\infty$，$\boldsymbol{u}^{(k)}$的各分量都快速地收敛于主特征值5，向量$\boldsymbol{v}^{(k)}$也越来越接近于对应特征向量$\boldsymbol{k}_1\begin{bmatrix}1\\1\end{bmatrix}$，与例7.1一致。

可以证明，在上述情况下，乘幂法是线性收敛的，收敛速度主要由$\left|\dfrac{\lambda_2}{\lambda_1}\right|$决定。$\left|\dfrac{\lambda_2}{\lambda_1}\right|$越小，收敛越快；如果$\left|\dfrac{\lambda_2}{\lambda_1}\right|$接近于1，那么收敛很慢。

7.2.2　改进后的乘幂法

在7.2.1节中，如果$|\lambda_1|\neq1$且迭代次数k过大，那么$|\lambda_1^k|$会成为很大的数或很小的数，计算$\boldsymbol{v}^{(k)}\approx\lambda_1^k a_1 x_1$时可能出现上溢出（数据的绝对值比能表示的最大的数还大，导致出错）或下溢出（非零数据的绝对值比能表示的最小的正数还小，导致出错）。为了克服这一缺点，在每一轮迭代$\boldsymbol{v}^{(k)}=\boldsymbol{A}\boldsymbol{v}^{(k-1)}$之后，对向量$\boldsymbol{v}^{(k)}$的长度归一化。

向量长度的归一化是指把向量所有的分量都除以一个常数，使此向量中绝对值最大的分量为1。改进后的乘幂法在每一轮迭代后，都对迭代向量的长度归一化。与7.2.1节中的乘幂法类似，改进后的乘幂法求n阶方阵$\boldsymbol{A}$的主特征值λ_1及对应特征向量$\boldsymbol{x}_1$的

步骤如下:

任取 n 维非零向量 $\boldsymbol{v}^{(0)}$ 作为初始向量,反复计算:

第1轮迭代:

① 与乘幂法相同,计算 $\boldsymbol{u}^{(1)}=\boldsymbol{A}\boldsymbol{v}^{(0)}$。

② 若 $\boldsymbol{u}^{(1)}$ 各分量中绝对值最大的分量为第 i 个分量 $\boldsymbol{u}_i^{(1)}$,则令 $\boldsymbol{m}^{(1)}=\boldsymbol{u}_i^{(1)}$。

③ 向量长度归一化:令 $\boldsymbol{v}^{(1)}=\dfrac{\boldsymbol{u}^{(1)}}{\boldsymbol{m}^{(1)}}$。

第2轮迭代:

① $\boldsymbol{u}^{(2)}=\boldsymbol{A}\boldsymbol{v}^{(1)}$。

② 若 $\boldsymbol{u}^{(2)}$ 各分量中绝对值最大的分量为第 j 个分量 $\boldsymbol{u}_j^{(2)}$,则令 $\boldsymbol{m}^{(2)}=\boldsymbol{u}_j^{(2)}$。

③ 令 $\boldsymbol{v}^{(2)}=\dfrac{\boldsymbol{u}^{(2)}}{\boldsymbol{m}^{(2)}}$。

如此反复,第 k 轮迭代为

① $\boldsymbol{u}^{(k)}=\boldsymbol{A}\boldsymbol{v}^{(k-1)}$。

② 若 $\boldsymbol{u}^{(k)}$ 各分量中绝对值最大的分量为第 j 个分量 $\boldsymbol{u}_j^{(k)}$,则令 $\boldsymbol{m}^{(k)}=\boldsymbol{u}_j^{(k)}$。

③ 令 $\boldsymbol{v}^{(k)}=\dfrac{\boldsymbol{u}^{(k)}}{\boldsymbol{m}^{(k)}}, k=1,2,3,\cdots$。

当 $k\to\infty$ 时,$\boldsymbol{m}^{(k)}\to\lambda_1$,向量 $\boldsymbol{v}^{(k)}$ 越来越接近于属于 λ_1 的特征向量。

因此当 k 足够大时,$\lambda_1\approx\boldsymbol{m}^{(k)}$,近似地认为向量 $\boldsymbol{v}^{(k)}$ 是 $\boldsymbol{A}$ 的属于 λ_1 的特征向量。

下面是改进后的乘幂法的推导过程。

证明

① 与乘幂法的推导过程相似

因为特征向量 $\boldsymbol{x}_1,\boldsymbol{x}_2,\cdots,\boldsymbol{x}_n$ 线性无关,初始向量 $\boldsymbol{v}^{(0)}$ 为 n 维非零向量。

故 $\boldsymbol{v}^{(0)}$ 可以表示为 $\boldsymbol{x}_1,\boldsymbol{x}_2,\cdots,\boldsymbol{x}_n$ 的线性组合:

$$a_1\boldsymbol{x}_1+a_2\boldsymbol{x}_2+\cdots+a_n\boldsymbol{x}_n=\boldsymbol{v}^{(0)},\text{其中 } a_1,a_2,\cdots,a_n \text{ 为常数}$$

所以

$$\begin{aligned}\boldsymbol{u}^{(1)}&=\boldsymbol{A}\boldsymbol{v}^{(0)}=\boldsymbol{A}(a_1x_1+a_2x_2+\cdots+a_nx_n)\\&=a_1(\boldsymbol{A}x_1)+a_2(\boldsymbol{A}x_2)+\cdots+a_n(\boldsymbol{A}x_n)\\&=a_1\lambda_1x_1+a_2\lambda_2x_2+\cdots+a_n\lambda_nx_n\end{aligned}$$

$\lambda_1,\lambda_2,\cdots,\lambda_n$ 为与 $x_1,x_2,\cdots,x_n$ 对应的特征值。

令 $\boldsymbol{m}^{(1)}$ 等于 $\boldsymbol{u}^{(1)}$ 各分量中绝对值最大的分量,向量长度归一化之后

$$\boldsymbol{v}^{(1)}=\frac{\boldsymbol{u}^{(1)}}{\boldsymbol{m}^{(1)}}=\frac{1}{\boldsymbol{m}^{(1)}}(a_1\lambda_1x_1+a_2\lambda_2x_2+\cdots+a_n\lambda_nx_n)$$

② 与①类似

$$\begin{aligned}\boldsymbol{u}^{(2)}&=\boldsymbol{A}\boldsymbol{v}^{(1)}=\frac{\boldsymbol{A}}{\boldsymbol{m}^{(1)}}(a_1\lambda_1x_1+a_2\lambda_2x_2+\cdots+a_n\lambda_nx_n)\\&=\frac{1}{\boldsymbol{m}^{(1)}}(a_1\lambda_1(\boldsymbol{A}x_1)+a_2\lambda_2(\boldsymbol{A}x_2)+\cdots+a_n\lambda_n(\boldsymbol{A}x_n))\end{aligned}$$

$$=\frac{1}{\boldsymbol{m}^{(1)}}(a_1\lambda_1^2x_1+a_2\lambda_2^2x_2+\cdots+a_n\lambda_n^2x_n)$$

令 $\boldsymbol{m}^{(2)}$ 等于 $\boldsymbol{u}^{(2)}$ 各分量中绝对值最大的分量，向量长度归一化之后

$$\boldsymbol{v}^{(2)}=\frac{\boldsymbol{u}^{(2)}}{\boldsymbol{m}^{(2)}}=\frac{1}{\boldsymbol{m}^{(1)}\boldsymbol{m}^{(2)}}(a_1\lambda_1^2x_1+a_2\lambda_2^2x_2+\cdots+a_n\lambda_n^2x_n)$$

③ 重复上述过程：

$$\boldsymbol{u}^{(k)}=\boldsymbol{A}\boldsymbol{v}^{(k-1)}=\frac{\boldsymbol{A}}{\prod_{s=1}^{k-1}\boldsymbol{m}^{(s)}}(a_1\lambda_1^{k-1}x_1+a_2\lambda_2^{k-1}x_2+\cdots+a_n\lambda_n^{k-1}x_n)$$

$$=\frac{1}{\prod_{s=1}^{k-1}\boldsymbol{m}^{(s)}}(a_1\lambda_1^kx_1+a_2\lambda_2^kx_2+\cdots+a_n\lambda_n^kx_n)$$

令 $\boldsymbol{m}^{(k)}$ 等于 $\boldsymbol{u}^{(k)}$ 各分量中绝对值最大的分量，向量长度归一化之后

$$\boldsymbol{v}^{(k)}=\frac{\boldsymbol{u}^{(k)}}{\boldsymbol{m}^{(k)}}=\frac{1}{\prod_{s=1}^{k}\boldsymbol{m}^{(s)}}(a_1\lambda_1^kx_1+a_2\lambda_2^kx_2+\cdots+a_n\lambda_n^kx_n)$$

$$=\frac{\lambda_1^k}{\prod_{s=1}^{k}\boldsymbol{m}^{(s)}}\left(a_1x_1+a_2\left(\frac{\lambda_2}{\lambda_1}\right)^kx_2+\cdots+a_n\left(\frac{\lambda_n}{\lambda_1}\right)^kx_n\right)$$

因为

$$|\lambda_1|>|\lambda_i|\quad i=2,3,4,\cdots,n$$

所以

$$\left|\frac{\lambda_i}{\lambda_1}\right|<1\quad i=2,3,4,\cdots,n$$

则

$$\lim_{k\to\infty}\left(\frac{\lambda_i}{\lambda_1}\right)^k=0\quad i=2,3,4,\cdots,n$$

当 $k\to\infty$ 时，

$$\boldsymbol{v}^{(k)}=\frac{\lambda_1^k}{\prod_{s=1}^{k}\boldsymbol{m}^{(s)}}\left(a_1x_1+a_2\left(\frac{\lambda_2}{\lambda_1}\right)^kx_2+\cdots+a_n\left(\frac{\lambda_n}{\lambda_1}\right)^kx_n\right)\approx\frac{\lambda_1^k}{\prod_{s=1}^{k}\boldsymbol{m}^{(s)}}a_1x_1$$

因为 $\frac{\lambda_1^k}{\prod_{s=1}^{k}\boldsymbol{m}^{(s)}}a_1$ 为常数，所以随着 $k\to\infty$，向量 $\boldsymbol{v}^{(k)}$ 越来越接近于属于 λ_1 的特征向量。

④ 这里会用到定理 7.2。

定理 7.2　设 $\boldsymbol{A}$ 的主特征值 λ_1 对应的特征向量为 $\boldsymbol{x}_1$，$\boldsymbol{x}_1$ 第 p 个分量的绝对值大于 $\boldsymbol{x}_1$ 其他各分量的绝对值，那么存在正整数 N，当迭代次数 $k>N$ 时，上述迭代向量 $\boldsymbol{v}^{(k)}$、$\boldsymbol{u}^{(k)}$ 各分量中绝对值最大的分量总是第 p 个分量 $\boldsymbol{v}_p^{(k)}$、$\boldsymbol{u}_p^{(k)}$。

定理 7.2 的证明略。

⑤ 假设当迭代次数 $k-1>N$ 时，$\boldsymbol{v}^{(k-1)}$ 各分量中绝对值最大的分量是 $\boldsymbol{v}_p^{(k-1)}$，$\boldsymbol{u}^{(k)}$ 各

分量中绝对值最大的分量是$u_p^{(k)}$。

因为$\boldsymbol{v}^{(k-1)}$是向量长度归一化之后的结果,所以$\boldsymbol{v}^{(k-1)}$各分量中绝对值最大的分量$v_p^{(k-1)}=1$。

又因为

$$\lim_{k\to\infty}\boldsymbol{u}^{(k)}=\lim_{k\to\infty}\boldsymbol{A}\boldsymbol{v}^{(k-1)}=\lim_{k\to\infty}\lambda_1\boldsymbol{v}^{(k-1)}=\lambda_1\lim_{k\to\infty}\boldsymbol{v}^{(k-1)}$$

所以由定理7.2可知,$\boldsymbol{u}^{(k)}$的分量$u_p^{(k)}$的极限$\lim\limits_{k\to\infty}u_p^{(k)}=\lambda_1\lim\limits_{k\to\infty}v_p^{(k-1)}=\lambda_1$。

又因为$\boldsymbol{m}^{(k)}$等于$\boldsymbol{u}^{(k)}$各分量中绝对值最大的分量,则

$$\boldsymbol{m}^{(k)}=u_p^{(k)}$$

故

$$\lim_{k\to\infty}\boldsymbol{m}^{(k)}=\lim_{k\to\infty}u_p^{(k)}=\lambda_1$$

当k足够大时,$\boldsymbol{m}^{(k)}\approx\lambda_1$。

证毕。

例7.3 已知$\boldsymbol{A}=\begin{bmatrix}3 & 2\\4 & 1\end{bmatrix}$,用改进后的乘幂法求$\boldsymbol{A}$的主特征值及其对应的特征向量。

解 若取非零向量$\boldsymbol{v}^{(0)}=\begin{bmatrix}0\\1\end{bmatrix}$作为初始向量,反复迭代。

第1轮迭代:

$$\boldsymbol{u}^{(1)}=\boldsymbol{A}\boldsymbol{v}^{(0)}=\begin{bmatrix}3 & 2\\4 & 1\end{bmatrix}\begin{bmatrix}0\\1\end{bmatrix}=\begin{bmatrix}2\\1\end{bmatrix}$$

则最大的分量$\boldsymbol{m}^{(1)}=2$,则向量长度归一化:$\boldsymbol{v}^{(1)}=\dfrac{\boldsymbol{u}^{(1)}}{\boldsymbol{m}^{(1)}}=\begin{bmatrix}1\\0.5\end{bmatrix}$

第2轮迭代:

$$\boldsymbol{u}^{(2)}=\boldsymbol{A}\boldsymbol{v}^{(1)}=\begin{bmatrix}3 & 2\\4 & 1\end{bmatrix}\begin{bmatrix}1\\0.5\end{bmatrix}=\begin{bmatrix}4\\4.5\end{bmatrix}$$

则

$$\boldsymbol{m}^{(2)}=4.5$$

所以

$$\boldsymbol{v}^{(2)}=\frac{\boldsymbol{u}^{(2)}}{\boldsymbol{m}^{(2)}}=\begin{bmatrix}0.8889\\1\end{bmatrix}$$

第3轮迭代:

$$\boldsymbol{u}^{(3)}=\boldsymbol{A}\boldsymbol{v}^{(2)}=\begin{bmatrix}3 & 2\\4 & 1\end{bmatrix}\begin{bmatrix}0.8889\\1\end{bmatrix}=\begin{bmatrix}4.6667\\4.5556\end{bmatrix}$$

则

$$\boldsymbol{m}^{(3)}=4.6667$$

所以

$$v^{(3)} = \frac{u^{(3)}}{m^{(3)}} = \begin{bmatrix} 1 \\ 0.9762 \end{bmatrix}$$

第 4 轮迭代：

$$u^{(4)} = Av^{(3)} = \begin{bmatrix} 3 & 2 \\ 4 & 1 \end{bmatrix}\begin{bmatrix} 1 \\ 0.9762 \end{bmatrix} = \begin{bmatrix} 4.9524 \\ 4.9762 \end{bmatrix}$$

则

$$m^{(4)} = 4.9762$$

所以

$$v^{(4)} = \frac{u^{(4)}}{m^{(4)}} = \begin{bmatrix} 0.9952 \\ 1 \end{bmatrix}$$

第 5 轮迭代：

$$u^{(5)} = Av^{(4)} = \begin{bmatrix} 3 & 2 \\ 4 & 1 \end{bmatrix}\begin{bmatrix} 0.9952 \\ 1 \end{bmatrix} = \begin{bmatrix} 4.9856 \\ 4.9809 \end{bmatrix}$$

则

$$m^{(5)} = 4.9856$$

所以

$$v^{(5)} = \frac{u^{(5)}}{m^{(5)}} = \begin{bmatrix} 1 \\ 0.9991 \end{bmatrix}$$

……

由上述计算可以看到，随着 $k \to \infty$，$m^{(k)}$ 快速地收敛于主特征值 5，向量 $v^{(k)}$ 也越来越接近于对应特征向量 $k_1\begin{bmatrix} 1 \\ 1 \end{bmatrix}$，与例 7.1 和例 7.2 一致。

7.2.3 改进后的乘幂法的算法和程序

几点说明如下：

(1) 假设相邻 2 次迭代得到的主特征值 m_0 和 m_1 足够接近时，满足精度要求。当 $|m_0 - m_1| <$ 精度要求 ε 时，退出循环，输出满足要求的主特征值 m_1 和对应特征向量 $v[n]$。

(2) 为了避免出现死循环，这里设置最大迭代次数 max$k$，若迭代次数 $k >$ max$k$ 时退出。

(3) 函数 matrix_product() 用来计算 $u^{(k)} = Av^{(k-1)}$，函数 normalization() 用来对向量 $u^{(k)}$ 的长度归一化，令 $m^{(k)}$ 等于 $u^{(k)}$ 各分量中绝对值最大的分量，然后计算 $v^{(k)} = \frac{u^{(k)}}{m^{(k)}}$。

算法 7.1 改进后的乘幂法的算法。

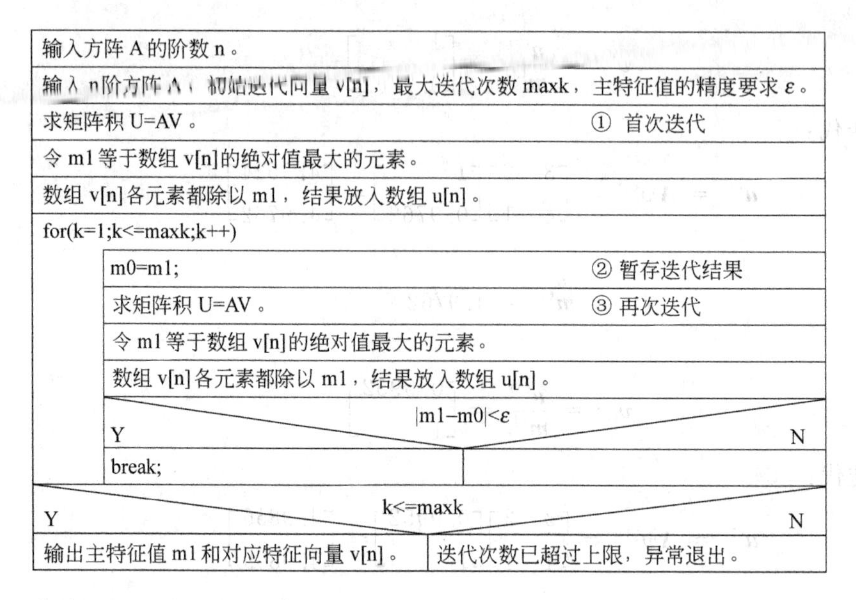

输入方阵A的阶数n。
输入n阶方阵A，初始迭代向量v[n]，最大迭代次数maxk，主特征值的精度要求ε。
求矩阵积U=AV。
① 首次迭代
令m1等于数组v[n]的绝对值最大的元素。
数组v[n]各元素都除以m1，结果放入数组u[n]。
for(k=1;k<=maxk;k++)
m0=m1;
② 暂存迭代结果
求矩阵积U=AV。
③ 再次迭代
令m1等于数组v[n]的绝对值最大的元素。
数组v[n]各元素都除以m1，结果放入数组u[n]。
|m1−m0|<ε
Y
N
break;
k<=maxk
Y
N
输出主特征值m1和对应特征向量v[n]。
迭代次数已超过上限，异常退出。

程序 7.1 改进后的乘幂法对应的程序。

```
#include <stdio.h>
#include <math.h>
#define MAXSIZE 50
void input(double a[][MAXSIZE],double v[],long n);
void matrix_product(double a[][MAXSIZE],double u[],double v[],long n);
void normalization(double u[],double v[],long n,double * pm1);
void output(double v[],long n,double m1);
void main(void)
{
    double a[MAXSIZE][MAXSIZE],u[MAXSIZE],v[MAXSIZE];
    double epsilon,m0,m1;
    long n,maxk,k;
    printf("\n请输入方阵A的阶数：");
    scanf("%ld",&n);
    input(a,v,n);
    printf("\n请输入最大迭代次数：");
    scanf("%ld",&maxk);
    printf("\n请输入主特征值的精度要求：");
    scanf("%lf",&epsilon);
    matrix_product(a,u,v,n);
    normalization(u,v,n,&m1);
    for(k=1;k<=maxk;k++)
    {
        m0=m1;
        matrix_product(a,u,v,n);
        normalization(u,v,n,&m1);
```

```
        if(fabs(m1-m0)<=epsilon)
            break;
    }
    if(k<=maxk)
        output(v,n,m1);
    else
        printf("\n迭代次数已超过上限。");
}
/*子函数1:读入方阵A和初始向量V*/
void input(double a[][MAXSIZE],double v[],long n)
{
    long i,j;
    printf("\n请输入%ld阶方阵A:\n",n);
    for(i=0;i<=n-1;i++)
        for(j=0;j<=n-1;j++)
            scanf("%lf",&a[i][j]);
    printf("\n请输入初始迭代向量:");
    for(i=0;i<=n-1;i++)
        scanf("%lf",&v[i]);
}
/*子函数2:计算U=AV*/
void matrix_product(double a[][MAXSIZE],double u[],double v[],long n)
{
    long i,j;
    for(i=0;i<=n-1;i++)
    {
        u[i]=0;
        for(j=0;j<=n-1;j++)
            u[i]+=a[i][j]*v[j];
    }
}
/*子函数3:向量U的长度归一化*/
void normalization(double u[],double v[],long n,double * pm1)
{
    long i;
    * pm1=u[0];
    for(i=1;i<=n-1;i++)
        if(fabs(* pm1)<fabs(u[i]))
            * pm1=u[i];
    for(i=0;i<=n-1;i++)
        v[i]=u[i]/(* pm1);
}
/*子函数4:输出计算结果*/
void output(double v[],long n,double m1)
```

```
{
    long i;
    printf("\n方阵A的主特征值约为: %lf",m1);
    printf("\n其对应特征向量约为: \n");
    for(i=0;i<=n-1;i++)
        printf(" %lf",v[i]);
}
```

7.3 反 幂 法

7.3.1 反幂法的基本思想

反幂法用来求可逆矩阵的按模最小特征值(即绝对值最小的特征值)和与它对应的特征向量。相关定理如下:

定理 7.3 若 λ 为 n 阶方阵 $\boldsymbol{A}$ 的特征值,$\boldsymbol{x}$ 为 $\boldsymbol{A}$ 的属于 λ 的特征向量,则 $\frac{1}{\lambda}$ 为 $\boldsymbol{A}^{-1}$ 的特征值,$\boldsymbol{x}$ 也是 $\boldsymbol{A}^{-1}$ 的属于 $\frac{1}{\lambda}$ 的特征向量。

定理 7.4 n 阶方阵 $\boldsymbol{A}$ 是可逆矩阵的充要条件为零不是 $\boldsymbol{A}$ 的特征值。

由定理 7.3 可知,λ_n 是 $\boldsymbol{A}$ 的按模最小特征值,当且仅当 $\frac{1}{\lambda_n}$ 为 $\boldsymbol{A}^{-1}$ 的按模最大特征值。用7.2 节中的乘幂法求出 $\boldsymbol{A}^{-1}$ 的按模最大特征值,此特征值的倒数即 $\boldsymbol{A}$ 的按模最小特征值,这是反幂法的基本思想。

设 n 阶方阵 $\boldsymbol{A}$ 的特征值为 $\lambda_1,\lambda_2,\cdots,\lambda_n$,按模最小特征值为 λ_n 且满足

$$|\lambda_1|\geqslant|\lambda_2|\geqslant\cdots\geqslant|\lambda_{n-1}|>|\lambda_n|>0$$

对应的特征向量为 $\boldsymbol{x}_1,\boldsymbol{x}_2,\cdots,\boldsymbol{x}_n$ 且线性无关,那么用反幂法求 n 阶方阵 $\boldsymbol{A}$ 的按模最小特征值 λ_n 和 $\boldsymbol{A}$ 的属于 λ_n 的特征向量 $\boldsymbol{x}_n$ 的步骤如下:

取 n 维非零向量 $\boldsymbol{v}^{(0)}$ 作为初始向量,按以下迭代公式反复计算:

① $\boldsymbol{u}^{(k)}=\boldsymbol{A}^{-1}\boldsymbol{v}^{(k-1)}$;

② 若 $\boldsymbol{u}^{(k)}$ 各分量中绝对值最大的分量为第 j 个分量 $u_j^{(k)}$,则令 $\boldsymbol{m}^{(k)}=u_j^{(k)}$;

③ 令 $\boldsymbol{v}^{(k)}=\frac{\boldsymbol{u}^{(k)}}{\boldsymbol{m}^{(k)}}$,

$k=1,2,3,\cdots$。当 $k\to\infty$ 时,$\boldsymbol{m}^{(k)}\to\frac{1}{\lambda_n}$,向量 $\boldsymbol{v}^{(k)}$ 接近于 $\boldsymbol{A}$ 的属于 λ_n 的特征向量。

因此当 k 足够大时,近似地认为 $\lambda_n\approx\frac{1}{\boldsymbol{m}^{(k)}}$,向量 $\boldsymbol{v}^{(k)}$ 是 $\boldsymbol{A}$ 的属于 λ_n 的特征向量。

上述方法在求 $\boldsymbol{u}^{(k)}$ 时需要先求出 $\boldsymbol{A}^{-1}$,求 $\boldsymbol{A}$ 的逆矩阵比较麻烦。为了避免求 $\boldsymbol{A}^{-1}$,可以解线性方程组 $\boldsymbol{A}\boldsymbol{u}^{(k)}=\boldsymbol{v}^{(k-1)}$ 得到 $\boldsymbol{u}^{(k)}$,解线性方程组的方法可以参考第 3 章和第 4 章。一般在计算过程一开始,首先对 $\boldsymbol{A}$ 进行三角分解,这样每轮迭代求解 $\boldsymbol{A}\boldsymbol{u}^{(k)}=\boldsymbol{v}^{(k-1)}$ 时只需要 2 次回代就可以了。下面以 LU 分解法为例,重新给出反幂法的求解步骤:

对方阵 $\boldsymbol{A}$ 进行 LU 分解:$\boldsymbol{A}=LU$,然后任取 n 维非零向量 $\boldsymbol{v}^{(0)}$ 作为初始向量,按以下

迭代公式反复计算：

① 回代，求解单位下三角线性方程组 $\boldsymbol{L}\boldsymbol{y}^{(k)}=\boldsymbol{v}^{(k-1)}$，得到向量 $\boldsymbol{y}^{(k)}$。

② 回代，求解上三角线性方程组 $\boldsymbol{U}\boldsymbol{u}^{(k)}=\boldsymbol{y}^{(k)}$，得到向量 $\boldsymbol{u}^{(k)}$。

③ 若 $\boldsymbol{u}^{(k)}$ 各分量中绝对值最大的分量为第 j 个分量 $u_j^{(k)}$，则令 $\boldsymbol{m}^{(k)}=u_j^{(k)}$。

④ 令 $\boldsymbol{v}^{(k)}=\dfrac{\boldsymbol{u}^{(k)}}{\boldsymbol{m}^{(k)}}$，$k=1,2,3,\cdots$。

当 k 足够大时，可以近似地认为 $\lambda_n\approx\dfrac{1}{\boldsymbol{m}^{(k)}}$，向量 $\boldsymbol{v}^{(k)}$ 是 $\boldsymbol{A}$ 的属于 λ_n 的特征向量。

例 7.4　已知 $\boldsymbol{A}=\begin{bmatrix}3&2\\4&1\end{bmatrix}$，用反幂法求 $\boldsymbol{A}$ 的按模最小特征值和与它对应的特征向量。

解　对方阵 $\boldsymbol{A}$ 进行 LU 分解：

$$u_{11}=a_{11}=3,\quad u_{12}=a_{12}=2$$

$$l_{21}=a_{21}/u_{11}=\frac{4}{3}$$

$$u_{22}=a_{22}-l_{21}u_{12}=1-\frac{4}{3}\times 2=-\frac{5}{3}$$

则

$$\boldsymbol{L}=\begin{bmatrix}1&0\\ \frac{4}{3}&1\end{bmatrix},\quad \boldsymbol{U}=\begin{bmatrix}3&2\\0&-\frac{5}{3}\end{bmatrix}$$

取非零向量 $\boldsymbol{v}^{(0)}=\begin{bmatrix}0\\1\end{bmatrix}$作为初始向量，反复迭代。

第 1 轮迭代：

① 回代，求解 $\boldsymbol{L}\boldsymbol{y}^{(1)}=\boldsymbol{v}^{(0)}$

$$\begin{cases}y_0=0\\ \frac{4}{3}y_0+y_1=1\end{cases}$$

则

$$\boldsymbol{y}^{(1)}=\begin{bmatrix}0\\1\end{bmatrix}$$

② 回代，求解 $\boldsymbol{U}\boldsymbol{u}^{(1)}=\boldsymbol{y}^{(1)}$

$$\begin{cases}3u_0+2u_1=0\\ -\frac{5}{3}u_1=1\end{cases}$$

则

$$\boldsymbol{u}^{(1)}=\begin{bmatrix}\frac{2}{5}\\ -\frac{3}{5}\end{bmatrix}$$

所以最大的分量 $m^{(1)}=-\frac{3}{5}$,因此向量长度归一化为

$$v^{(1)}=\frac{u^{(1)}}{m^{(1)}}=\begin{bmatrix}-\frac{2}{3}\\1\end{bmatrix}$$

类似地,可以求得

第 2 轮迭代:

$$m^{(2)}=-\frac{17}{15},\quad v^{(2)}=\begin{bmatrix}-\frac{8}{17}\\1\end{bmatrix}$$

第 3 轮迭代:

$$m^{(3)}=-\frac{83}{85},\quad v^{(3)}=\begin{bmatrix}-\frac{42}{83}\\1\end{bmatrix}$$

第 4 轮迭代:

$$m^{(4)}=-\frac{417}{415},\quad v^{(4)}=\begin{bmatrix}-\frac{208}{417}\\1\end{bmatrix}$$

第 5 轮迭代:

$$m^{(5)}=-\frac{2083}{2085},\quad v^{(5)}=\begin{bmatrix}-\frac{1042}{2083}\\1\end{bmatrix}$$

……

当迭代 5 轮时,按模最小特征值 $\approx\frac{1}{m^{(5)}}=-\frac{2085}{2083}$,对应特征向量约为 $k_2\begin{bmatrix}-\frac{1042}{2083}\\1\end{bmatrix}$,这与例 7.1 求得的按模最小特征值为 -1,与它对应的特征向量为 $k_2\begin{bmatrix}1\\-2\end{bmatrix}$ 很接近。这时,随着 $k\to\infty$,$\frac{1}{m^{(k)}}$ 收敛于按模最小特征值,$v^{(k)}$ 也越来越接近于对应特征向量。

7.3.2 反幂法的算法和程序

几点说明如下:

(1) 与程序 3.7 相似,在 doolittle 分解时,为了节省存储空间,矩阵 L、U 和方阵 A 共用一个二维数组。在回代时,向量 u、v 和 y 共用一个一维数组。

(2) 当相邻 2 次迭代结果足够接近时,退出循环。

(3) 为了避免出现死循环,这里设置最大迭代次数 maxk,若迭代次数 $k>$maxk 时退出。

算法 7.2 反幂法的算法。

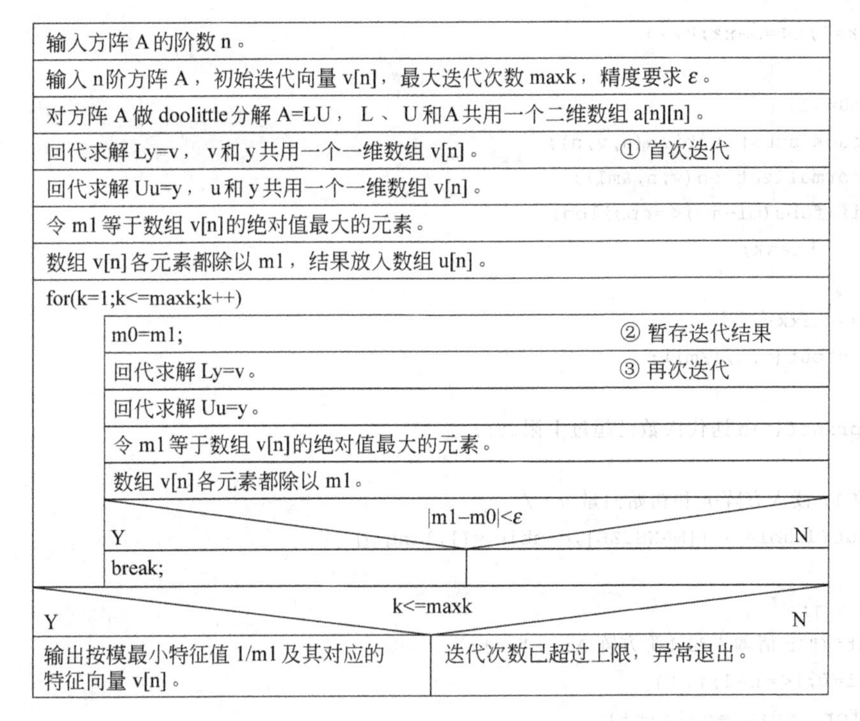

程序 7.2　反幂法对应的程序。

```
#include <stdio.h>
#include <math.h>
#define MAXSIZE 50
void input(double a[][MAXSIZE],double v[],long n);
void doolittle(double a[][MAXSIZE],long n);
void back_substitution(double a[][MAXSIZE],double v[],long n);
void normalization(double v[],long n,double * pm1);
void output(double v[],long n,double m1);
void main(void)
{
    double a[MAXSIZE][MAXSIZE],v[MAXSIZE];
    double epsilon,m0,m1;
    long n,maxk,k;
    printf("\n请输入方阵 A 的阶数: ");
    scanf("%ld",&n);
    input(a,v,n);
    printf("\n请输入最大迭代次数: ");
    scanf("%ld",&maxk);
    printf("\n请输入主特征值的精度要求: ");
    scanf("%lf",&epsilon);
    doolittle(a,n);
    back_substitution(a,v,n);
    normalization(v,n,&m1);
```

```
    for(k=1;k<=maxk;k++)
    {
        m0=m1;
        back_substitution(a,v,n);
        normalization(v,n,&m1);
        if(fabs(m1-m0)<=epsilon)
            break;
    }
    if(k<=maxk)
        output(v,n,1/m1);
    else
        printf("\n迭代次数已超过上限。");
}
/*子函数1:读入方阵A和初始向量v*/
void input(double a[][MAXSIZE],double v[],long n)
{
    long i,j;
    printf("\n请输入%ld阶方阵A:\n",n);
    for(i=0;i<=n-1;i++)
        for(j=0;j<=n-1;j++)
            scanf("%lf",&a[i][j]);
    printf("\n请输入初始迭代向量:");
    for(i=0;i<=n-1;i++)
        scanf("%lf",&v[i]);
}
/*子函数2:LU分解,L、U和系数矩阵A共用一个二维数组*/
void doolittle(double a[][MAXSIZE],long n)
{
    long i,j,k;
    double s;
    for(k=0;k<=n-2;k++)
    {
        for(i=k+1;i<=n-1;i++)
        {
            s=0;
            for(j=0;j<=k-1;j++)
                s+=a[i][j]*a[j][k];
            a[i][k]=(a[i][k]-s)/a[k][k];
        }
        for(j=k+1;j<=n-1;j++)
        {
            s=0;
            for(i=0;i<=k;i++)
                s+=a[k+1][i]*a[i][j];
```

```
            a[k+1][j]-=s;
        }
    }
}
/* 子函数 3: 回代求解 Ly=v 和 Uu=y,v、u 和 y 共用一个一维数组 v[n] */
void back_substitution(double a[][MAXSIZE],double v[],long n)
{
    double s;
    long i,j;
    for(i=1;i<=n-1;i++)
    {
        s=0;
        for(j=0;j<=i-1;j++)
            s+=a[i][j]*v[j];
        v[i]-=s;
    }
    for(i=n-1;i>=0;i--)
    {
        s=0;
        for(j=i+1;j<=n-1;j++)
            s+=a[i][j]*v[j];
        v[i]=(v[i]-s)/a[i][i];
    }
}
/* 子函数 4: 向量长度归一化,v 和 u 共用一个一维数组 v[n] */
void normalization(double v[],long n,double *pm1)
{
    long i;
    *pm1=v[0];
    for(i=1;i<=n-1;i++)
        if(fabs(*pm1)<fabs(v[i]))
            *pm1=v[i];
    for(i=0;i<=n-1;i++)
        v[i]=v[i]/(*pm1);
}
/* 子函数 5: 输出计算结果 */
void output(double v[],long n,double m1)
{
    long i;
    printf("\n 方阵 A 的主特征值约为: %lf",m1);
    printf("\n 其对应特征向量约为: \n");
    for(i=0;i<=n-1;i++)
        printf(" %lf",v[i]);
}
```

本章小结

1. 本章介绍了乘幂法和反幂法。乘幂法用来求按模最大特征值和对应的特征向量，反幂法用来求按模最小特征值和对应的特征向量。

2. 乘幂法和反幂法特点是算法简单，易于在计算机上实现。

习题7

1. 已知 $\boldsymbol{A}=\begin{bmatrix}5 & 2\\1 & 3\end{bmatrix}$，用乘幂法求 $\boldsymbol{A}$ 的主特征值和与它对应的特征向量。

2. 用乘幂法求下面的矩阵 $\boldsymbol{A}$ 的按模最大特征值和与它对应的特征向量，取初始向量 $\boldsymbol{v}^{(0)}=\begin{bmatrix}1\\0\\0\end{bmatrix}$，迭代2步求得近似值即可。其中 $\boldsymbol{A}=\begin{bmatrix}4 & -1 & 1\\-1 & 3 & -2\\1 & -2 & 3\end{bmatrix}$。

3. 已知 $\boldsymbol{A}=\begin{bmatrix}5 & 2\\1 & 3\end{bmatrix}$，用改进后的乘幂法求 $\boldsymbol{A}$ 的主特征值和与它对应的特征向量。

4. 用改进后的乘幂法求下面的矩阵 $\boldsymbol{A}$ 的按模最大特征值和与它对应的特征向量，取初始向量 $\boldsymbol{v}^{(0)}=\begin{bmatrix}1\\0\\0\end{bmatrix}$，迭代2步求得近似值即可。其中 $\boldsymbol{A}=\begin{bmatrix}4 & -1 & 1\\-1 & 3 & -2\\1 & -2 & 3\end{bmatrix}$。

5. 用反幂法求 $\boldsymbol{A}=\begin{bmatrix}5 & 2\\6 & -1\end{bmatrix}$ 的按模最小特征值和与它对应的特征向量。

6. 用反幂法求 $\boldsymbol{A}=\begin{bmatrix}6 & 3 & 1\\3 & 2 & 1\\1 & 1 & 1\end{bmatrix}$ 的按模最小特征值和与它对应的特征向量，取初始向量 $\boldsymbol{v}^{(0)}=\begin{bmatrix}1\\0\\0\end{bmatrix}$，迭代2步求得近似值即可。

第8章 常微分方程初值问题的数值解法

CHAPTER

8.1 基础知识

8.1.1 问题的提出

很多实际问题都需要求解常微分方程。例如，单摆问题。如图8.1所示，摆动角θ满足2阶常微分方程：

$$\theta''+\frac{g}{l}\sin\theta=0$$

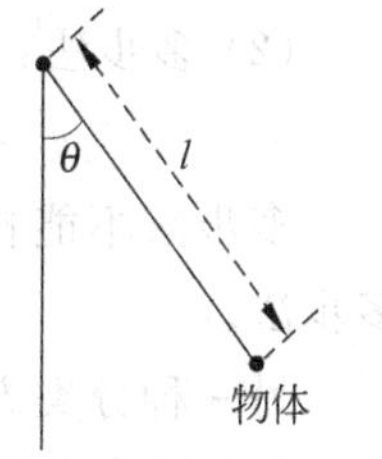

θ l 物体

图8.1 单摆问题

常微分方程分为线性常微分方程和非线性常微分方程，又可以分为1阶常微分方程和高阶常微分方程。通过变量的替换，可以把高阶常微分方程转化为1阶常微分方程再求解。对于1阶常微分方程组，可以写成向量形式的单个方程，求解方法与1阶常微分方程相似。因此本章只讨论1阶常微分方程的初值问题：

$$\begin{cases}\dfrac{\mathrm{d}y}{\mathrm{d}x}=f(x,y) & a\leqslant x\leqslant b\\ y(x_0)=y_0\end{cases}$$

目前在常微分方程理论中，只能求出某些特殊类型常微分方程的解析解，对大部分常微分方程，用解析方法求出常微分方程的精确解非常困难，甚至不存在解的解析表达式。为满足工程实践的需要，常常用数值解法求常微分方程的近似解。

定理 对于上述1阶常微分方程的初值问题，若二元函数$f(x,y)$满足下面的条件：

(1) $f(x,y)$在区域$D=\{(x,y)|a\leqslant x\leqslant b,-\infty\leqslant y\leqslant+\infty\}$上连续。

(2) $f(x,y)$在D上关于y满足Lipschitz条件，即存在正常数L，对于D中任意的(x,y_1)、(x,y_2)，以下不等式成立：

$$|f(x,y_1)-f(x,y_2)|\leqslant L|y_1-y_2|$$

其中 L 称为 Lipschitz 常数。

那么,这个1阶常微分方程的初值问题的解 $y=y(x)$ 在区间 $[a,b]$ 上存在、唯一,且 $y(x)$ 在 (a,b) 内连续、可微。

在本章中,假设讨论的1阶常微分方程的初值问题的解 $y(x)$ 存在、唯一且足够光滑,方程本身是稳定的,即精确解 $y(x)$ 连续且依赖于初始值及右端函数。

8.1.2 数值解法

1阶常微分方程初值问题的数值解法的主要思想,是对区间 $[a,b]$ 上的节点

$$a = x_0 < x_1 < \cdots < x_n < x_{n+1} < \cdots \leqslant b$$

建立 $y(x_n)$ 的近似值 y_n 的某一种递推格式,利用初值 y_0 和已计算出的 $y_1, y_2, \cdots, y_{k-1}$ 递推出 y_k,并且用这个方法反复递推,依次得到 $y_{k+1}, y_{k+2}, \cdots, y_n$。这一求解方法称为步进式求解,相邻2个节点的距离称为步长,记为 $h_i = x_{i+1} - x_i$。为便于计算,常取成等距节点,称为定步长,这时把步长记为 h。

1阶常微分方程初值问题的数值解法有多种分类方法。一种分类方法如下:

(1) 单步法:每一轮递推只用到前面一轮的递推结果,递推格式为

$$y_k = y_{k-1} + hT(x_{k-1}, y_{k-1})$$

(2) 多步法:每一轮递推要用到前面多轮递推的结果,递推格式为

$$y_k = y_{k-1} + hT(x_{k-r}, y_{k-r}, x_{k-r+1}, y_{k-r+1}, \cdots, x_{k-1}, y_{k-1}) \quad r > 1$$

多步法不能自行启动,必须先用单步法计算出 $y_1, y_2, \cdots, y_{r-1}$,才能启动一个 r 步的多步法。

另一种分类方法如下:

(1) 显式方法:递推公式的右端都是已知量,可以直接计算出递推的结果,递推格式为

$$y_k = y_{k-1} + hT(x_{k-r}, y_{k-r}, x_{k-r+1}, y_{k-r+1}, \cdots, x_{k-1}, y_{k-1})$$

(2) 隐式方法:递推公式左端的未知量也出现在公式的右端,递推格式为

$$y_k = y_{k-1} + hT(x_{k-r}, y_{k-r}, x_{k-r+1}, y_{k-r+1}, \cdots, x_k, y_k)$$

隐式方法的递推公式其实是一个方程。解方程的运算量可能较大,为避免解方程,常采用预测-校正系统。

(3) 预测-校正系统:每一轮递推包括预测和校正这两个步骤。先用显式方法计算出 y_k,作为迭代的初值,这一过程称为预测;再把隐式方法的递推公式作为迭代公式,把预测值 y_k 代入迭代公式右端进行迭代,这一过程称为校正。在校正时往往迭代1次或几次,校正值的精度就会大幅提高。

1阶常微分方程初值问题的数值解法一般是对连续的初值问题进行离散化处理,把微分方程转化为代数方程求解。常用的离散化方法如下:

(1) 基于数值微分的离散化方法。

(2) 基于数值积分的离散化方法。

(3) 基于泰勒展开的离散化方法。

8.2 欧拉方法

8.2.1 显式欧拉法

在1阶常微分方程初值问题的数值解法中，显式欧拉(Euler)法是最简单的一种。显式欧拉法有明显的几何含义，缺点是精度不高。对于1阶常微分方程的初值问题：

$$\begin{cases} \dfrac{\mathrm{d}y}{\mathrm{d}x} = f(x,y) \quad a \leqslant x \leqslant b \\ y(x_0) = y_0 \end{cases}$$

显式欧拉法的递推公式为

$$y_k = y_{k-1} + hf(x_{k-1}, y_{k-1}) \quad k = 1,2,3,\cdots$$

显式欧拉法每一轮递推只用到前面一轮的递推结果，因此它是单步法。由以下各种离散化方法都可以推导出显式欧拉法的递推公式。

(1) 基于数值微分的离散化方法。

当步长 h 足够小时，导数可以近似地用差商代替，即

$$y'(x_{k-1}) \approx \frac{y(x_k) - y(x_{k-1})}{x_k - x_{k-1}} = \frac{y(x_k) - y(x_{k-1})}{h} \quad k = 1,2,3,\cdots$$

又因为已知

$$\frac{\mathrm{d}y}{\mathrm{d}x} = f(x,y)$$

所以

$$y'(x_{k-1}) = f(x_{k-1}, y(x_{k-1})) \approx \frac{y(x_k) - y(x_{k-1})}{h}$$

因此

$$y(x_k) \approx y(x_{k-1}) + hf(x_{k-1}, y(x_{k-1})) \quad k = 1,2,3,\cdots$$

这与显式欧拉法的递推公式一致。

(2) 基于数值积分的离散化方法。

因为已知

$$\frac{\mathrm{d}y}{\mathrm{d}x} = f(x,y)$$

所以

$$\int_{x_{k-1}}^{x_k} \frac{\mathrm{d}y}{\mathrm{d}x}\mathrm{d}x = \int_{x_{k-1}}^{x_k} f(x,y)\mathrm{d}x$$

上式左端 $\int_{x_{k-1}}^{x_k} \frac{\mathrm{d}y}{\mathrm{d}x}\mathrm{d}x = y(x_k) - y(x_{k-1})$。

如果步长 h 足够小，那么可以用左矩形公式计算上式右端的定积分：

$$\int_{x_{k-1}}^{x_k} f(x,y)\mathrm{d}x \approx (x_k - x_{k-1}) f(x_{k-1}, y(x_{k-1})) = hf(x_{k-1}, y(x_{k-1}))$$

所以

$$y(x_k)-y(x_{k-1})\approx hf(x_{k-1},y(x_{k-1}))$$

故

$$y(x_k)\approx y(x_{k-1})+hf(x_{k-1},y(x_{k-1}))$$

这与显式欧拉法的递推公式一致。

(3) 基于泰勒展开的离散化方法。

设函数 $y(x)$ 充分可微，那么 $y(x_k)$ 在 x_{k-1} 处的泰勒展开式为

$$y(x_k)=y(x_{k-1})+hy'(x_{k-1})+\frac{h^2}{2!}y''(x_{k-1})+\cdots+\frac{h^n}{n!}y^{(n)}(x_{k-1})+R_n(x)$$

其中余项 $R_n(x)=\dfrac{h^{n+1}}{(n+1)!}y^{(n+1)}(\xi),\xi\in(x_{k-1},x_k)$。

取 $n=1$，如果步长 h 足够小，那么可以省略余项 $R(x)=\dfrac{h^2}{2!}y''(\xi)$，则

$$y(x_k)\approx y(x_{k-1})+hy'(x_{k-1})$$

又因为已知

$$\frac{\mathrm{d}y}{\mathrm{d}x}=f(x,y)$$

所以

$$y(x_k)\approx y(x_{k-1})+hf(x_{k-1},y(x_{k-1}))$$

这与显式欧拉法的递推公式一致。

用显式欧拉法求解1阶常微分方程初值问题的过程，就是以已知的 (x_0,y_0) 作为起点，代入显式欧拉法的递推公式的右端，计算出 $y(x)$ 在 x_1 处的近似值 y_1；再以 (x_1,y_1) 作为起点，用显式欧拉法的递推公式计算出 $y(x)$ 在 x_2 处的近似值 y_2……。显式欧拉法的递推公式其实是斜率为 $f(x_{k-1},y_{k-1})$，经过点 (x_{k-1},y_{k-1}) 的直线方程。如图8.2所示，上述显式欧拉法递推过程的几何含义，就是用曲线 $y(x)$ 在点 (x_0,y_0) 处的切线段代替 $y(x)$ 在区间 $[x_0,x_1]$ 内的曲线段；再把曲线段的终点 $(x_1,y(x_1))$ 近似为切线段的终点 (x_1,y_1)，把曲线 $y(x)$ 在点 (x_1,y_1) 处切线的斜率 $f(x_1,y(x_1))$ 近似为 $f(x_1,y_1)$，作曲线 $y(x)$ 在点 (x_1,y_1) 处的切线，并在区间 $[x_1,x_2]$ 内用近似的切线段代替 $y(x)$ 的曲线段……。欧拉法用一系列折线近似地代替曲线 $y(x)$，因此它又称为欧拉折线法。

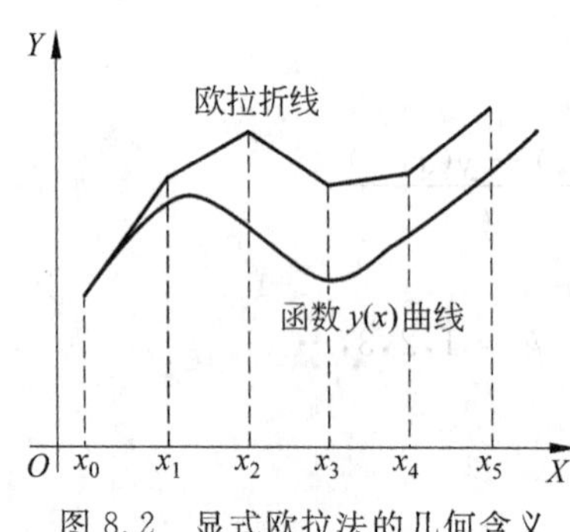

图8.2 显式欧拉法的几何含义

在实际应用时，算法的精度是一个重要的问题。下面给出显式欧拉法的局部截断误差。

定义8.1 假设某一步递推的起点是精确的，即 $y_{i-1}=y(x_{i-1})$，那么这一步递推的截断误差 $R_i=y(x_i)-y_i$ 称为局部截断误差。

定义8.2 若某算法的局部截断误差为 $O(h^{p+1})$，则称此算法有 p 阶精度。

定义8.3 若某算法的局部截断误差为 $R_i=\psi(x_i,y(x_i))h^{p+1}+O(h^{p+2})$，则称 $\psi(x_i,y(x_i))h^{p+1}$ 为局部截断误差的主项。

由泰勒展开式 $y(x_i)=y(x_{i-1})+hy'(x_{i-1})+\frac{h^2}{2!}y''(x_{i-1})+O(h^3)$，可以得到显式欧拉法的局部截断误差为

$$\begin{aligned}R_i &= y(x_i)-y_i = y(x_{i-1})+hy'(x_{i-1})+\frac{h^2}{2!}y''(x_{i-1})\\&\quad +O(h^3)-(y_{i-1}+hf(x_{i-1},y_{i-1}))\\&=\frac{h^2}{2!}y''(x_{i-1})+O(h^3)\end{aligned}$$

因此显式欧拉法具有 1 阶精度，其中$\frac{h^2}{2!}y''(x_{i-1})$是它的局部截断误差 R_i 的主项。

显式欧拉法在步长 h 过大时误差较大；在步长 h 较小时需要多步递推，可能出现误差积累的现象。由于显式欧拉法的精度不高，因此在实际应用中用得较少。

例 8.1　用显式欧拉法求解初值问题。

$$\begin{cases}y'=4x^2-y+2\\y(0)=0\end{cases}$$

取步长 $h=0.1$，计算到 $x=0.3$。

解　递推起点为 $x_0=0, y_0=0, y'=f(x,y)=4x^2-y+2$

则在 $x_1=0.1$ 处，$y_1=y_0+hf(x_0,y_0)=0.2$

在 $x_2=0.2$ 处，$y_2=y_1+hf(x_1,y_1)=0.384$

在 $x_3=0.3$ 处，$y_3=y_2+hf(x_2,y_2)=0.5616$

下面给出显式欧拉法的算法和程序。

算法 8.1　显式欧拉法的算法。

输入求解区间的边界 a,b，步长 h，起点 x[0]=a 处的纵坐标 y[0]。	
递推的次数 n=(b−a)/h。	
for(i=0;i<n;i++)　　　　//循环 1 次完成 1 轮递推	
	x[i+1]=x[i]+h;
	y[i+1]=y[i]+h*f(x[i],y[i]);
for(i=0;i<=n;i++)　　　　//输出计算结果	
	输出 x[i],y[i]。

程序 8.1　显式欧拉法对应的程序。

```
#include <stdio.h>
#define MAXSIZE 50
double f(double x,double y);
void main(void)
{
    double a,b,h,x[MAXSIZE],y[MAXSIZE];
    long i,n;
    printf("\n请输入求解区间 a,b: ");
    scanf("%lf,%lf",&a,&b);
```

```
    printf("\n请输入步长 h: ");
    scanf("%lf",&h);
    n=(long)((b-a)/h);
    x[0]=a;
    printf("\n请输入起点 x[0]=%lf 处的纵坐标 y[0]: ",x[0]);
    scanf("%lf",&y[0]);
    for(i=0;i<n;i++)
    {
        x[i+1]=x[i]+h;
        y[i+1]=y[i]+h*f(x[i],y[i]);
    }
    printf("\n计算结果为: ");
    for(i=0;i<=n;i++)
        printf("\nx[%ld]=%lf,y[%ld]=%lf",i,x[i],i,y[i]);
}
double f(double x,double y)
{
    return(…);                          /*计算并返回函数值 f(x,y)*/
}
```

8.2.2 欧拉方法的变形

与显式欧拉法类似,用其他的离散方法也可以得到对应的求解方法。

1. 隐式欧拉法

隐式欧拉法又称为后退的欧拉法,它的递推公式为

$$y_k = y_{k-1} + hf(x_k, y_k) \quad k = 1,2,3,\cdots$$

用隐式欧拉法求解1阶常微分方程初值问题的过程,就是以已知的(x_0, y_0)作为起点,计算出$y(x)$在x_1处的近似值y_1;再以(x_1, y_1)作为起点,计算出$y(x)$在x_2处的近似值y_2……,像这样反复地递推。

由以下各种离散化方法都可以推导出隐式欧拉法的递推公式。

(1) 基于泰勒展开的离散化方法。

设函数$y(x)$充分可微,那么$y(x_{k-1})$在x_k处的泰勒展开式为

$$y(x_{k-1}) = y(x_k) - hy'(x_k) + \frac{h^2}{2!}y''(x_k) + \cdots + \frac{(-h)^n}{n!}y^{(n)}(x_k) + R_n(x)$$

其中余项$R_n(x)=\dfrac{(-h)^{n+1}}{(n+1)!}y^{(n+1)}(\xi)$,$\xi\in(x_{k-1}, x_k)$。

取$n=1$,如果步长h足够小,那么可以省略余项$R(x)=\dfrac{h^2}{2!}y''(\xi)$,则

$$y(x_{k-1}) \approx y(x_k) - hy'(x_k)$$

又因为已知

$$\frac{dy}{dx} = f(x, y)$$

所以

$$y(x_k) \approx y(x_{k-1}) + hf(x_k, y(x_k))$$

这与隐式欧拉法的递推公式一致。

(2) 基于数值积分的离散化方法。

因为已知

$$\frac{\mathrm{d}y}{\mathrm{d}x} = f(x,y)$$

所以

$$\int_{x_{k-1}}^{x_k} \frac{\mathrm{d}y}{\mathrm{d}x}\mathrm{d}x = \int_{x_{k-1}}^{x_k} f(x,y)\mathrm{d}x$$

上式左端 $\int_{x_{k-1}}^{x_k} \frac{\mathrm{d}y}{\mathrm{d}x}\mathrm{d}x = y(x_k) - y(x_{k-1})$ 。

如果步长 h 足够小，那么可以用右矩形公式计算上式右端的定积分：

$$\int_{x_{k-1}}^{x_k} f(x,y)\mathrm{d}x \approx (x_k - x_{k-1})f(x_k, y_k) = hf(x_k, y_k)$$

则

$$y(x_k) - y(x_{k-1}) \approx hf(x_k, y(x_k))$$

故

$$y(x_k) \approx y(x_{k-1}) + hf(x_k, y(x_k))$$

这与隐式欧拉法的递推公式一致。

(3) 基于数值微分的离散化方法。

当步长 h 足够小时，导数可以近似地用差商代替：

$$y'(x_k) \approx \frac{y(x_k) - y(x_{k-1})}{x_k - x_{k-1}} = \frac{y(x_k) - y(x_{k-1})}{h} \quad k = 1,2,3,\cdots$$

又因为已知

$$\frac{\mathrm{d}y}{\mathrm{d}x} = f(x,y)$$

所以

$$y'(x_k) = f(x_k, y(x_k)) \approx \frac{y(x_k) - y(x_{k-1})}{h}$$

故

$$y(x_k) \approx y(x_{k-1}) + hf(x_k, y(x_k)) \quad k = 1,2,3,\cdots$$

这与隐式欧拉法的递推公式一致。

例 8.2　用隐式欧拉法求解初值问题：

$$\begin{cases} y' = 4x^2 - y + 2 \\ y(0) = 0 \end{cases}$$

取步长 $h=0.1$，计算到 $x=0.3$。

解　递推起点为 $x_0=0, y_0=0$，递推公式为 $y_k = y_{k-1} + 0.1(4x_k^2 - y_k + 2), k=1,2,3$。则在 $x_1=0.1$ 处，$y_1 = 0.4\times 0.1^2 - 0.1y_1 + 0.2$，解方程，得 $y_1 \approx 0.185\,45$；

在 $x_2=0.2$ 处，$y_2 = 0.185\,45 + 0.1(4\times 0.2^2 - y_2 + 2)$，解方程，得 $y_2 \approx 0.365\,00$；

在 $x_3=0.3$ 处，$y_3=0.36500+0.1(4\times0.3^2-y_3+2)$，解方程，得 $y_3\approx0.5463$。

显然，隐式欧拉法是隐式方法，递推公式的右端有未知量 y_k。隐式欧拉法需要求解 1 个方程。为避免解方程，常用显式欧拉法的计算结果作为迭代的初值 $y_k^{(0)}$，把隐式欧拉法的递推公式作为迭代公式反复迭代，得到迭代序列 $y_k^{(0)},y_k^{(1)},y_k^{(2)},\cdots$。如果步长 h 足够小，那么迭代序列收敛于 y_k。也就是说，下面两种方法求得的解是一致的。

① 对隐式欧拉法的递推公式 $y_k=y_{k-1}+hf(x_k,y_k)$，直接解方程，求出 y_k。

② 以 $y_k^{(i)}=y_{k-1}+hf(x_k,y_k^{(i-1)})$，$i=1,2,3,\cdots$，为迭代公式反复迭代，若步长 h 足够小，则 $\lim\limits_{i\to\infty}y_k^{(i)}=y_k$。

证明　将①式与②式相减，得

$$y_k-y_k^{(i)}=h(f(x_k,y_k)-f(x_k,y_k^{(i-1)}))$$

设 $f(x,y)$ 关于 y 满足李普希兹(Lipschitz)条件：

$$|f(x,y_1)-f(x,y_2)|\leqslant L|y_1-y_2|\quad L\text{ 称为 Lipschitz 常数}$$

则

$$|f(x_k,y_k)-f(x_k,y_k^{(i-1)})|\leqslant L|y_k-y_k^{(i-1)}|$$

则

$$|y_k-y_k^{(i)}|=h|f(x_k,y_k)-f(x_k,y_k^{(i-1)})|\leqslant hL|y_k-y_k^{(i-1)}|$$

故当步长 $h\leqslant\dfrac{1}{L}$ 时，迭代序列 $y_k^{(0)},y_k^{(1)},y_k^{(2)},\cdots$ 收敛于 y_k。

证毕。

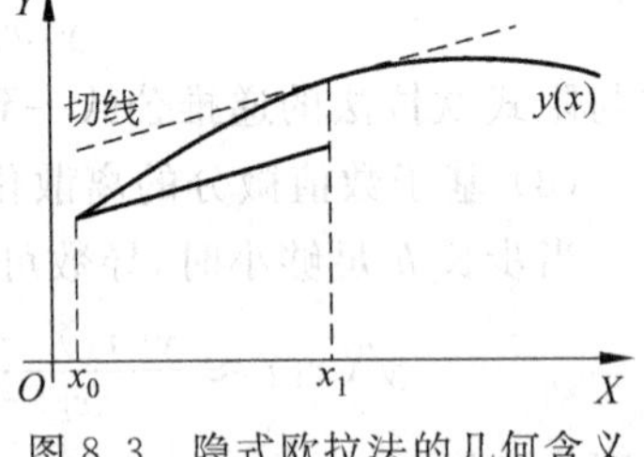

图 8.3　隐式欧拉法的几何含义

如图 8.3 所示，隐式欧拉法由点 (x_0,y_0) 递推到点 (x_1,y_1) 的几何含义，是把曲线 $y(x)$ 在点 (x_1,y_1) 处的切线平行移动，移动到经过点 (x_0,y_0)，在区间 $[x_0,x_1]$ 内用此直线段代替 $y(x)$ 的曲线段。在每一轮由点 (x_{k-1},y_{k-1}) 递推出点 (x_k,y_k) 时，隐式欧拉法使用的是区间终点 (x_k,y_k) 处的近似斜率，而显式欧拉法使用的是区间起点 (x_{k-1},y_{k-1}) 处的近似斜率。

下面考查隐式欧拉法的精度。

因为泰勒展开式 $y(x_i)=y(x_{i-1})+hy'(x_{i-1})+\dfrac{h^2}{2!}y''(x_{i-1})+O(h^3)$，用隐式欧拉法求得

$$\begin{aligned}y_i&=y(x_{i-1})+hf(x_i,y_i)=y(x_{i-1})+hy'(x_i)\\&=y(x_{i-1})+h(y'(x_{i-1})+hy''(x_{i-1})+O(h^2))\end{aligned}$$

所以隐式欧拉法的局部截断误差为

$$\begin{aligned}R_i&=y(x_i)-y_i=y(x_{i-1})+hy'(x_{i-1})+\frac{h^2}{2!}y''(x_{i-1})\\&\quad+O(h^3)-y(x_{i-1})-h(y'(x_{i-1})+hy''(x_{i-1})+O(h^2))\\&=-\frac{h^2}{2}y''(x_{i-1})+O(h^3)\end{aligned}$$

则隐式欧拉法具有1阶精度,其中$-\frac{h^2}{2}y''(x_{i-1})$是它的局部截断误差$R_i$的主项。

隐式欧拉法精度不高,计算复杂,用得比较少。

2. 梯形公式法

梯形公式法的递推公式为

$$y_k = y_{k-1} + \frac{h}{2}(f(x_{k-1}, y_{k-1}) + f(x_k, y_k)) \quad k = 1,2,3,\cdots$$

用梯形公式法求解1阶常微分方程初值问题的过程,就是以已知的(x_0, y_0)作为起点,计算出$y(x)$在x_1处的近似值y_1;再以(x_1, y_1)作为起点,计算出$y(x)$在x_2处的近似值y_2……,像这样反复地递推。

可以用基于数值积分的离散化方法推导出梯形公式法的递推公式。

因为

$$\int_{x_{k-1}}^{x_k} f(x,y)\mathrm{d}x = \int_{x_{k-1}}^{x_k} \frac{\mathrm{d}y}{\mathrm{d}x}\mathrm{d}x = y(x_k) - y(x_{k-1})$$

如果步长h足够小,那么可以用梯形公式计算上式左端的定积分:

$$\begin{aligned}\int_{x_{k-1}}^{x_k} f(x,y)\mathrm{d}x &\approx \frac{1}{2}(x_k - x_{k-1})(f(x_{k-1}, y_{k-1}) + f(x_k, y_k)) \\ &= \frac{h}{2}(f(x_{k-1}, y_{k-1}) + f(x_k, y_k))\end{aligned}$$

所以

$$\frac{h}{2}(f(x_{k-1}, y_{k-1}) + f(x_k, y_k)) \approx y(x_k) - y(x_{k-1})$$

$$y(x_k) \approx y(x_{k-1}) + \frac{h}{2}(f(x_{k-1}, y_{k-1}) + f(x_k, y_k))$$

这与梯形公式法的递推公式一致。

因为求定积分时,梯形公式比左矩形公式和右矩形公式的精度高,所以对于1阶常微分方程初值问题,梯形公式法比显式欧拉法和隐式欧拉法的精度高。

例 8.3　用梯形公式法求解初值问题。

$$\begin{cases} y' = 4x^2 - y + 2 \\ y(0) = 0 \end{cases}$$

取步长$h=0.1$,计算到$x=0.3$。

解　递推起点为$x_0=0, y_0=0$,递推公式为

$$y_k = y_{k-1} + 0.05(4x_{k-1}^2 - y_{k-1} + 4x_k^2 - y_k + 4) \quad k = 1,2,3$$

则在$x_1=0.1$处,$y_1=0.05(4\times 0.1^2-y_1+4)$,解方程,得$y_1\approx 0.192\,38$。

在$x_2=0.2$处,$y_2=0.192\,38+0.05(4\times 0.1^2-0.192\,38+4\times 0.2^2-y_2+4)$,解方程,得$y_2\approx 0.374\,06$。

在$x_3=0.3$处,$y_3=0.374\,06+0.05(4\times 0.2^2-0.374\,06+4\times 0.3^2-y_3+4)$,解方程,得$y_3\approx 0.5537$。

显然,梯形公式法是隐式方法,需要求解方程。为避免解方程,常用显式欧拉法的计

算结果作为迭代的初值 $y_k^{(0)}$,把梯形公式法的递推公式作为迭代公式反复迭代,得到迭代序列 $y_k^{(0)},y_k^{(1)},y_k^{(2)},\cdots$。如果步长 h 足够小,那么迭代序列收敛于 y_k。也就是说,下面两种方法求得的解是一致的。

① 对梯形公式法的递推公式 $y_k=y_{k-1}+\frac{h}{2}(f(x_{k-1},y_{k-1})+f(x_k,y_k))$,直接解方程,求出 y_k。

② 以 $y_k^{(i)}=y_{k-1}+\frac{h}{2}(f(x_{k-1},y_{k-1})+f(x_k,y_k^{(i-1)}))$,$i=1,2,3,\cdots$,为迭代公式反复迭代,若步长 h 足够小,则 $\lim\limits_{i\to\infty}y_k^{(i)}=y_k$。

证明 将①式与②式相减,得

$$y_k-y_k^{(i)}=\frac{h}{2}(f(x_k,y_k)-f(x_k,y_k^{(i-1)}))$$

设 $f(x,y)$ 关于 y 满足 Lipschitz 条件:

$$|f(x,y_1)-f(x,y_2)|\leqslant L|y_1-y_2|$$

L 称为 Lipschitz 常数

则

$$|f(x_k,y_k)-f(x_k,y_k^{(i-1)})|\leqslant L|y_k-y_k^{(i-1)}|$$

则

$$|y_k-y_k^{(i)}|=\frac{h}{2}|f(x_k,y_k)-f(x_k,y_k^{(i-1)})|\leqslant\frac{hL}{2}|y_k-y_k^{(i-1)}|$$

故步长 $h\leqslant\frac{2}{L}$ 时,迭代序列 $y_k^{(0)},y_k^{(1)},y_k^{(2)},\cdots$收敛于 y_k。

证毕。

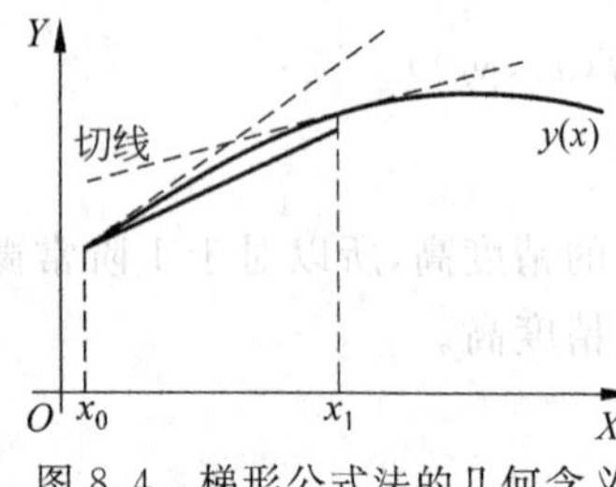

图 8.4 梯形公式法的几何含义

如图 8.4 所示,梯形公式法由点(x_0,y_0)递推到点(x_1,y_1)的几何含义,是经过点(x_0,y_0)作一条直线段,在区间$[x_0,x_1]$内用此直线段代替 $y(x)$的曲线段。此直线段的斜率等于曲线 $y(x)$在点(x_0,y_0)处的切线斜率和曲线 $y(x)$在点(x_1,y_1)处的切线斜率的平均值。类似地,由点(x_{k-1},y_{k-1})递推出点$(x_k,y_k)$$(k=1,2,3,\cdots)$。

下面考查梯形公式法的精度。

泰勒展开式 $y(x_i)=y(x_{i-1})+hy'(x_{i-1})+\frac{h^2}{2!}y''(x_{i-1})+\frac{h^3}{3!}y'''(x_{i-1})+O(h^4)$,用梯形公式法求得

$$\begin{aligned}y_i&=y(x_{i-1})+\frac{h}{2}(f(x_{i-1},y_{i-1})+f(x_i,y_i))\\&=y(x_{i-1})+\frac{h}{2}y'(x_{i-1})+\frac{h}{2}y'(x_i)\\&=y(x_{i-1})+\frac{h}{2}y'(x_{i-1})+\frac{h}{2}\left(y'(x_{i-1})+hy''(x_{i-1})+\frac{h^2}{2}y'''(x_{i-1})+O(h^3)\right)\end{aligned}$$

$$=y(x_{i-1})+hy'(x_{i-1})+\frac{h^2}{2!}y''(x_{i-1})+\frac{h^3}{4}y'''(x_{i-1})+O(h^4)$$

则梯形公式法的局部截断误差为

$$R_i = y(x_i) - y_i = -\frac{h^3}{12}y'''(x_{i-1})+O(h^4)$$

故梯形公式法具有 2 阶精度，其中 $-\frac{h^3}{12}y'''(x_{i-1})$ 是它的局部截断误差 R_i 的主项。

3．中点欧拉方法

中点欧拉方法又称为两步欧拉方法，它的递推公式为

$$y_{k+1} = y_{k-1} + 2hf(x_k, y_k) \quad k = 1,2,3,\cdots$$

中点欧拉方法是双步法，需要两个初值 y_0 和 y_1 才能启动递推过程。一般先用单步法由点 (x_0, y_0) 计算出 (x_1, y_1)，再用中点欧拉方法反复地递推。

用基于数值积分的离散化方法可以推导出中点欧拉方法的递推公式。

因为

$$\int_{x_{k-1}}^{x_{k+1}} f(x,y)\mathrm{d}x = \int_{x_{k-1}}^{x_{k+1}} \frac{\mathrm{d}y}{\mathrm{d}x}\mathrm{d}x = y(x_{k+1}) - y(x_{k-1})$$

如果步长 h 足够小，那么可以用中矩形公式计算上式左端的定积分：

$$\int_{x_{k-1}}^{x_{k+1}} f(x,y)\mathrm{d}x \approx f(x_k, y_k)(x_{k+1} - x_{k-1}) = 2hf(x_k, y_k)$$

则

$$y(x_{k+1}) - y(x_{k-1}) \approx 2hf(x_k, y_k)$$

所以

$$y(x_{k+1}) \approx y(x_{k-1}) + 2hf(x_k, y_k)$$

这与中点欧拉方法的递推公式一致。

因为求定积分时，中矩形公式比左矩形公式和右矩形公式的精度高，所以对于 1 阶常微分方程初值问题，中点欧拉方法比显式欧拉法和隐式欧拉法的精度高。

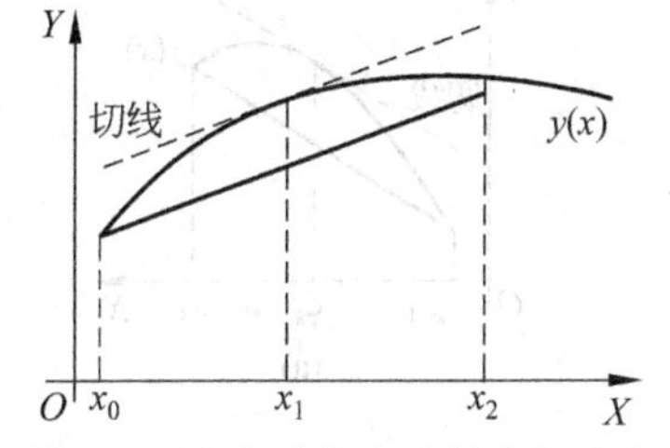

图 8.5　中点欧拉方法的几何含义

如图 8.5 所示，中点欧拉方法由点 (x_0, y_0) 和 (x_1, y_1) 递推出点 (x_2, y_2) 的几何含义，是经过点 (x_0, y_0) 作一条直线段，在区间 $[x_0, x_2]$ 内用此直线段代替 $y(x)$ 的曲线段。此直线段的斜率等于曲线 $y(x)$ 在点 (x_1, y_1) 处的切线斜率。类似地，由点 (x_{k-1}, y_{k-1}) 和点 (x_k, y_k) 递推出点 (x_{k+1}, y_{k+1}) $(k=1,2,3,\cdots)$。

下面考查中点欧拉方法的精度。按泰勒公式展开为

$$y(x_{k+1}) = y(x_k) + hy'(x_k) + \frac{h^2}{2!}y''(x_k) + \frac{h^3}{3!}y'''(x_k) + O(h^4)$$

$$y(x_{k-1}) = y(x_k) - hy'(x_k) + \frac{h^2}{2!}y''(x_k) - \frac{h^3}{3!}y'''(x_k) + O(h^4)$$

两式相减，得

$$y(x_{k+1}) - y(x_{k-1}) = 2hy'(x_k) + \frac{h^3}{3}y'''(x_k) + O(h^4)$$

故

$$y(x_{k+1}) = y(x_{k-1}) + 2hy'(x_k) + \frac{h^3}{3}y'''(x_k) + O(h^4)$$

又因为中点欧拉方法的递推公式为

$$y_{k+1} = y_{k-1} + 2hf(x_k, y_k) = y_{k-1} + 2hy'_k$$

所以中点欧拉方法的局部截断误差为

$$R_k = y(x_{k+1}) - y_{k+1} = \frac{h^3}{3}y'''(x_k) + O(h^4)$$

则中点欧拉方法具有 2 阶精度,其中$\frac{h^3}{3}y'''(x_k)$是它的局部截断误差 R_k 的主项。

例 8.4 用中点欧拉方法求解初值问题。

$$\begin{cases} y' = 4x^2 - y + 2 \\ y(0) = 0 \end{cases}$$

初始值 y_1 由梯形公式法取得(见例 8.3),取步长 $h=0.1$,计算到 $x=0.3$。

解 递推起点为 $x_0=0, y_0=0, x_1=0.1, y_1=0.192\,38$,递推公式为

$$y_{k+1} = y_{k-1} + 0.2(4x_k^2 - y_k + 2) \quad k = 1, 2$$

在 $x_2=0.2$ 处,$y_2=0.2(4\times0.1^2-0.192\,38+2)\approx0.369\,52$。在 $x_3=0.3$ 处,$y_3=0.192\,38+0.2(4\times0.2^2-0.369\,52+2)\approx0.5505$。

下面从几何含义角度比较显式欧拉法、隐式欧拉法、梯形公式法、中点欧拉方法的不同。在图 8.6 中,图 8.6(a)所示为精确求解的示意图,图 8.6(b)所示为显式欧拉法的几何含义,图 8.6(c)所示为隐式欧拉法的几何含义,图 8.6(d)所示为梯形公式法的几何含义,图 8.6(e)所示为中点欧拉方法的几何含义。

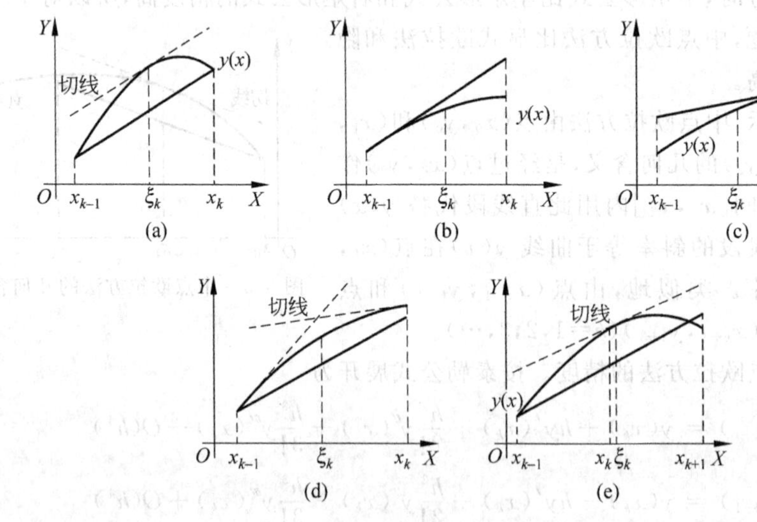

图 8.6 欧拉法及其变形几何含义的比较

由拉格朗日中值定理可知，在区间(x_{k-1},x_k)内必定存在ξ_k，使

$$y(x_k)-y(x_{k-1})=y'(\xi_k)(x_k-x_{k-1})$$

$y(x)$在$x=\xi_k$处切线的斜率$y'(\xi_k)$等于$y(x)$在区间$[x_{k-1},x_k]$的两个端点连线的斜率。则

$$y(x_k)=y(x_{k-1})+hy'(\xi_k)=y(x_{k-1})+hf(\xi_k,y(\xi_k))$$

如果知道ξ_k，代入$y(x_k)=y(x_{k-1})+hf(\xi_k,y(\xi_k))$，$k=1,2,3,\cdots$，那么递推过程得到的序列$y_0,y_1,y_2,\cdots$没有误差。求$\xi_k$往往很困难，因此常用一个易求的值近似地代替$\xi_k$。显式欧拉法、隐式欧拉法、梯形公式法、中点欧拉方法的区别是对ξ_k、$y'(\xi_k)$的近似方法不同。

如图 8.6 所示，显式欧拉法把ξ_k近似为区间$[x_{k-1},x_k]$的起点x_{k-1}，即$\xi_k\approx x_{k-1}$；隐式欧拉法把ξ_k近似为区间$[x_{k-1},x_k]$的终点x_k，即$\xi_k\approx x_k$；梯形公式法把ξ_k处的导数$y'(\xi_k)$近似为区间$[x_{k-1},x_k]$的起点和终点导数的平均值，即$y'(\xi_k)\approx\dfrac{y'(x_{k-1})+y'(x_k)}{2}$；中点欧拉方法考查的区间为$[x_{k-1},x_{k+1}]$，$\xi_k\in(x_{k-1},x_{k+1})$，$\xi_k$被近似为区间$[x_{k-1},x_{k+1}]$的中点$x_k$，即$\xi_k\approx\dfrac{x_{k-1}+x_{k+1}}{2}$。

8.2.3 改进的欧拉法

改进的欧拉法是一种预测-校正方法，它的每一轮递推包括预测和校正这两个步骤。先用显式欧拉公式计算出$\tilde{y}_k$：

$$\tilde{y}_k=y_{k-1}+hf(x_{k-1},y_{k-1})$$

这一步称为"预测"；再用梯形公式迭代一次：

$$y_k=y_{k-1}+\frac{h}{2}(f(x_{k-1},y_{k-1})+f(x_k,\tilde{y}_k))$$

这一步称为"校正"。改进的欧拉法精度比显式欧拉法高，不需要解方程，是一种更实用的方法。

例 8.5　用改进的欧拉法求解初值问题。

$$\begin{cases}y'=4x^2-y+2\\y(0)=0\end{cases}$$

取步长$h=0.1$，计算到$x=0.3$。

解　递推起点为$x_0=0$，$y_0=0$，递推公式为

$$\tilde{y}_k=y_{k-1}+0.1(4x_{k-1}^2-y_{k-1}+2)$$
$$y_k=y_{k-1}+0.05(4x_{k-1}^2-y_{k-1}+4x_k^2-\tilde{y}_k+4)\quad k=1,2,3$$

则在$x_1=0.1$处，$\tilde{y}_1=0.2$

$$y_1=0.05(4\times0.1^2-0.2+4)=0.192$$

在$x_2=0.2$处，$\tilde{y}_2=0.192+0.1(4\times0.1^2-0.192+2)=0.3768$

$$\begin{aligned}y_2&=0.192+0.05(4\times0.1^2-0.192+4\times0.2^2-0.3768+4)\\&=0.37356\end{aligned}$$

在 $x_3=0.3$ 处，$\tilde{y}_3=0.373\ 56+0.1(4\times0.2^2-0.373\ 56+2)\approx0.552\ 20$

$$y_3=0.373\ 56+0.05(4\times0.2^2-0.373\ 56+4\times0.3^2-0.552\ 20+4)$$
$$\approx0.5533$$

下面给出改进的欧拉法的算法和程序。

算法 8.2 改进的欧拉法的算法。

输入求解区间的边界 a,b，步长 h，起点 x[0]=a 处的纵坐标 y[0]。		
递推的次数 n=(b−a)/h 。		
for(i=0;i<n;i++)		//循环 1 次完成 1 轮递推
	x[i+1]=x[i]+h;	
	y[i+1]=y[i]+h*f(x[i],y[i]);	//预测
	y[i+1]=y[i]+h*(f(x[i],y[i])+f(x[i+1],y[i+1]))/2;//校正	
for(i=0;i<=n;i++)		//输出计算结果
	输出 x[i],y[i] 。	

程序 8.2 改进的欧拉法对应的程序。

```
#include <stdio.h>
#define MAXSIZE 50
double f(double x,double y);
void main(void)
{
    double a,b,h,x[MAXSIZE],y[MAXSIZE];
    long i,n;
    printf("\n请输入求解区间 a,b: ");
    scanf("%lf,%lf",&a,&b);
    printf("\n请输入步长 h: ");
    scanf("%lf",&h);
    n=(long)((b-a)/h);
    x[0]=a;
    printf("\n请输入起点 x[0]=%lf 处的纵坐标 y[0]: ",x[0]);
    scanf("%lf",&y[0]);
    for(i=0;i<n;i++)
    {
        x[i+1]=x[i]+h;
        y[i+1]=y[i]+h*f(x[i],y[i]);
        y[i+1]=y[i]+h*(f(x[i],y[i])+f(x[i+1],y[i+1]))/2;
    }
    printf("\n计算结果为: ");
    for(i=0;i<=n;i++)
        printf("\nx[%ld]=%lf,y[%ld]=%lf",i,x[i],i,y[i]);
}
double f(double x,double y)
{
```

```
    return(…);                        /* 计算并返回函数值 f(x,y) */
}
```

8.3　龙格-库塔方法

显式欧拉法、隐式欧拉法、梯形公式法、中点欧拉方法的缺点是精度较低。本节介绍高精度的一步法。

8.3.1　泰勒展开方法

直接用泰勒公式展开是一种高阶显式一步法。在由点(x_{k-1},y_{k-1})递推出点(x_k,y_k)时，把 $y(x_k)$在 $x=x_{k-1}$处作泰勒展开：

$$y(x_k)=y(x_{k-1})+hy'(x_{k-1})+\frac{h^2}{2!}y''(x_{k-1})+\cdots+\frac{h^n}{n!}y^{(n)}(x_{k-1})+R_n(x)$$

其中余项 $R_n(x)=\dfrac{h^{n+1}}{(n+1)!}y^{(n+1)}(\xi),\xi\in(x_{k-1},x_k)$。

若记 $f(x,y(x))$为 f，记$\dfrac{\partial f}{\partial x}$为 f'_x，记$\dfrac{\partial f}{\partial y}$为 f'_y，记$\dfrac{\partial f'_x}{\partial x}$为 f''_{xx}，记$\dfrac{\partial f'_x}{\partial y}$为 f''_{xy}……，依次类推，则泰勒公式中的各阶导数依次为

$$\begin{aligned}
y'(x)&=f\\
y''(x)&=f'_x+f'_y\cdot f\\
y'''(x)&=f''_{xx}+2f''_{xy}\cdot f+f'_x\cdot f'_y+f''_{yy}\cdot f^2+f_y^2\cdot f\\
&\cdots
\end{aligned}$$

以已知的(x_0,y_0)点作为起点，依次地用泰勒公式由点(x_{k-1},y_{k-1})递推出点(x_k,y_k)，$k=1,2,3,\cdots$，完成求解的过程。

如果 $y(x)$在考查的区间内具有直到$(n+1)$阶导数，那么泰勒公式可以计算到前$(n+1)$项：

$$y_k=y(x_{k-1})+hy'(x_{k-1})+\frac{h^2}{2!}y''(x_{k-1})+\cdots+\frac{h^n}{n!}y^{(n)}(x_{k-1})$$

局部截断误差为

$$R_k=y(x_k)-y_k=\frac{h^{n+1}}{(n+1)!}y^{(n+1)}(\xi)=O(h^{n+1})$$

则此时泰勒展开方法具有 n 阶精度。

从理论上讲，如果 $y(x)$在考查的区间内足够光滑，那么泰勒展开方法可以具有任意阶精度。但是高阶泰勒展开方法计算量大，求 $f(x,y(x))$的高阶导数困难，因此泰勒展开方法并不实用。

8.3.2　龙格-库塔法的基本思想

龙格-库塔(Runge-Kutta)法，简称 R-K 方法，是一种高阶显式一步法，而且不需要计算导数。Runge 首先提出了间接使用泰勒展开式的方法：用 $f(x,y)$在一些点上函数

值的线性组合代替 $y(x)$ 的各阶导数，构造的 y_{n+1} 的表达式，比较这个表达式与 $y(x_{n+1})$ 在 $x=x_n$ 处泰勒展开式，确定 y_{n+1} 的表达式中的系数，使 y_{n+1} 的表达式与 $y(x_{n+1})$ 泰勒展开式前面的若干项相等，从而具有对应泰勒展开式的精度阶次，这就是龙格-库塔法的主要思想。

p 级龙格-库塔公式的一般形式为

$$y_{n+1} = y_n + h\sum_{i=1}^{p}(c_i k_i) \quad n = 1,2,3,\cdots$$

其中 $k_1 = f(x_n, y_n)$。

$$k_i = f\left(x_n + a_i h, y_n + h\sum_{j=1}^{i-1} b_{ij} k_j\right) \quad i = 2,3,\cdots,p$$

上式中 c_i、a_i、b_{ij} 是与具体常微分方程初值问题和 n、h 无关的常数。k_i 是 $f(x,y)$ 在某些点处的函数值，c_i 是在线性组合求 y_{n+1} 时 k_i 的"权"，a_i 和 b_{ij} 用来确定 k_i 在 $f(x,y)$ 上的位置。

以 p 级龙格-库塔公式作为递推公式，以已知的 (x_0, y_0) 点作为起点，依次地由点 (x_n, y_n) 递推出点 (x_{n+1}, y_{n+1})，$n=0,1,2,\cdots$，完成求解的过程。

确定常数 c_i、a_i、b_{ij} 的原则是使龙格-库塔公式与泰勒公式前面的尽可能多的项相等。如果 p 级龙格-库塔公式等于泰勒公式的前 $(q+1)$ 项，那么这个龙格-库塔公式具有 q 阶精度，称此公式为 p 级 q 阶龙格-库塔公式。例如，1 级龙格-库塔公式为

$$\begin{aligned} y_{n+1} &= y_n + hc_1 k_1 = y_n + hc_1 f(x_n, y_n) \\ &= y_n + c_1 h y'(x_n) \quad n = 1,2,3,\cdots \end{aligned}$$

把它与泰勒公式比较，显然 $c_1=1$，此公式与泰勒公式前面 2 项相等，具有 1 阶精度，因此 1 级 1 阶龙格-库塔公式就是显式欧拉公式。

下面考查 2 级龙格-库塔公式。2 级龙格-库塔公式为

$$\begin{aligned} y_{n+1} &= y_n + hc_1 k_1 + hc_2 k_2 \\ &= y_n + hc_1 f(x_n, y_n) + hc_2 f(x_n + a_2 h, y_n + hb_{21} f(x_n, y_n)) \end{aligned}$$

把 2 级龙格-库塔公式按泰勒公式展开为

$$\begin{aligned} y_{n+1} &= y_n + hc_1 f(x_n, y_n) + hc_2 (f(x_n, y_n) + ha_2 f'_x(x_n, y_n) \\ &\quad + hb_{21} f'_y(x_n, y_n) f(x_n, y_n) + O(h^2)) \\ &= y_n + h(c_1 + c_2) f(x_n, y_n) + h^2 c_2 a_2 f'_x(x_n, y_n) \\ &\quad + h^2 c_2 b_{21} f'_y(x_n, y_n) f(x_n, y_n) + O(h^3) \end{aligned}$$

对应地，用泰勒展开方法按泰勒公式展开为

$$\begin{aligned} y_{n+1} &= y_n + hy'_n + \frac{h^2}{2!} y''(x_n) + O(h^3) \\ &= y_n + hf(x_n, y_n) + \frac{h^2}{2} f'_x(x_n, y_n) + \frac{h^2}{2} f'_y(x_n, y_n) f(x_n, y_n) + O(h^3) \end{aligned}$$

对照此公式与 2 级龙格-库塔公式的展开式，如果 c_1、c_2、a_2、b_{21} 满足下面的方程组：

$$\begin{cases} c_1 + c_2 = 1 \\ c_2 a_2 = \dfrac{1}{2} \\ c_2 b_{21} = \dfrac{1}{2} \end{cases}$$

那么，2级龙格-库塔公式与泰勒公式前面3项相等，具有2阶精度。这个方程组有3个方程，4个变元，因此它有1个自由参数，2级2阶龙格-库塔公式有无穷多个。

如果取 $c_1=c_2=\frac{1}{2}, a_2=b_{21}=1$，得到的2级2阶龙格-库塔公式为

$$
\begin{aligned}
y_{n+1} &= y_n + \frac{h}{2}(k_1 + k_2) \\
k_1 &= f(x_n, y_n) \\
k_2 &= f(x_n + h, y_n + hk_1)
\end{aligned}
$$

这就是改进的欧拉法(预测-校正法)。

如果取 $c_1=0, c_2=1, a_2=b_{21}=\frac{1}{2}$，得到的2级2阶龙格-库塔公式为

$$
\begin{aligned}
y_{n+1} &= y_n + hk_2 \\
k_1 &= f(x_n, y_n) \\
k_2 &= f\left(x_n + \frac{h}{2}, y_n + \frac{h}{2}k_1\right)
\end{aligned}
$$

这就是中点欧拉方法(两步欧拉方法)。

同理，3级3阶龙格-库塔公式的系数需要满足方程组：

$$
\begin{cases}
c_1 + c_2 + c_3 = 1 \\
a_2 = b_{21} \\
a_3 = b_{31} + b_{32} \\
c_2 a_2 + c_3 a_3 = \frac{1}{2} \\
c_2 a_2^2 + c_3 a_3^2 = \frac{1}{3} \\
c_3 b_{32} a_2 = \frac{1}{6}
\end{cases}
$$

这个方程组有6个方程，8个变元，因此它有两个自由参数。常取 $c_1=\frac{1}{6}, c_2=\frac{2}{3}, c_3=\frac{1}{6}, a_2=\frac{1}{2}, a_3=1, b_{21}=\frac{1}{2}, b_{31}=-1, b_{32}=2$，对应的3级3阶龙格-库塔公式为

$$
\begin{aligned}
y_{n+1} &= y_n + \frac{h}{6}(k_1 + 4k_2 + k_3) \\
k_1 &= f(x_n, y_n) \\
k_2 &= f\left(x_n + \frac{h}{2}, y_n + \frac{h}{2}k_1\right) \\
k_3 &= f(x_n + h, y_n + 2hk_2 - hk_1)
\end{aligned}
$$

同理，4级4阶龙格-库塔公式的系数需要满足下面的方程组：

$$\begin{cases}c_1+c_2+c_3+c_4=1\\ a_2=b_{21}\\ a_3=b_{31}+b_{32}\\ a_4=b_{41}+b_{42}+b_{43}\\ c_2a_2+c_3a_3+c_4a_4=\dfrac{1}{2}\\ c_2a_2^2+c_3a_3^2+c_4a_4^2=\dfrac{1}{3}\\ c_2a_2^3+c_3a_3^3+c_4a_4^3=\dfrac{1}{4}\\ c_3a_2b_{32}+c_4(a_2b_{42}+a_3b_{43})=\dfrac{1}{6}\\ c_3a_2^2b_{32}+c_4(a_2^2b_{42}+a_3^2b_{43})=\dfrac{1}{12}\\ c_3a_2a_3b_{32}+c_4(a_2b_{42}+a_3b_{43})a_4=\dfrac{1}{8}\\ c_4a_2b_{32}b_{43}=\dfrac{1}{24}\end{cases}$$

这个方程组有 11 个方程，13 个变元，因此它有两个自由参数。这些参数常常取值如下：

$$c_1=\frac{1}{6},\quad c_2=c_3=\frac{1}{3},\quad c_4=\frac{1}{6}$$

$$a_2=a_3=\frac{1}{2},\quad a_4=1$$

$$b_{21}=\frac{1}{2},\quad b_{31}=0,\quad b_{32}=\frac{1}{2},\quad b_{41}=b_{42}=0,\quad b_{43}=1$$

对应的 4 级 4 阶龙格-库塔公式为

$$\begin{aligned}y_{n+1}&=y_n+\frac{h}{6}(k_1+2k_2+2k_3+k_4)\\ k_1&=f(x_n,y_n)\\ k_2&=f\left(x_n+\frac{h}{2},y_n+\frac{h}{2}k_1\right)\\ k_3&=f\left(x_n+\frac{h}{2},y_n+\frac{h}{2}k_2\right)\\ k_4&=f(x_n+h,y_n+hk_3)\end{aligned}$$

这个公式是最常用的龙格-库塔公式，称为标准（经典）龙格-库塔公式。

例 8.6 用标准龙格-库塔法求解初值问题。

$$\begin{cases}y'=4x^2-y+2\\ y(0)=0\end{cases}$$

取步长 $h=0.2$,计算到 $x=0.4$。

解 递推起点为 $x_0=0, y_0=0$,递推公式为

$$y_{n+1}=y_n+\frac{1}{30}(k_1+2k_2+2k_3+k_4)$$

$$k_1=f(x_n,y_n)=4x_n^2-y_n+2$$

$$k_2=f(x_n+0.1,y_n+0.1k_1)=4(x_n+0.1)^2-y_n-0.1k_1+2$$

$$k_3=f(x_n+0.1,y_n+0.1k_2)=4(x_n+0.1)^2-y_n-0.1k_2+2$$

$$k_4=f(x_n+0.2,y_n+0.2k_3)=4(x_n+0.2)^2-y_n-0.2k_3+2$$

第一轮递推:

$$k_1=2$$

$$k_2=4\times0.1^2-0.1\times2+2=1.84$$

$$k_3=4\times0.1^2-0.1\times1.84+2=1.856$$

$$k_4=4\times0.2^2-0.2\times1.856+2=1.7888$$

$$y_1=\frac{1}{30}(2+2\times1.84+2\times1.856+1.7888)\approx0.37269$$

第二轮递推:

$$k_1=4\times0.2^2-0.37269+2\approx1.78731$$

$$k_2=4\times0.3^2-0.37269-0.1\times1.78731+2\approx1.80858$$

$$k_3=4\times0.3^2-0.37269-0.1\times1.80858+2\approx1.80645$$

$$k_4=4\times0.4^2-0.37269-0.2\times1.80645+2\approx1.90602$$

$$y_2=0.37269+\frac{1}{30}(1.78731+2\times1.80858+2\times1.80645+1.90602)$$

$$\approx0.73680$$

龙格-库塔公式的级与阶并不总是相等。设 p 级龙格-库塔公式所能达到的最高精度阶数为 q 阶,那么当 $p=1,2,3,4$ 时,$q=p$;当 $p=5,6,7$ 时,$q=p-1$;当 $p=8,9$ 时,$q=p-2$……。4级之上的龙格-库塔公式,计算量增加较大,精度增加较小。一般情况下,4级龙格-库塔公式已经能满足实际需求,因此很少用到4级之上的龙格-库塔公式。

与显式欧拉法、隐式欧拉法、改进的欧拉法、中点欧拉法相比,龙格-库塔法可以达到较高精度,但运算量较大,标准龙格-库塔方法的计算量大约是改进的欧拉法计算量的2倍。龙格-库塔法是基于泰勒公式的方法,它要求 $y(x)$ 在考查的区间内足够光滑。如果解的光滑性较好,那么在相同步长下,标准龙格-库塔方法比上述改进的欧拉法等方法的精度高得多;反之,如果解的光滑性较差,标准龙格-库塔方法可能比改进的欧拉法的精度还要低。

8.3.3 标准龙格-库塔法的算法和程序

下面给出标准龙格-库塔法的算法和程序。

算法 8.3　标准龙格-库塔法的算法。

输入求解区间的边界 a,b，步长 h，起点 x[0]=a 处的纵坐标 y[0]。	
递推的次数 n=(b−a)/h。	
for(i=0;i<n;i++)　　　　//循环 1 次完成 1 轮递推	
	x[i+1]=x[i]+h;
	k1=f(x[i],y[i]);
	k2=f(x[i]+h/2,y[i]+k1*h/2);
	k3=f(x[i]+h/2,y[i]+k2*h/2);
	k4=f(x[i]+h,y[i]+k3*h);
	y[i+1]=y[i]+h*(k1+2*k2+2*k3+k4)/6;
for(i=0;i<=n;i++)　　　　//输出计算结果	
	输出 x[i],y[i]。

程序 8.3　标准龙格-库塔法对应的程序。

```
#include <stdio.h>
#define MAXSIZE 50
double f(double x,double y);
void main(void)
{
    double a,b,h,k1,k2,k3,k4,x[MAXSIZE],y[MAXSIZE];
    long i,n;
    printf("\n 请输入求解区间 a,b: ");
    scanf("%lf,%lf",&a,&b);
    printf("\n 请输入步长 h: ");
    scanf("%lf",&h);
    n=(long)((b-a)/h);
    x[0]=a;
    printf("\n 请输入起点 x[0]=%lf 处的纵坐标 y[0]: ",x[0]);
    scanf("%lf",&y[0]);
    for(i=0;i<n;i++)
    {
        x[i+1]=x[i]+h;
        k1=f(x[i],y[i]);
        k2=f(x[i]+h/2,y[i]+k1*h/2);
        k3=f(x[i]+h/2,y[i]+k2*h/2);
        k4=f(x[i]+h,y[i]+k3*h);
        y[i+1]=y[i]+h*(k1+2*k2+2*k3+k4)/6;
    }
    printf("\n 计算结果为: ");
    for(i=0;i<=n;i++)
        printf("\nx[%ld]=%lf,y[%ld]=%lf",i,x[i],i,y[i]);
}
```

```
double f(double x,double y)
{
    return(…);                    /* 计算并返回函数值 f(x,y) */
}
```

本章小结

本章主要介绍了 1 阶常微分方程初值问题的数值解法。

1. 1 阶常微分方程初值问题数值解法的分类

分类方法 1：①单步法；②多步法。

分类方法 2：①显式方法；②隐式方法；③预测-校正法。

分类方法 3：①基于数值微分的离散化方法；②基于数值积分的离散化方法；③基于泰勒展开的离散化方法。

2. 欧拉方法及其变形

本章对下列方法给出了基本原理、几何含义和精度分析，并进行了比较。

① 显式欧拉法(欧拉折线法)。

② 隐式欧拉法(后退的欧拉法)。

③ 梯形公式法。

④ 中点欧拉方法(两步欧拉方法)。

⑤ 改进的欧拉法(预测-校正法)。

3. 龙格-库塔方法

本章从泰勒展开方法入手，引出了龙格-库塔法的基本原理，介绍了常用的龙格-库塔公式，给出了标准龙格-库塔法的算法和程序。

习　题　8

1. 用显式欧拉法求解初值问题：

$$\begin{cases} \dfrac{\mathrm{d}y}{\mathrm{d}x} = 2x^2 - 3y + 1 \\ y(0) = 0 \end{cases}$$

取步长 $h=1$，计算到 $x=2$。

2. 用中点欧拉方法求解初值问题：

$$\begin{cases} \dfrac{\mathrm{d}y}{\mathrm{d}x} = -x - 2y + 2 \\ y(1) = 0 \end{cases}$$

取步长 $h=0.1$，计算到 $x=0.3$。

3. 用改进的欧拉法求解初值问题：

$$\begin{cases}\dfrac{dy}{dx}=3x+y^2-3\\ y(-1)=1\end{cases}$$

取步长 $h=1$,计算到 $x=1$。

4. 用3阶泰勒展开方法求解初值问题:

$$\begin{cases}\dfrac{dy}{dx}=-x+y-1\\ y(0)=0\end{cases}$$

取步长 $h=1$,计算到 $x=2$。

5. 用标准龙格-库塔法求解初值问题:

$$\begin{cases}\dfrac{dy}{dx}=x+y+1\\ y(0)=0\end{cases}$$

取步长 $h=1$,计算到 $x=2$。

6. 对于1阶常微分方程初值问题:

$$\begin{cases}\dfrac{dy}{dx}=4xy^2\\ y(1)=-0.5\end{cases}$$

取步长 $h=1$,分别用显式欧拉法、中点欧拉方法、改进的欧拉法、3阶泰勒展开方法、标准龙格-库塔法,计算到 $x=4$,并与真解比较,观察各方法的误差大小。

$\left(\text{问题的真解为 } y=-\dfrac{1}{2x^2}\text{,用问题的真解确定中点欧拉方法的起始值 } y(2)\right)$

7. 某放射性元素的衰变速度与当时未衰变的原子的含量 M 成正比,即 $\dfrac{dM}{dt}=-\lambda M$,$\lambda$ 为常数,$\lambda>0$,称为衰变系数。设时间 $t_0=0$ 时 $M_0=10\,000$,$\lambda=1$,求 M 下降到5000时 t 的数值解。

(问题的真解为 $M=M_0e^{-\lambda t}$)

8. 某降落伞下降过程中所受空气阻力 F 与速度 v 成正比,即 $F=kv$,常数 k 为比例系数。降落伞所受总外力 $=mg-kv=ma=m\dfrac{dv}{dt}$,即 $\dfrac{dv}{dt}=g-\dfrac{kv}{m}$。设时间 $t_0=0$ 时 $v_0=0$,$k=1$,$m=1$,$g=10$,求 $t\in[0,1]$ 的数值解。

$\left(\text{问题的真解为 } v=\dfrac{mg}{k}(1-e^{-\frac{k}{m}t})\right)$

9. 求证下面的公式对于任意的参数 t 都是2阶的。

$$y_{n+1}=y_n+\frac{h}{2}(k_2+k_3)$$

其中

$$\begin{aligned}k_1&=f(x_n,y_n)\\ k_2&=f(x_n+th,y_n+thk_1)\\ k_3&=f(x_n+(1-t)h,y_n+(1-t)hk_2)\end{aligned}$$

10．求证下面的公式是3阶的。

$$y_{n+1}=y_n+\frac{h}{9}(2k_1+3k_2+4k_3)$$

其中

$$k_1=f(x_n,y_n)$$

$$k_2=f\left(x_n+\frac{h}{2},y_n+\frac{h}{2}k_1\right)$$

$$k_3=f\left(x_n+\frac{3}{4}h,y_n+\frac{3}{4}hk_1\right)$$

第9章 上机实验与指导

CHAPTER

实验1 非线性方程求根

一、目的要求

1. 熟悉C/C++编程调试环境。

2. 掌握非线性方程求根的常用算法：区间二分法、双点弦截法、简单迭代法、牛顿迭代法等。

3. 记录运行结果，回答问题，完成实验报告。

二、实验内容

思考问题：如何检测误差是否满足要求？如何实现不收敛时的异常退出？各方法的收敛速度如何？

1. 用区间二分法求 $x^3-3x-1=0$ 在区间[1.5,2]内的根。

提示：取有根区间的中点作为近似根，收敛性有保证，收敛速度较慢。

运行结果为：

2. 用双点弦截法求 $x^3-3x-1=0$ 在区间[1.5,2]内的根。

提示：收敛性有保证，收敛速度较快。

运行结果为：

3. 用简单迭代法求 $x^3-3x-1=0$ 在2附近的根。

提示：不同的迭代公式收敛性不同。

运行结果为：

构造迭代公式，并证明它是收敛的。

4. 用牛顿迭代法求10的立方根。

提示：必须把问题转换成求一个函数的零点，不同的迭代公式收敛性可能不同。

运行结果为：

构造迭代公式，并证明它是收敛的。

实验2　解线性方程组的直接法

一、目的要求

1. 用程序验证消元法和三角分解法。
2. 掌握直接求解线性方程组的常用算法：列主元高斯消元法、LU分解法等。
3. 记录运行结果，回答问题，完成实验报告。

二、实验内容

思考问题：如何在主元为0时更换主元？这个程序需要几重循环才能实现？

1. 用列主元高斯消元法求解线性方程组：

$$\begin{cases} x+y-z=1 \\ -x+y+z=1 \\ -x-y-z=-3 \end{cases}$$

提示：需要3重循环实现。

运行结果为：

2. 用LU分解法求解线性方程组：

$$\begin{cases} x+y-z=1 \\ -x+y+z=1 \\ -x-y-z=-3 \end{cases}$$

提示：需要判断主元是否为0，并给出相应处理。

运行结果为：

3. 用LLT法求解对称正定线性方程组：

$$\begin{cases} 3x+2y+3z=5 \\ 2x+2y=3 \\ 3x+12z=7 \end{cases}$$

提示：不需要判断主元是否为0。

运行结果为：

4. 用追赶法求解3对角方程组：

$$\begin{cases} 2x+y=3 \\ x-y+z=1 \\ y+z=2 \end{cases}$$

提示：存放N阶系数矩阵不需要用N行N列的二维数组，3行N列的二维数组就可以。

运行结果为：

实验3 解线性方程组的迭代法

一、目的要求

1. 掌握迭代法解线性方程组的常用算法：Jacobi 迭代法、G-S 迭代法等。
2. 记录运行结果，回答问题，完成实验报告。

二、实验内容

思考问题：Jacobi 迭代法与 G-S 迭代法的迭代公式的区别是什么？

1. 用 Jacobi 迭代法求解线性方程组：

$$\begin{cases} 2x-y-z=2 \\ x-3y+z=0 \\ x+y+4z=7 \end{cases}$$

提示：需要判断选用的迭代公式是否收敛，并给出相应处理。

运行结果为：

2. 用 G-S 迭代法求解线性方程组：

$$\begin{cases} 2x-y-z=2 \\ x-3y+z=0 \\ x+y+4z=7 \end{cases}$$

提示：需要判断选用的迭代公式是否收敛，并给出相应处理。

运行结果为：

实验4 插值法与数值积分

一、目的要求

1. 掌握拉格朗日插值法、牛顿插值法。
2. 掌握数值积分常用算法：逐次分半梯形公式求积。
3. 记录运行结果，回答问题，完成实验报告。

二、实验内容

思考问题：插值多项式是否阶次越高越好？数值积分与插值的关系是什么？逐次分半梯形公式求积如何判断误差是否满足要求？

1. 用拉格朗日插值法求 2 的平方根。

提示：可以用抛物线插值，$f(1.69)=1.3$，$f(1.96)=1.4$，$f(2.25)=1.5$。

运行结果为：

2. 用牛顿插值法求 2 的平方根。

提示：可以用抛物线插值，$f(1.69)=1.3$，$f(1.96)=1.4$，$f(2.25)=1.5$。

运行结果为：

3. 用逐次分半梯形公式求积计算$\int_0^3 x^2 \mathrm{d}x$。

提示：可以用相邻两次求得的结果的差的绝对值来间接判断误差是否满足要求。

运行结果为：

实验5　常微分方程初值问题和矩阵特征值的计算

一、目的要求

1. 掌握求解常微分方程初值问题的欧拉折线法。
2. 掌握求解矩阵主特征值和对应特征向量的乘幂法。
3. 记录运行结果，回答问题，完成实验报告。

二、实验内容

思考问题：欧拉折线法与泰勒级数法的关系是什么？如何把乘幂法变为反幂法来求按模最小特征值？

1. 取步长$h=0.2$，用显式欧拉法求$\begin{cases} y'=-y-xy^2 \\ y(0)=1 \end{cases}$在$x=0.6$处$y$的近似值。

提示：循环3次，用3段折线来逼近函数y。

运行结果为：

2. 已知矩阵$\boldsymbol{A}=\begin{bmatrix} 2 & 4 & 6 \\ 3 & 9 & 15 \\ 4 & 16 & 36 \end{bmatrix}$，用改进后的乘幂法求$\boldsymbol{A}$的主特征值及其对应的特征向量。

提示：可以反复迭代：$\boldsymbol{y}^{(k)}=\boldsymbol{A}\boldsymbol{y}^{(k-1)}$，$\boldsymbol{y}^{(k)}/\boldsymbol{y}^{(k-1)}$收敛于$\boldsymbol{A}$的主特征值，$\boldsymbol{y}^{(k)}$为对应的特征向量。

运行结果为：

附录 ADDENDUM

部分习题参考答案

习题 1

1. 误差的来源有模型误差、观测误差、截断误差(方法误差)和舍入误差(计算误差)。

5. ① 没有　② 没有　③ 有　④ 有　⑤ 有　⑥ 没有
⑦ 没有　⑧ 没有　⑨ 有

6. 圆周率 $\pi \approx 3.1415926\cdots$ 的 3 个近似值 3.141、3.14158、3.1416 的有效数字位数分别是3、4 和5。

7.

(1) 绝对误差限 $\eta_{x1-x3}=\eta_{x1}+\eta_{x3}=0.3+0.01=0.31$

相对误差限 $\delta_{x1-x3}=\dfrac{\eta_{x1-x3}}{|x_1-x_3|}=\dfrac{0.31}{|16.3-9.57|}\approx 0.0461$

(2) 绝对误差限 $\eta_{x1+x2}=\eta_{x1}+\eta_{x2}=0.3+0.08=0.38$

相对误差限 $\delta_{x1+x2}=\dfrac{\eta_{x1+x2}}{|x_1+x_2|}=\dfrac{0.38}{|16.3+3.26|}\approx 0.0194$

(3) 相对误差限 $\delta({x_2}^4)=4\delta_{x2}=4\times\dfrac{\eta_{x2}}{x_2}=4\times\dfrac{0.08}{3.26}\approx 0.0982$

绝对误差限 $\eta({x_2}^4)=\delta({x_2}^4)\cdot {x_2}^4=0.0982\times 3.26^4\approx 11.1$

(4) 相对误差限 $\delta_{x1\cdot x2\cdot x3}=\delta_{x1}+\delta_{x2}+\delta_{x3}=\dfrac{\eta_{x1}}{x_1}+\dfrac{\eta_{x2}}{x_2}+\dfrac{\eta_{x3}}{x_3}$

$=\dfrac{0.3}{16.3}+\dfrac{0.08}{3.26}+\dfrac{0.01}{9.57}\approx 0.0440$

绝对误差限 $\eta_{x1\cdot x2\cdot x3}=\delta_{x1\cdot x2\cdot x3}\cdot x_1\cdot x_2\cdot x_3$

$\approx 0.0440\times 16.3\times 3.26\times 9.57\approx 22.4$

(5) 相对误差限 $\delta\left(\dfrac{x_1}{x_2}\right)=\delta_{x1}+\delta_{x2}=\dfrac{\eta_{x1}}{x_1}+\dfrac{\eta_{x2}}{x_2}$

$=\dfrac{0.3}{16.3}+\dfrac{0.08}{3.26}\approx 0.0429$

绝对误差限 $\eta\left(\dfrac{x_1}{x_2}\right)=\delta\left(\dfrac{x_1}{x_2}\right)\cdot\dfrac{x_1}{x_2}\approx 0.0429\times\dfrac{16.3}{3.26}\approx 0.215$

8. $\ln x$ 的绝对误差限 $\eta_{\ln x}\approx d(\ln x)=\frac{1}{x}dx\approx\frac{m}{x}$

9. $R=U/I=37V/0.16A=231.25\Omega$

相对误差限 $\delta_R=\delta_U+\delta_I=\frac{\eta_U}{U}+\frac{\eta_I}{I}=0.7V/37V+0.004A/0.16A\approx0.044$

绝对误差限 $\eta_R=\delta_R\times R=0.044\times231.25\Omega=10.175\Omega$

10. 设容器的长为 a,宽为 b,高为 c,容积为 v,则 $a\approx50m$,$b\approx35m$,$c\approx2m$,$v=a\cdot b\cdot c\approx50m\times35m\times2m=3500m^3$,若使用精确到毫米的测量仪器,则容积的绝对误差限 $\eta_v=\delta_v\cdot v=(\delta_a+\delta_b+\delta_c)\cdot v=\left(\frac{\eta_a}{a}+\frac{\eta_b}{b}+\frac{\eta_c}{c}\right)\cdot v\approx\left(\frac{0.001}{50}+\frac{0.001}{35}+\frac{0.001}{2}\right)\cdot3500=1.92(m^3)\ll(5m^3)$,故使用精确到毫米的测量仪器能够满足精度要求。

11. 显然,x^* 有4位有效数字。由性质1得,x^* 的绝对误差限 $\eta\leqslant0.0005$。

故 x^* 的相对误差限 $\delta\leqslant\frac{0.0005}{1.234}\approx4.052\times10^{-4}$。

注:由性质2、4求得的解精度较差。

12. ① 相对误差限 $\delta_a=0.5/33=1/66$。

② 相对误差限 $\delta_b=0.005/0.33=1/66$。

③ 由性质4可知,相对误差限 $\delta_c\leqslant\frac{1}{2}\times10^{-(2-1)}=1/20$。

④ 由性质2可知,相对误差限 $\delta_d\leqslant\frac{1}{2\times3}\times10^{-(2-1)}=1/60$。

⑤ 设 e 的规格化形式为 $\pm0.x3\times10^m$,x 代表 0~9 中任意一位数字。

由性质1得,e 的绝对误差限 $\eta_e\leqslant\frac{1}{2}\times10^{m-2}$。

又因为

$$|e|=0.x3\times10^m\geqslant0.13\times10^m$$

所以 e 的相对误差限 $\delta_e=\frac{\eta_e}{|e|}\leqslant\frac{\frac{1}{2}\times10^{m-2}}{0.13\times10^m}=1/26$。

由上得,对 a、b、c、d、e,按相对误差限取值上限进行排序(由小到大),结果为

$$a=b<d<e<c$$

13. $1+\frac{1}{2!}+\frac{1}{3!}+\frac{1}{4!}+\frac{1}{5!}=1+\frac{1}{2}\times\left(1+\frac{1}{3}\times\left(1+\frac{1}{4}\times\left(1+\frac{1}{5}\right)\right)\right)$

14. $\sqrt{255}-16=\frac{255-256}{\sqrt{255}+16}=\frac{-1}{\sqrt{255}+16}$

习题2

1. 令 $f(x)=x^4+2x^3+x^2-5$。

(1) 显然,$f(x)$在定义域$(-\infty,+\infty)$内连续、可导。

(2) $f'(x)=4x^3+6x^2+2x=2x(x+1)(2x+1)$。

则函数 $f(x)$共有3个极值点,位于 $x=0$、$x=-0.5$ 和 $x=-1$ 处。

(3) ① 在区间$(-\infty,-1)$内,$f'(x)<0$,$f(x)$严格单调递减。

$x \to -\infty$时，$f(x) \to +\infty$。$x=-1$ 时，$f(x)=-5$。

则此区间有单根。

② 在区间$(-1,-0.5)$内，$f'(x)>0$，$f(x)$严格单调递增。

$x=-0.5$ 时，$f(x)=-4\dfrac{15}{16}$。

则此区间内无根。

③ 在区间$(-0.5,0)$内，$f'(x)<0$，$f(x)$严格单调递减。

$x=0$ 时，$f(x)=-5$。

则此区间内无根。

④ 在区间$(0,+\infty)$内，$f'(x)>0$，$f(x)$严格单调递增。

$x \to +\infty$时，$f(x) \to +\infty$。

则此区间有单根。

(4) $f(x)=0$ 共有 2 个实根，对应的有根区间分别为$(-\infty,-1)$和$(0,+\infty)$。

因为

$$f(-3)=31, \quad f(2)=31$$

所以 2 个有根区间缩小为$(-3,-1)$和$(0,2)$。

(求解过程略)

2. 解法 1：设最多需要迭代 n 次。

则迭代 n 次后再取中点为近似根，误差限 $\eta=(5-3)\cdot\left(\dfrac{1}{2}\right)^{n+1}=\dfrac{1}{2^n}$。

因为要求精确到小数点后 2 位。

则误差限

$$\eta \leqslant \frac{1}{2}\times 10^{-2}$$

则

$$\frac{1}{2^n} \leqslant \frac{1}{2}\times 10^{-2} \quad \text{即要求 } 2^n \geqslant 200$$

因为

$$2^7=128<200 \quad 2^8=256 \geqslant 200$$

所以 $n=8$，即最多需要迭代 8 次。

解法 2：设最多需要迭代 n 次。

因为要求精确到小数点后 2 位。

则误差限$\leqslant \dfrac{1}{2}\times 10^{-2}=\dfrac{1}{200}$。

所以由定理 2.1 得

$$n=\left\lceil \frac{\lg(5-3)-\lg\left(\frac{1}{200}\right)}{\lg 2} \right\rceil -1=\left\lceil \frac{\lg 400}{\lg 2} \right\rceil -1=\left\lceil \frac{2.602}{0.301} \right\rceil -1$$

$$=\lceil 8.645 \rceil -1=8$$

即最多需要迭代8次。

6. (1) 迭代函数 $\varphi(x)=(-x_n^5+41)/5$,则 $\varphi'(x)=-\frac{1}{5}\cdot 5x^4=-x^4$, $|\varphi'(x)|=x^4$,又因为

$$x\geqslant 1$$

则

$$|\varphi'(x)|\geqslant\varphi'(1)\geqslant 1$$

所以此时,迭代公式 $x_{n+1}=(-x_n^5+41)/5$ 不收敛。

(2) 迭代函数 $\varphi(x)=\sqrt[5]{-5x_n+41}$,则

$$\varphi'(x)=\frac{1}{5}(-5x+41)^{-\frac{4}{5}}\cdot(-5)=-\frac{1}{\sqrt[5]{(-5x+41)^4}}$$

$$|\varphi'(x)|=\frac{1}{\sqrt[5]{(-5x+41)^4}}$$

又因为 $x\in[1,3]$,则 $-5x\in[-15,-5]$,$-5x+41\in[26,36]$,则

$$\sqrt[5]{(-5x+41)^4}\in[\sqrt[5]{26^4},\sqrt[5]{36^4}]$$

所以

$$|\varphi'(x)|=\frac{1}{\sqrt[5]{(-5x+41)^4}}\in\left[\frac{1}{\sqrt[5]{36^4}},\frac{1}{\sqrt[5]{26^4}}\right],\quad |\varphi'(x)|<1$$

故此时,迭代公式 $x_{n+1}=\sqrt[5]{-5x_n+41}$ 收敛。

设迭代 n 次,能使误差小于0.000 01。

此时,精度要求 $\varepsilon=0.000\,01$,李普希兹常数 $L=\frac{1}{\sqrt[5]{26^4}}\approx 0.073\,794$。

因为迭代初值 $x_0=3$,则 $x_1=\sqrt[5]{-5x_0+41}=\sqrt[5]{-5\times 3+41}\approx 1.9186$。

所以迭代次数 $n\geqslant\log_L\frac{\varepsilon(1-L)}{|x_1-x_0|}\approx\frac{\lg(0.000\,01\times(1-0.073\,794)/|1.9186-3|)}{\lg 0.073\,794}$

$$\approx\frac{-5.067\,28}{-1.131\,98}\approx 4.4765$$

故迭代5次,能使误差小于0.000 01。

8. (1) 令 $f(x)=x^3-2x-55$,迭代初值 $x_0=4$。

$f(3)=-34<0$,$f(4)=1>0$,$f(3)f(4)<0$

$f'(x)=3x^2-2$,$f''(x)=6x$

则 $x\in[3,4]$ 时,$f'(x)>0$,$f''(x)>0$,即 $f''(x)$ 不变号且 $f'(x)\neq 0$。

又因为 $f(4)>0$,所以 $f(x_0)f''(x_0)>0$。

由定理2.7可知,牛顿迭代序列收敛于[3,4]内的单根。

(2) 迭代公式为 $x_{n+1}=x_n-\frac{f(x_n)}{f'(x_n)}=x_n-\frac{x_n^3-2x_n-55}{3x_n^2-2}$。

则

$$x_1=x_0-\frac{x_0^3-2x_0-55}{3x_0^2-2}=4-\frac{1}{46}\approx 3.978$$

故迭代 1 次的近似根约为 3.978。

9. ① 设求解正实数 n 的正平方根。

构造函数 $f(x)=x^2-n$,则 $f'(x)=2x$。$\sqrt{n}$是 $f(x)=0$ 在$(0,+\infty)$内的单根。

当 $n>1$ 时,有根区间缩小为$(1,n)$,取迭代初值为 n;

当 $n=1$ 时,$\sqrt{n}=1$;

当 $0<n<1$ 时,有根区间缩小为$(n,1)$,取迭代初值为 1。

② $n=2$ 时,$f(x)=x^2-2$,$f'(x)=2x$,取迭代初值为 2。

对应程序如下:

```
#include <stdio.h>
#include <math.h>
double f(double x);
double df(double x);
void main(void)
{
    double epsilon,x0,x1,fx0,dfx0;
    long i,maxi;
    printf("\n 请输入 x 的精度要求: ");
    scanf("%lf",&epsilon);
    printf("\n 请输入迭代初值: ");
    scanf("%lf",&x1);
    printf("\n 请输入最大迭代次数: ");
    scanf("%ld",&maxi);
    for(i=0;i<maxi;i++)
    {
        x0=x1;
        fx0=f(x0);
        dfx0=df(x0);
        x1=x0-fx0/dfx0;
        if(fabs(x1-x0)<=epsilon)
            break;
    }
    if(i<maxi)
        printf("\n 方程 f(x)=0 的根 x=%f。",x1);
    else
        printf("\n 不收敛或收敛过慢。");
}
double f(double x)
{
    return(x*x-2);
}
double df(double x)
{
```

```
    return(2 * x);
}
```

习题 6

9. 梯形公式的余项函数 $R_1[f]=-\frac{f''(\eta)}{12}(b-a)^3$,其中 $\eta\in[a,b]$。

因为在积分区间$[a,b]$上 $f''(x)<0$,则

$$f''(\eta)<0$$

所以

$$R_1[f]=-\frac{f''(\eta)}{12}(b-a)^3>0$$

故计算结果比精确值小。

参考文献

[1] 关治,陆金甫.数值分析基础.北京:高等教育出版社,1998.

[2] 徐树方,张平文,李铁军.计算方法.北京:清华大学出版社,2006.

[3] 丁丽娟,程杞元.数值计算方法.2版.北京:北京理工大学出版社,2008.

[4] 彭秀艳,孙宏放,王志文.计算机数值方法知识要点与习题解析.哈尔滨:哈尔滨工程大学出版社,2006.

[5] 马东升,雷勇军.数值计算方法.2版.北京:机械工业出版社,2006.

[6] 邹秀芳,陈绍林,胡宝清等.数值计算方法学习指导书.武汉:武汉大学出版社,2008.

[7] 恰汗·合孜尔.实用计算机数值计算方法及程序设计(C语言版).北京:清华大学出版社,2008.

[8] 肖筱南.现代数值计算方法.北京:北京大学出版社,2003.

[9] 肖筱南.数值计算方法与上机实习指导.北京:北京大学出版社,2004.

[10] 徐士良.数值方法与计算机实现.北京:清华大学出版社,2006.

[11] 曾金平.数值计算方法.长沙:湖南大学出版社,2004.

[12] 朱长青.数值计算方法及其应用.北京:科学出版社,2006.

[13] 薜莲.数值计算方法.北京:电子工业出版社,2007.

[14] 周煦.计算机数值计算方法及程序设计.北京:机械工业出版社,2004.

[15] 刘萍.数值计算方法.2版.北京:人民邮电出版社,2007.

[16] 合肥工业大学数学与信息科学系.数值计算方法.合肥:合肥工业大学出版社,2004.

[17] 韩丹夫,吴庆标.数值计算方法.杭州:浙江大学出版社,2006.

[18] 张军.数值计算.北京:清华大学出版社,2008.

[19] 林成森.数值分析.北京:科学出版社,2007.

[20] 李士雨.工程数学基础——数据处理与数值计算.北京:化学工业出版社,2005.

[21] 杨咸启,李晓玲,师忠秀.数值分析方法与工程应用.北京:国防工业出版社,2008.

[22] 胡健伟,汤怀民.微分方程数值方法.2版.北京:科学出版社,2007.

[23] 吴筑筑,潭信民,邓秀勤.计算方法.4版.北京:电子工业出版社,2004.

[24] 凌永祥.计算方法基本内容与解题方法.西安:西安交通大学出版社,2009.

[25] John H. Mathews 著,数值方法(MATLAB版).4版.周璐等译.北京:电子工业出版社,2005.

[26] Pallab Ghosh 著,数值方法(C++描述).徐士良等译.北京:清华大学出版社,2008.

[27] Steven C. Chapra 著,工程与科学数值方法的 MATLAB 实现.2版.唐玲艳,田尊华译.北京:清华大学出版社,2009.

[28] Jeffery J. Leader 著,数值分析与科学计算.张威等译.北京:清华大学出版社,2008.

图书资源支持

感谢您一直以来对清华版图书的支持和爱护。为了配合本书的使用，本书提供配套的资源，有需求的读者请扫描下方的“书圈”微信公众号二维码，在图书专区下载，也可以拨打电话或发送电子邮件咨询。

如果您在使用本书的过程中遇到了什么问题，或者有相关图书出版计划，也请您发邮件告诉我们，以便我们更好地为您服务。

我们的联系方式：

地　　址：北京市海淀区双清路学研大厦 A 座 714

邮　　编：100084

电　　话：010-83470236　010-83470237

客服邮箱：2301891038@qq.com

QQ：2301891038（请写明您的单位和姓名）

资源下载：关注公众号“书圈”下载配套资源。

资源下载、样书申请

书圈

图书案例

清华计算机学堂

观看课程直播